U0217631

精量灌溉决策技术与灌区作物需耗水管理

蔡甲冰　白亮亮　黄凌旭　刘钰　著

中国水利水电出版社
www.waterpub.com.cn
·北京·

内 容 提 要

本书以国家高技术发展计划（863 计划）项目课题、国家科技支撑计划课题、国家重点研发计划课题和国家自然基金课题等取得的成果为依托，围绕作物精量灌溉决策理论与灌区农田作物需耗水估算的研究主题，开展田间试验观测、区域调研、相关理论和估算方法研究。第 1 章综述精量灌溉决策与从农田到灌区的作物 ET 估算的研究现状，并对灌区农田作物需耗水和精细灌溉管理研究进行展望；第 2～4 章阐述农田尺度精量灌溉决策方法、理论、管理和 ET 尺度效应与尺度转换；第 5 章描述用于灌区农田实时数据采集的观测系统；第 6～9 章对灌区作物需耗水精细评估方法进行研究。

本书可供水文学、农业水土工程、水资源管理等学科的科学技术人员、教师和管理人员参考，也可作为相关专业本科生与研究生的学习参考书。

图书在版编目（CIP）数据

精量灌溉决策技术与灌区作物需耗水管理 / 蔡甲冰
等著. -- 北京 : 中国水利水电出版社，2018.12
ISBN 978-7-5170-7192-1

Ⅰ．①精… Ⅱ．①蔡… Ⅲ．①灌溉—用水管理—研究
Ⅳ．①S274.1

中国版本图书馆CIP数据核字(2018)第281882号

书　　名	精量灌溉决策技术与灌区作物需耗水管理 JINGLIANG GUANGAI JUECE JISHU YU GUANQU ZUOWU XUHAOSHUI GUANLI
作　　者	蔡甲冰　白亮亮　黄凌旭　刘　钰　著
出版发行	中国水利水电出版社 （北京市海淀区玉渊潭南路 1 号 D 座　100038） 网址：www.waterpub.com.cn E-mail：sales@waterpub.com.cn 电话：(010) 68367658（营销中心）
经　　售	北京科水图书销售中心（零售） 电话：(010) 88383994、63202643、68545874 全国各地新华书店和相关出版物销售网点
排　　版	中国水利水电出版社微机排版中心
印　　刷	天津嘉恒印务有限公司
规　　格	184mm×260mm　16 开本　13.75 印张　326 千字
版　　次	2018 年 12 月第 1 版　2018 年 12 月第 1 次印刷
印　　数	0001—1000 册
定　　价	**68.00** 元

前言

随着社会发展和经济转型，我国的农业灌溉逐步从单一、分片小块农田转向连片、大农场。现代农业本质是利用先进技术装备支撑农业规模化，用精准化信息技术支撑农业信息化。中国是一个水资源严重短缺的国家，水资源供需矛盾突出仍然是可持续发展的主要瓶颈，近年来农业用水量约占经济社会用水总量的 62%，部分地区高达 90% 以上，农业用水效率不高，节水潜力很大。在此背景下，对灌区灌溉管理提出了实时、精量、自动化等更高要求。遥感技术作为现代信息技术，具有宏观、快速、客观、准确等优点，能够快速获取大面积作物生长状态实时信息，为实施精确农业提供技术支撑。农田作物生长过程监测和受旱缺水的试验及结果分析，有利于剖析/刻画作物需耗水敏感期和关键节点，制定科学的灌溉制度，是农田节水技术及基础理论研究中必不可少的重要工作。田间定位实时观测与卫星遥感相结合进行灌区作物需耗水评估，一直是现代灌区水管理的研究难题和热点。

围绕作物精量灌溉决策理论与灌区农田作物需耗水估算的研究主题，本书作者依托国家"863"计划子课题"多信息融合的作物缺水诊断与灌溉决策技术"（2006AA100208-4）、"作物需水信息的诊断与灌溉决策技术"（2011AA100509-03），"十二五"国家科技支撑项目课题"灌区分布式作物需水量与灌溉需水量监测和预报系统"（2012BAD08B01），"十三五"国家重点研发计划课题"多尺度作物高效耗水理论及灌溉制度优化"（2016YFC0400101），以及国家自然科学基金"农田变化环境下作物 ET 时空变异及尺度转换效应研究"（50909098）、"遥感模型耦合数据同化方法的北方典型农田陆面过程模拟"（51409277）、"基于作物冠层红外温度的多尺度干旱监测与灌溉决策"（51679254）等项目，长期系统地开展对农田作物精量灌溉决策技术和灌区作物需耗水量估算的研究。本书即是对上述研究的部分内容总结，取得的主要成果如下：

（1）利用解析方法和模糊神经网络方法，构建了根据天气预报信息估算

ET_0 的模型和方法。对上述方法在我国不同气候区的适宜性进行了估算。在根据实时天气预报信息推求参照腾发量的方法上，应用作物根区土壤水量平衡方程，提出了实时估算作物腾发量的方法，该方法可以有效地实时估算作物腾发量，为田间实时灌溉管理与决策提供较为可靠的参数，并且因为天气预报信息数据来源为免费的公共资源，所以方便、经济，易于推广应用。利用模糊逻辑构建了多指标综合灌溉决策模型。

（2）针对北方主要农作物，开展了精量灌溉决策指标敏感性和主要决策阈值的试验研究，为编制田间精量灌溉决策和管理软件提供了核心算法、模型。当考虑作物干物质产量和作物水分利用效率均为最优的目标时，应优先关注叶面蒸腾、光合有效辐射、叶面温度和土壤水分变化带来的影响作用，并基于此进行多指标精量控制灌溉决策。通过对冬小麦返青后生育期内不同时段环境因子和作物生理生态指标对作物实际腾发量 ET 的通径分析表明，在不同时空尺度下，作物蒸腾蒸发的影响因子不同，并显示了其不同的时空尺度效应。运用多元回归方法，考虑作物生长影响因子和反映尺度特征的 LAI、VPD、R_n 等变量，建立起中尺度以下叶面蒸腾 T_r、实际腾发 ET_a、水分通量 LE 间的多元回归关系，得到基于小尺度观测数据上推大尺度 ET 的转换关系。

（3）通过设计低功耗经济型土壤墒情监测仪，构建了基于 GPRS 和网络服务器的区域墒情监测系统；低功耗经济型土壤墒情监测仪结构精巧、经济适用，系统运行功耗低，非常适宜于大面积野外布设，能够为区域墒情监测和区域灌溉管理提供很好的支撑。设计一个可以在线连续监测田间作物冠层温度、环境信息和土壤墒情的实时灌溉决策系统，采用太阳能供电和微处理器进行数据采集和管理，为系统在野外的实际应用提供了保障。系统配置了红外温度、空气温湿度、土壤水分/水势等传感器，能够及时采集田间全面的同步数据，排除了异地观测所形成的数据误差。所采用的悬臂式多点采集下垫面红外温度的检测方法，可以快速采集更多和更高精度的数据，避免单点测量的人为误差。本系统配备的快速锁紧装置，能够根据下垫面作物的生长情况进行传感器位置高度调节，使检测数据更符合田间实际情况。通过运行管理和监测数据分析发现，所监测数据能够很精细地刻画作物实际生长状况，可用于灌区综合灌溉决策，实现田间精量灌溉管理和控制，为灌溉管理的精量化和智能化提供数据支持。

（4）通过对玉米和向日葵田间水平和垂直温度观测，发现试验田块内玉米和向日葵生育期内水平方向上 10：00—15：00 各时刻冠层温度的变异系数均小于 5%，说明生育期内两种作物在水平方向上冠层温度变化差异很小。在作物生育前期，垂直方向农田温度变化基本上是 $T_{s-0}>T_a>T_c>T_{s-20}$；在作物生育中期和后期，垂直方向农田温度变化基本上是 $T_a>T_c>T_{s-0}>T_{s-20}$。利用研发的在线式作物冠层温度及田间多参数观测系统，通过地面田间数据的连续采集和卫星过境遥感图片的地面温度反演，对内蒙古河套灌区解放闸灌域和北京大兴区试验站 4 种典型农田的地表温度与作物冠层温度数据进行了对比分析。在下垫面植被均匀、土壤水分空间变异性较小的区域，利用 Landsat8 卫星图片遥感反演地表温度，可以很好地与地面作物冠层温度监测结果相吻合。地面监测点数据可以代表临近 5 个像元（90m×90m）的情况。利用 Sobrino 方法或者覃志豪法计算地表比辐射率来反演地面温度，适用于不同作物类型。玉米、春小麦区域采用简单的 Sobrino 法为宜，葵花地利用覃志豪方法较好，冬小麦-夏玉米连作区两种方法计算结果差别不大。

（5）通过 LIWIS 平台中 SEBS 模块实现了 Landsat 时空尺度分辨率蒸散发的反演。结合 MODIS 时空尺度蒸散发数据，利用基于 ENVI/IDL 软件的 ESTARFM 融合算法实现研究区域蒸散发的空间降尺度，构建了同时具有高时间、高空间分辨率特征的蒸散发数据集。融合蒸散发与 Landsat 蒸散发在空间纹理信息和空间差异性上一致。不同作物融合蒸散发与水量平衡蒸散发生育期变化过程较吻合，春玉米、春小麦和向日葵的决定系数 R^2 分别达到了 0.85、0.79 和 0.82，均方根误差均低于 0.7mm/d；相对误差均低于 16%。在区域农田蒸散发总量验证中，融合蒸散发与水量平衡蒸散发相关性较好，两者决定系数达到了 0.635。

（6）在玉米和向日葵田块分别安装 CTMS－On line 型作物冠层温度及环境因子测量系统，连续同步监测两种作物的冠层温度和田间气象数据，率定和验证 Seguin 和 Itier 简化模型（简称 S－I 模型）在当地的适用性。采用增强自适应时空融合算法（ESTARFM）对 Landsat 和 MODIS 地表温度数据进行数据融合，生成高时空分辨率地表温度数据集；利用 S－I 模型估算玉米和向日葵区域蒸散量，并通过区域水量平衡法对模型估算结果进行总量验证，评价 S－I 模型在区域尺度的适用性。

（7）利用 2000—2015 年解放闸灌域种植结构信息、农田蒸散发信息以及土壤墒情数据，分析节水改造实施以来种植结构时空演变、农业蒸散发变化，评价节水改造工程所起到的效果，估算灌区灌溉水有效利用系数以及诊断土壤墒情水分亏缺。可见种植结构虽有较大调整，但其空间分布格局的相对差异性并未发生明显变化。种植结构这种空间分布一方面受地下水位和土壤盐渍化等水土环境的制约，另一方面与作物生理特征密切相关。研究结果同时也表明了该地区种植结构在区域分布上具有一定的合理性。不同作物生育期和非生育期多年平均耗水差异较大。生育期内，套种（4—10月）年均蒸散发总量最大，达到637mm，春玉米（5—10月）和向日葵（6—10月）次之，分别为598mm和502mm，春小麦（4—7月）蒸散发量最低，为412mm。非生育期内，春小麦（8—10月）蒸散发量最大，年均达到214mm，春玉米（4月）和向日葵（4—5月）年均蒸散发量分别为42mm和128mm。但4—10月不同作物多年平均蒸散发量差异较小。农业总蒸散发量保持在一定水平，对种植结构调整和地下水位的时空演变不敏感。自引黄灌溉总量缩减以及节水改造工程实施以来，农田蒸散发保持在一定水平，农田灌溉用水效率得到提高，表明节水改造所起到的积极影响。同时，地下水埋深从1.76m降至2.33m，有利于减少无效蒸发并有效地减轻土壤二次盐化。

本书共有9章内容，第1章综述精量灌溉决策与从农田到灌区的作物ET估算的研究现状，并对灌区农田作物需耗水和精细灌溉管理研究进行展望；第2～4章阐述农田尺度精量灌溉决策方法、理论、管理和ET尺度效应与尺度转换；第5章描述用于灌区农田实时数据采集的观测系统；第6～9章对灌区作物需耗水精细评估方法进行研究。其中：第1章由蔡甲冰、白亮亮、黄凌旭撰写；第2～5章由蔡甲冰、刘钰撰写；第6章由蔡甲冰、白亮亮、黄凌旭撰写；第7章和第9章由白亮亮、蔡甲冰、刘钰撰写；第8章由黄凌旭、蔡甲冰撰写。全书由蔡甲冰完成统稿。除了上述编写人员外，参加研究工作的人员还有中国水利水电科学研究院的陈鹤、彭致功、张宝忠、魏征、许迪、李益农等人，硕士研究生司南、秦智通、毛一男等人也参与了部分工作。田间试验观测和区域数据收集工作得到了内蒙古河套灌区解放闸灌域沙壕渠试验站、吉林省水科院长春试验站、北京时域通科技有限公司等单位的大力协助，在此一并表示感谢。

由于研究水平和时间所限，书中难免存在不足和疏漏之处，恳请同行专家和广大读者批评指正。

作者
2018 年 8 月

目录

第 1 章

绪论

1.1 研究背景和意义

中国是一个水资源严重短缺的国家，水资源供需矛盾是制约我国经济社会可持续发展的主要瓶颈，农业是最主要的水资源消耗部门。随着我国经济社会的快速发展和人口的不断增加，工业、生活和生态用水不断增长，进一步挤压农业用水，导致水资源短缺现象进一步加剧，干旱缺水已经严重制约我国北方地区农业生产的发展。同时，我国北方地区农业用水效率较低，传统的灌溉方式又造成了大量灌溉水的浪费。因此，如何提高灌溉水利用效率对保证我国粮食安全至关重要。准确及时的确定蒸散量，是计算作物水分利用率的前提和分析区域水量平衡的基础，是研究农业高效用水和实施最严格水资源管理的切入点（Bormann，2011）。

随着社会发展和经济转型，我国的农业灌溉逐步从单一、分片小块农田转向连片、大农场。现代农业本质是利用先进技术装备支撑农业规模化，用精准化信息技术支撑农业信息化。农业用水占全球用水总量的 70%，在一些非洲和亚洲国家，农业用水比例达 85%～90%。近年来，我国农业用水量约占经济社会用水总量的 62%，部分地区高达 90% 以上，农业用水效率不高，节水潜力很大（康绍忠，2014；许迪等，2010）。在此背景下，对灌区灌溉管理在实时、精量、自动化等方面提出了更高要求。

气候因素的变化和经济社会需水的不断增加，使得黄河流域径流量近几十年呈下降的趋势（Fu 等，2004），加剧了水资源的供需矛盾，特别是在干旱半干旱地区尤为严重。为应对黄河流域有限的水资源与用水需求之间的矛盾，黄河水利委员会对引黄灌溉水量实行统一调度，缩减引黄灌溉水量。经济的快速增长和城镇化的不断发展，使得工业用水、生活用水进一步压缩了农业用水份额，农业节水对于国家用水安全、粮食安全以及农业和农村经济可持续续发展具有极其重要的战略地位。目前我国农业用水效率低下，灌溉水有效利用系数为 0.52 左右，比世界先进水平低 0.1～0.3（以色列 0.8 左右，澳大利亚 0.65

左右，美国 0.6 左右）。如何在保证确保粮食安全的情况下减少农业用水量，提高灌溉水利用效率成为关键的科学问题。而及时精准获取灌区作物蒸散发和真实反映灌区灌溉水有效利用率尤为重要。

详细的种植结构和农田蒸散发时空信息是研究农业水文循环、农业灌溉用水管理的重要依据（Gowda 等，2008；Lei 和 Yang，2010）。遥感技术的出现和应用，使得模拟区域地表参数和通量成为可能。但由于遥感技术的限制，同时兼顾高时间、高空间分辨率影像的获取和应用受到限制（Zhu 等，2010），如 HJ - IRS、SPOT、CBERS 和 Landsat 系列卫星等，具有较高的空间分辨率，但较长的重访周期以及云雨天气的影响等，限制了遥感数据在连续监测地表参数和地表通量方面的应用。而高频率重访周期遥感卫星，如 MO-DIS 和 AVHRR，虽然可以连续观测地表参数的变化，但其不能有效分辨和提取复杂下垫面内部参数的特征变化。灌区用水管理往往需要更详细的农业信息，如田块尺度种植结构、农田蒸散发等数据，而单一的遥感数据源不能满足实际需求。因此，如何通过多源数据融合的方法构建高时空分辨率地表参数和地表通量数据集显得尤为重要。进而，可利用详细的种植结构信息获取不同作物生育期和非生育期蒸散发变化，同时可研究种植结构调整对地区农业蒸散发所产生的影响，以便指导生产实践。

作物冠层温度是一个很好的干旱监测和灌溉决策指标，从 20 世纪六七十年代开始已经开展了大量的研究，有坚实的理论基础和广阔的应用前景（Hiller 等，1974；Jackson 等，1977；Jackson 等，1981）。遥感技术在获取陆面参数，特别是大尺度陆面参数方面具有独特的优势，从遥感影像上可直接获取到重要的生态学特征和生物生长参数（Kustas 等，2009）。将田间实时观测数据与区域遥感图片反演准实时数据结合起来，进行区域农田作物灌溉决策，则能够充分利用两者的优点，从而达到灌区灌溉管理的精量、实时和自动化。

从田间点尺度的作物冠层温度数据监测到灌域大尺度的灌溉决策，不仅涉及灌溉决策指标的相关阈值、干旱判断等，更要研究农田点尺度试验结果如何在区域大尺度的应用与展布，研究点、面多源数据的同化与融合，从而实现灌区整体的干旱监测和实时灌溉管理。本书旨在通过干旱半干旱灌区的田间试验和实时数据监测，获取不同尺度下的灌区作物生长状况、种植结构、土壤类型分布、土壤墒情、农田作物生态指标以及产量等信息，结合卫星遥感过境影像反演，获取不同时空分辨率的地面温度数据并同化，构建基于冠层红外温度的区域灌溉决策模型；开展灌区农田作物生长环境条件下精量灌溉理论和方法的研究，为正确评价作物水分消耗和水资源合理分配提供先进技术支撑，也为宏观水资源管理和作物种植结构调整提供理论基础和有效的技术手段。

1.2　国内外研究现状

1.2.1　基于红外温度的作物精量灌溉决策

在土壤-植物-大气连续体（SPAC）中，用于灌溉决策的定量指标有三种：一是根据农田土壤水分状况确定灌溉时间和水量，考虑的因素包括不同作物适宜水分上下限、不同土壤条件、土壤水量平衡方程及参数选择等；二是根据作物对水分亏缺的生理反应信息确定是否需要灌溉，指标包括作物冠层温度相对环境温度的变化、茎果缩胀微变化、茎/叶水势、茎流变化等；三是根据作物生长的小环境气象因素的变化确定灌溉的时间和作物的需水量，通过气象因素确定作物的蒸腾蒸发量来进行灌溉决策。

在农业灌溉管理中，旱情实时评估和预警与灌溉决策往往是相辅相成的，其核心是"水"→"水少"→"需要补充灌溉多少"的问题。从作物根区、植株冠层、田间小气候到边界层，不仅存在土水势、植株水势和空气饱和水汽压差驱动作物的蒸腾和土面蒸发，同时存在的温度梯度也促进了水分在系统内的流动。因此，可以依据冠层内动量和热量的交换以及辐射传输过程，同时求解地表、冠层能量平衡方程，进而模拟饱和-非饱和土壤的水热传输（莫兴国，1998）。0～60cm 土层是确定土壤水分运动对界面水热传输影响的一个良好的指示层（刘苏峡等，1999）。常用的作物模型往往用气温来表达热胁迫对作物减产的影响，实际上田间监测结果显示，冠层温度比用空气温度能够更好地表征它们的相关关系（Webber 等，2015；Webber 等，2016）。

与常规的仅用土壤墒情来反映田间干旱情况相比，作物自身的生理生态指标可以更为直接的反映其水分胁迫状况。通过冠层温度来表征作物缺水指标的研究从 20 世纪 70 年代初期就已开始，前期的研究主要集中在作物冠层温度反映作物缺水状况（如作物水分胁迫指数 $CWSI$、水分亏缺指数 WDI、冠气温差 $T_c - T_a$ 等），从而确定灌溉时间等的阈值。而从实用性上来讲，又以冠气温差最为简便，尤其对密植作物更为适宜。如华北地区冬小麦以 12：00—14：00 时段的冠气温差来反应作物的供水状况最具代表性，在拔节和灌浆期，适宜的冠气温差值在 -1.6～2.5℃范围内；当冠气温差值在 -1.6～0.4℃时，作物开始出现明显的水分胁迫；而当冠气温差高于 0.4℃并达到 3.3℃时，表明作物水分胁迫严重（张喜英等，2002；陈四龙等，2005）。对于玉米作物，中午 12：00 前后的冠层温度可很好地反映土壤相对含水量的差异状况，冠气温差小于 -0.3℃时作物不受旱，当 $T_c - T_a$ 大于 1.6℃时作物受到严重干旱胁迫必须灌溉（刘海龙等，2002）。

作物表面温度或者冠气温差既可以用手持式测温仪人工观测，也可以使用定位连续红外观测系统（蔡甲冰等，2015）。Wanjura 等（2004）对比了用点式红外枪和片式热成像扫描技术两种方式监测棉花和玉米的冠层温度的差异。当冠层叶片覆盖了土壤的时候，两者结果差别不大。利用低成本微处理器 PIC16F88 和传感器构建自动数据采集系统，可以实时记录田间作物冠层、土壤、空气温度和土壤水分，从而监测田间作物水分状况和胁迫情况（Fisher 等，2010）。由于农田不均匀性和异质性以及作物生长差异，田间手持式热红外枪或在线红外探头的观测倾角和观测位置对结果有较大影响。在农田试验中，往往使观测仪与水平面成 30°或者 45°夹角，通过多方位、多次观测来获取作物冠层平均温度（Jackson 等，1981；袁国富等，2002）。对于大田作物而言，冠层温度往往是存在垂直梯度的（Rattalino Edreira 等，2012），此外随着监测的田块尺度增大，土壤和作物生长等因子的不确定性因素也加大，冠层温度在水平方向上也会存在较大的差异。

从 20 世纪六七十年代开始，利用非接触的手段或卫星遥感监测作物表面光谱，已经开展了农田生物量、水分利用、作物水分胁迫、病虫害及产量评估等大量相关研究工作（Calderón 等，2013）。在用遥感估算地球表面能量和水汽通量时最为有用的波段是可见光（0.3～0.7μm）、近红外（0.8～1.1μm）、热红外（8.0～13.0μm）以及微波（1～

50cm 波段）。前两个波段可用于估算地表反照率和冠层结构等参数，热红外波段可用于表面温度的反演，而微波的某些波段与表面土壤湿度有很好的相关关系。地表温度是地球表面与大气相互作用过程中的一个动态的热平衡参量，它综合了地表与大气之间能量交换的全部结果，所得到的作物冠层温度是评估热胁迫对区域产量影响的一个非常重要的参量（Luig 等，2015）。从 1960 年 TIROS 2 的发射升空开始，使用卫星数据反演地表温度的研究一直持续不断，热红外遥感传感器的发展十分迅速，至今使用和即将投入使用的热红外传感器达几十种之多（田国良等，2014）。2013 年 2 月 11 日发射的 Landsat 系列最新卫星 Landsat8，携带有 OLI 陆地成像仪和 TIRS 热红外传感器。由于不同传感器的时间/空间精度不一致，多源数据融合（data fusion）与同化（data assimilation）技术一直是卫星遥感反演应用中的研究热点（Danel 等，1997；Roy 等，2008；Kumar 等，2012），尤其是将 MODIS 和 Landsat7&8 相结合是进行农田蒸散计算和作物水分利用研究的一个较好的途径（Gao 等，2006；Semmens 等，2015）。

现有的地表温度反演算法大致有大气校正法、单通道算法、分裂窗算法、多时相法四种。大气校正法和单通道算法需要大气实时剖面数据，单通道算法适用于只有一个热红外波段的数据，如 Landsat TM/ETM 数据；分裂窗算法适合于两个热红外波段的数据，如 MOAA-AVHRR 和 MODIS，是目前为止发展最为成熟的地表温度反演算法，在国际上已经公开发表了十几种劈窗算法；多时相法适合于多个热红外波段的数据，所需参数多，运算复杂且同时需要白天晚上两景数据，反演难度较大，就成熟程度而言，多波段算法还在发展之中。各种算法中最关键参数有大气剖面参数和地表比辐射率。只有一个热红外波段的数据，其大气剖面参数可在 NASA 提供的网站中输入成影时间以及中心经纬度获取；地表比辐射率的计算包括简化法和根据下垫面情况分类计算等方法（覃志豪等，2003；覃志豪等，2004；Sobrino 等，2006；Jiménez-Muñoz 等，2006）。地表真实温度由 Planck 函数来求得，李小文等（2000）指出，普朗克定律不能直接适用于非同温混合像元，而必须经过尺度校正。这说明尺度效应是热红外遥感建模所必须考虑的因素。

农田表面温度是由作物长势和外界的辐射、土壤水分状况等因素的共同作用确定的，土壤墒情和作物冠层温度是紧密结合在一起的，因此，利用遥感的冠层温度数据可进行区域上作物的水分胁迫和干旱监测（Kustas 等，2009）。茂密植被和严重干旱的茂密植被，裸露湿润土壤和裸露干燥土壤，具有不同的植被-地表温度特征组合。利用这一特征来评价农田 ET 和土壤墒情的指标和模型有（刘良云等，2014）：①水分亏缺指数 WDI（water deficit index）；②归一化温度指数 NDTI（normalized difference temperature index）；③$T_s/NDVI$ 比率模型；④条件植被指数 VCI（vegetation condition index）；⑤条件温度指数 TCI（temperature condition index）。上述方法和模型依据一定的假设条件或者依赖于历史序列数据，各有优缺点和适用条件。

基于土壤-作物的双源能量平衡模型（two sources energy balance，TSEB），分开考虑了裸土和植被与大气间交互作用，能够较真实地刻画稀疏植被覆盖下的水热通量情况；模型中地表温度、气温、植被覆盖度等参数是影响精度的关键因素，适用于下垫面异质性强的区域（Kustas 等，2000）。但是其复杂的参数（与表面温度相匹配的本地数据）很难获取，处理过程较繁琐，也影响了模型的易用性。Cammalleri 等利用供水充分和植被全覆盖的像素单元来率定表面-空气温度梯度，根据大气-陆面交换的边界层模型提取空气温度，从而估算混合高度水热通量以区分双源中的作物冠层和土壤（Cammalleri 等，2012）。从遥感图片得到的陆面温度是在固定角度测得，因此双源模型中需要土壤表面温度 T_s 和作物冠层面温度 T_c，而且冠层稀疏时基于 T_s 和 T_c 的方法会低估 ET 值（Colaizzi 等，2012）。Morillas 等根据地面传感器观测的土壤温度 T_s 和冠层温度 T_c 以及植被覆盖系数 f_c 来区分地面观测中温度分量，利用双源模型反演地中海气候下干旱地表 ET（Morillas 等，2013）。由于大部分 ET 估算模型需要一个极干和极湿的像元来对遥感数据进行率定，相应工作量较大，Zipper 等构建了一个遥感反演 ET 的高精度表面能量平衡模型 HRMET，只用田块气象数据、表面温度、冠层结构和一个参考 ET_R 的概念变量等数据。这些方法为双源模型的应用提供了较好的思路（Zipper 等，2014）。

研究发现，光化学反射比指数 PRI（586nm）反映了光的利用效率，由光合有效辐射 PAR 进行标准化（Suárez 等，2010），与作物冠气温差、气孔导度、茎秆水势关系密切，能够反映作物水分胁迫状况（Suárez 等，2008）。机载高光谱扫描仪为区域数据调查和作物水分胁迫预警提供了比遥感卫星图片更为详细和直观的数据，尤其是无人机数据采集平台的应用，使实时监测数据更为灵活和方便（Zarco-Tejada，2012）。Panigada 等对比分析了玉米和高粱农场 PRI、冠层表面温度 T_c（从植被和土壤混合耦合）和太阳消减叶绿素荧光 F760 这 3 个参数的水分胁迫敏感性，结果表明，在玉米地用 3 个参数指示水分胁迫效果良好，T_c 和 F760 对高粱效果要好（Panigada 等，2014）。在不缺水的情况下，作物冠气温差与空气饱和水汽压差 VPD 是呈线性相关的。VPD 反映了大气的蒸发能力，因此掌握区域 VPD 的变化，可以为作物旱情监测提供基础数据。Castellvi 等根据区域尺度范围内一个完备的气象站（各种气象要素）和数个简易气象站（仅气温和降雨）数据，利用非线性拟合公式估算区域 VPD 值变化，从而能够计算区域 ET 值（Castellvi 等，1997）。而叶面积指数 LAI 在区域尺度农作物产量预估和病虫害评价、农田耗水计算等方面都是关键参数之一（Jackson 等，1986）。LAI 的地面人工观测主要是长宽法和比重法，大面积、大尺度 LAI 数据常用遥感数据反演，即根据归一化植被指数 $NDVI$ 与 LAI 的关系进行地面反演，或者根据不同作物生长模型也可以获得 LAI 数值。

通过以上分析可见，遥感图片或机载高光谱红外图像对土壤墒情和作物 ET 的反演，所需要的关键参数往往包括土壤温度 T_s、冠层温度 T_c、陆面温度、叶面积指数 LAI 及各类太阳辐射值，与点尺度地面观测的土壤墒情和冠层红外温度能够在某种机制下链接起来。另外，农作物根系活动层更多的是集中于根区 $40\sim60$cm，而遥感所反演的常是地表土壤墒情；遥感图片的准实时性也造成了灌溉决策和预报的延迟，需要田间实测数据及时进行补充和自适应校正。因此，通过同类和同步数据的同化和拟合，将遥感图片的大面积、区域性和实时监测点数据的实时性结合起来，完善和糅合数据同一性，形成点面结合的分布模型和实时监控与反馈机制，将是解决区域实时作物水分胁迫监测和干旱预警的途径。

1.2.2 地面温度遥感反演

目前，卫星搭载的热红外波段传感器主要有 Landsat/TM（ETM+）、Landsat8/

TIRS、NOAA/AVHRR、TERRA（AQUA）/MODIS、TERRA/ASTES、HJ－1B 等
（Meijerink，2002；Jiménez－Muñoz 等，2010；Tomlinson 等，2011；Weng 等，2014；
Mia 等，2015），上面搭载的传感器可提供用于反演地表温度的热红外遥感影像数据。国
内外的学者根据不同卫星遥感传感器的特点，相继提出了多种反演地表温度的算法，大致
有以下四种：大气校正法（Sobrino 等，2004；Li 等，2004；贺金鑫等，2018）、单通道
算法（Qin 等，2001；Jiménez－Muñoz 和 Sobrino，2003；Qin 等，2001）、分裂窗算法
（Wan 和 Dozier，1996；Qin，2005；Gao 等，2013）和多通道算法（Sobrino 等，1996；
毛克彪等，2006，Srivastava 等，2014）。大气校正法是通过估算大气对地表热辐射的影
响，从卫星传感器中所监测的热辐射总量中减去大气的影响来得到真实的地表热辐射强
度，然后将其转化为真实的地表温度值。Jiménez－Muñoz 和 Sobrino（2003）针对 Land-
sat TM 第 6 波段提出通用单通道算法，通过假设大气剖面参数只受大气水汽含量的影响，
对该参数进行建模，减小大气的影响。大气校正法和单通道法适用于单个热红外波段的遥
感影像，但这两种算法在大气水汽含量较高时反演精度较差（Jiménez－Muñoz 和 Sobri-
no，2010）。分裂窗算法是根据一个大气窗口内两个相邻的热红外波段具有不同的大气透
过特征，两者通过不同的线性组合能够消除大气对地表热辐射的影响，从而反演得到地表
真实温度。该算法是目前反演地表温度发展较为成熟、精度较高的算法（张永红，2015；
王猛猛，2017）。多通道法有针对于 MODIS 传感器的昼夜法（吕月琳等，2009）和针对
于 ASTER 传感器的温度发射率分离法（Gillespie 等，1998）等。多通道算法适合于多个
热红外波段的数据，所需参数较多，地表温度反演难度很大。地表温度的反演算法多种多
样，应根据不同的传感器类型和研究区具体情况选取对应的算法，从而准确的反演地表
温度。

　　由于不同卫星传感器的时间、空间分辨率不一致，地表温度空间降尺度一直是研究的
热点（Daniel 和 Willsky，1997；Roy 等，2008；Kumar 等，2012；Semmens 等，2015）。
在现有的热红外遥感技术和条件下，难以从单一遥感影像中获取同时具备高时间、高空间
分辨率的地表温度信息。而通过地表温度空间降尺度方法可以构建具有高时空分辨率特征
的遥感数据。

　　较为传统的地表温度空间降尺度的方法主要包括三类，即基于统计回归、基于调制分
配和基于光谱混合模型的方法（Zhan 等，2013；全金玲等，2013；张逸然，2017）。基于
统计回归的方法是假设地表温度和一些遥感获取的地表参数统计关系的尺度不变性而提出
的，将低分辨率下获得的两者统计关系应用到高分辨率上。Kustas 等（2003a）基于不同
空间尺度下地表温度和归一化植被指数之间具有相同的统计关系，提出了 DisTrad 算法，
生成了具有较高空间分辨的热红外影像数据。Agam 等（2007）在 DisTrad 的算法基础
上，利用更高相关性的植被覆盖度代替归一化植被指数，提出了 TsHARP 算法。基于调
制分配的方法是将低分辨率的地表温度按照一定的比例分配给各子像元，不同的分配因子
对应着不同的计算方法。Guo 和 Moore（1998）提出像元内部强度调整的方法（pixel
block intensity modulation，PBIM），利用 30m TM 波段（TM1－5 和 7）的反射率数据，
将热红外波段的灰度值调整到 30m，调制前后像元的灰度值保持不变。Nichol（2009）基
于斯蒂芬-玻尔兹曼定律中对于比辐射率的解释提出子像元分解法（emissivity modula-

tion，EM）对像元进行分解，利用比辐射率将亮温转换为地表真实温度，从而达到降尺度的目的。基于光谱混合模型的方法是利用光谱混合模型，直接关联高分辨率和低分辨率地表温度，通过回归的方法求解高分辨率地表温度。Zhukov 等（1999）基于线性光谱分解提出了多传感器多分辨率技术（multisensor multiresolution technique，MMT），成功应用于 Landsat/TM 影像，并获得高分辨率地表温度。Zhan 等（2011）从数据同化的角度出发，建立了地表温度降尺度方法的统一理论框架。多光谱遥感数据不同光谱之间所包含的信息不同，不同分辨率的热红外遥感数据可以根据其他波段获取信息来实现降尺度，增强型广义理论框架已经总结出来（Zhan 等，2012）。虽然上述方法在一些特定地区得到了很好的应用，但在实际应用中由于下垫面条件和气候的复杂性，需要综合考虑多方面的因素，才能提高地表温度空间降尺度的精度。

近年来，一些学者对时空融合方法进行了大量研究。时空融合方法在预测中心像元时，综合考虑临近像元与中心像元之间的地理距离差异、时间差异和光谱差异。Gao 等（2006）提出一种时空自适应融合算法（spatialand temporal adaptive reflectance fusion model，STARFM），考虑了中心像元与邻近像元的距离权重、时间权重和光谱权重，通过将 Landsat 和 MODIS 数据融合，生成了高空间分辨数据。Hilker 等（2009）提出一种时空自适应融合变化监测算法（spatial temporal adaptive algorithm for mapping reflectance change，STAARCH），该算法基于缨帽变换融合 Landsat TM/ETM＋和 MODIS 数据。但 STARFM 和 STAARCH 算法的融合精度与下垫面的复杂程度相关，在下垫面复杂的区域融合精度较差。因此，Zhu 等（2010）在 STARFM 算法的基础上提出了增强型自适应时空融合算法（enhanced spatial and temporal adaptive reflectance fusion model，ESTARFM），该算法考虑了不同传感器系统之间因轨道参数、波段带宽、光谱响应曲线等因素差异造成的反射率不同，引入不同传感器反射率差值间的转移系数，可以有效捕捉地物剧烈变化特征，提高复杂下垫面区域的融合精度。杨贵军等（2015）通过 ASTER 和 MODIS 数据利用 ESTARFM 融合算法生成了高时空地表温度数据，并用地表红外辐射计观测的温度进行验证，结果吻合较好。

1.2.3 基于遥感信息的作物 ET 估算

在现有遥感技术和条件下，单一卫星数据难以同时具备高时间和高空间分辨率的性能，难以捕获详细的下垫面地表特征变化。一些较高空间分辨率卫星数据在 6～30m 尺度上可以有效获取田块尺度的地表参数信息，例如 HJ - IRS（罗菊花等，2010），SPOT（Hou 等，2014；郭剑等，2017），CBERS（崔瀚文等，2009）和 Landsat（Hilker 等，2009；Devendra 等，2010）等。但由于再访周期长，加之云雨天气的影响，使得可用的晴空影像数量很少，限制了这些卫星数据在生长季节对植被参数和地表能量通量的连续监测，尤其是在地表特征参数发生剧烈变化时不能及时捕捉地表信息（Timmermans 等，2007；Wulder 等，2007；Choi 等，2009）。而分辨率相对较低的一些卫星数据，如 MODIS 中等分辨率成像光谱仪和 NOAA/AVHRR 探测器，再访周期短，可以提供连续的地表观测（Yang 等，2012；Pouliot，2009；Kiptala 等，2013；Mukherjee 等，2014），但不能有效获取详细的空间信息，尤其在种植类型破碎、下垫面条件复杂的研究地区。在实际应用中，往往需要连续、详细的地表信息，如作物耗水、土壤墒情等，进而为合理、科学的灌溉提供依据。因此，如何整合不同源、不同时空尺度遥感数据来获取详细时空尺度数据集尤为重要。而数据融合方法提供了一种可行的和低成本的方法，通过降尺度方法重建同时具备高时间、高空间分辨率特征的遥感数据（Zhu 等，2010；Bhandari 等，2012）。

传统的融合算法包括亮度-色调-饱和度变换 HIS 方法（Carper 等，1990；Chavez 等，1991）、主成分分析（Shettigara 等，1992；Yesou 等，1993）以及小波变换（Yocky，1996）等，将全色波段与多光谱波段进行融合以获得高分辨率多光谱图像。HIS 融合方法简单，主要应用于增强彩色、改善空间分辨率等影像处理中，该方法容易使光谱产生偏差，不能对原始影像进行有效理解和分析。主成分分析方法是将高分辨率影像替代包含多光谱信息的第一主分量，再通过逆变换实现空间降尺度的目的，该方法使降尺度后的影像空间信息丰富，但色彩信息丢失较多。小波变换的原理为对多光谱影像进行变换，将高分辨率影像高频信息替代多光谱影像高频信息，通过小波反变换来提升影像空间分辨率。传统的融合方法缺乏明确的物理意义，可应用于图像的简单分类，但不能有效获取由物候变化引起的地表反射率、$NDVI$ 以及 LAI 等植被参数的变化。

近年来，多源遥感数据融合方法得到了进一步发展，主要是将低空间分辨率像元值看作高空间分辨率像元值的线性组合，利用高空间分辨率影像的丰度矩阵，从低空间分辨率推算出高空间分辨率像元值（Maselli 等，1998；Cherechali 等，2000；Zhukov 等，1999；Lorenzo 等，2008）。但通过线性混合模型得到的高空间分辨率值是类别像元的平均值，不是真正的像元值。同时，由于残差项的存在，融合结果会出现异常值。为此，Gao 等（2006）提出了时空自适应融合算法（STARFM），通过选取与中心像元相似的周边像元，综合考虑距离权重、光谱权重和时间权重来实现空间降尺度，有效地融合了 Landsat 和 MODIS 数据。HIKER 等（2009）提出了一种时空自适应融合变化监测方法，该方法避免了短暂、剧烈的地物变化问题；ROY（2008）采用半物理的数据融合方法，使用 MODIS 二性反射等地表数据产品和 Landsat ETM+ 进行融合并成功实现了对应日期或前后相邻日期影像的降尺度。以上融合结果的优劣在一定程度上依赖于下垫面的复杂程度，如在破碎下垫面条件下，融合结果往往不如均一地表覆盖类型准确。Zhu 等（2010）提出了增强时空自适应融合算法（ESTARFM），在相似像元选取和时间权重计算上更加合理，并且可以有效捕捉地物剧烈变化特征，改善了复杂下垫面情况下地表特征参数融合精度。

数据融合方法通常应用于较低级别的地表参数，这些参数随时间的变化较缓慢，如 $NDVI$。而参数地表温度 LST 随时间变化较为剧烈，同时依赖于不同传感器观测角，增加了融合的难度，一定程度上限制了温度数据的进一步应用，如在蒸散发和土壤墒情反演方面的应用。因此，Cammalleri 等（Cammalleri 等，2013；Cammalleri 等，2014）采用时空自适应融合算法（STARFM）直接对较高级别的遥感数据进行融合，如对 MODIS 和 Landsat 蒸散发产品，实现了不同数据源蒸散发的空间降尺度，提高了数据应用的时效性。不同源、不同尺度及不同级别遥感数据之间的融合实现了数据间的互补，打破了数据应用的局限性。

1.2.4　灌区灌溉管理发展趋势

考虑国内当前新农村建设和土地流转新形势，依据水资源红线、劳动力短缺和生态环境的要求，需要开展现代灌区农情、水情的实时监测和精量灌溉决策技术与灌溉控制研究，实现信息采集实时化、灌溉管理智能化的节水型现代灌区，构建并发展智慧灌区的理念。智慧型节水灌区是以先进的科学发展理念为引领，在网络通信、自动控制、物联网及云计算等高技术的支撑下，融合农田多尺度信息智能采集、水肥精准配施及高效利用、智慧决策预报、水资源优化调配、虚拟仿真服务平台建设等多方面的灌区智慧化关键技术措施，以可持续的发展方式、人水和谐的生产方式为保障，实现信息采集实时化、灌溉水肥精准化、灌溉管理智能化、灌溉决策智慧化的节水型灌区。主要研究内容包括以下方面：

（1）以灌区农田作物农情信息和环境要素的数据采集、传输为基础，开展从田间到区域尺度作物及生长环境信息监控系统的研发，实现农田实时、可视化和全天候动态监测的功能；以作物生长模拟和SPAC系统水分运移规律理论为基础，结合专家决策、模糊决策等决策技术和作物缺水诊断指标及阈值的数据库，进行基于物联网和云计算的虚拟仿真。

（2）以多指标综合的精量灌溉决策技术为核心，确定农田不同作物达到节水、增产、高效的缺水诊断指标及阈值，研究不同尺度作物耗水转化关系和尺度上推的方法，实现灌区农田耗水、用水、配水、管理的动态平衡。

（3）结合遥感图像反演地面蒸散发和同化土壤含水量，利用多点分布的免维护传感器采集的土壤墒情信息，构建现代灌区实时、可靠的灌溉预报和信息发布系统。最终形成现代灌区精量灌溉决策与控制，实现智能化管理。以遥感 ET 的灌区用水管理关键技术为核心，将区域上的遥感数据与点上的田间实验数据相结合，并分析关键参数在田间和灌区两个尺度直接的转换关系，建立基于遥感 ET 的灌区用水管理技术体系和基于GIS的现代高效节水灌溉技术应用模式综合评价体系，并在此基础上，构建灌区用水管理信息与技术服务体系公共服务平台建设。

1.3　主要研究内容

本书从农田精量灌溉决策与管理入手，详述精量灌溉决策与控制原理、实施方案和解决方法，结合研发的低功耗经济型墒情监测仪和田间多参数观测系统，利用多源遥感卫星图片信息，开展典型灌区作物种植结构、地面温度、遥感 ET 以及水分利用效率的估算和研究。以我国北方灌区主要农作物为研究对象，在农田尺度和灌区尺度开展田间灌溉试验和区域数据采集、分析的基础上，深入认识作物耗水机理和干旱形成原理。采用不同分辨率的遥感影像，通过数据融合提取田块尺度作物植被指数变化曲线，利用光谱耦合技术与调查得到的作物特征参数变化曲线进行匹配，提取灌区作物种植结构分布；以遥感数据反演得到的地表参数作为驱动数据实现蒸散发反演，通过数据融合对低分辨率蒸散发、土壤墒情进行降尺度，构建同时具有高时间、高空间分辨率特征的数据集；根据遥感反演的田块尺度种植结构、蒸散发数据集，分析研究地区节水改造工程实施以来，农业蒸散发变

化、农业蒸散发对种植结构和地下水的时空响应、灌溉水有效利用系数变化以及农业干旱情势,为节水改造工程的效益评价和精准灌溉提供支持。

本书主要内容包括以下几个方面:

(1)参照腾发量实时预报系统构建和应用:结合天气预报信息,构建参照腾发量的实时预报系统,并与农田实测结果进行对比验证,为农田精量灌溉预报管理提供思路和方法。

(2)多指标综合灌溉决策与农田精量灌溉管理:基于模糊逻辑,构建多指标综合决策模型,并提供了精量灌溉决策管理软件的开发核心模型。

(3)精量灌溉决策指标敏感性和 ET 尺度效应及转换:针对灌溉决策指标的多样性,利用通径分析原理,探寻决策指标敏感性,分析农田作物 ET 的尺度效应,提供了不同尺度间可能的转换关系式。

(4)区域农田信息监测与实时采集:研发了低功耗、经济型的区域墒情监测系统和农田多参数实时采集系统。

(5)灌区农田作物冠层温度变化和地表温度遥感反演:利用实时数据,探寻农田冠层温度变化规律,分析了地表温度遥感反演方法,并对农田多参数观测系统的尺度代表性进行了研究。

(6)基于多源遥感信息的灌区农田作物需耗水估算:基于 Landsat 和 MODIS 卫星遥感图片,在数据融合的基础上,构建高时空分辨率的灌区农田作物 ET 数据集。

(7)从农田精量观测到灌区作物需耗水估算:在数据融合的基础上,利用 S-I 模型,实现从农田精量观测到区域遥感反演的作物需耗水估算。

(8)灌区种植结构演变与农田蒸散发变化:利用 2000 年以来灌区遥感数据和统计年鉴,分析了典型灌区作物种植结构演变规律和农田蒸散发的变化情况,在此基础上评价了我国实施大型灌区续建配套工程以来典型灌区的实施效果。

参 考 文 献

蔡甲冰,许迪,司南,等,2015.基于冠层温度和土壤墒情的实时监测与灌溉决策系统 [J].农业机械学报,46(12):118-124.

陈四龙,张喜英,陈素英,等,2005.不同供水条件下冬小麦冠气温差、叶片水势和水分亏缺指数的变化及其相互关系 [J].麦类作物学报,25(5):38-43.

崔瀚文,姜琦刚,李远华,等,2009.CBERS-02 星数据在三江平原湿地生态环境调查中的应用 [J].国土资源遥感,1:100-104.

郭剑,陈实,徐斌,等,2017.基于 SPOT-VGT 数据的锡林郭勒盟草原返青期遥感监测 [J].地理研究,36(1):37-48.

康绍忠,2014.水安全与粮食安全 [J].中国生态农业学报,08:880-885.

李小文,王锦地,A.H.Strahler,2000.尺度效应及几何光学模型用于尺度纠正 [J].中国科学E辑:技术科学,(S1):12-17.

刘海龙,杨晓光,2002.夏玉米水分胁迫判别指标的研究 [J].中国农业气象,23(3):22-26.

刘良云,2014.植被定量遥感原理与应用 [M].北京:科学出版社.

刘苏峡,莫兴国,李俊,等,1999.土壤水分及土壤-大气界面对麦田水热传输的作用 [J].地理研究,

01：25 – 31.

罗菊花，张竞成，黄文江，等，2010. 基于单通道算法的 HJ – 1B 与 Landsat 5 TM 地表温度反演一致性研究 [J]. 光谱学与光谱分析，(12)：3287 – 3288.

吕月琳，毛玉平，史正涛，2009. 热红外遥感在地震监测预测中的应用 [J]. 科技导报，27 (6)：91 – 96.

毛克彪，施建成，覃志豪，等，2006. 一个针对 ASTER 数据同时反演地表温度和比辐射率的四通道算法 [J]. 遥感学报，10 (4)：593 – 599.

莫兴国，1998. 土壤-植被-大气系统水分能量传输模拟和验证 [J]. 气象学报，03：68 – 77.

全金玲，占文凤，陈云浩，等，2013. 遥感地表温度降尺度方法比较—性能对比及适应性评价 [J]. 遥感学报，17 (2)：374 – 387.

覃志豪，LI Wenjuan，Zhang Minghua，等，2003. 单窗算法的大气参数估计方法 [J]. 国土资源遥感，(2)：37 – 43.

覃志豪，李文娟，徐斌，等，2004. 陆地卫星 TM6 波段范围内地表比辐射率的估计 [J]. 国土资源遥感，(3)：28 – 41.

田国良，柳钦火，陈良富，等，2014. 热红外遥感（第 2 版）[M]. 北京：电子工业出版社.

王猛猛，2017. 地表温度与近地表气温热红外遥感反演方法研究 [D]. 博士论文，北京：中国科学院大学.

许迪，龚时宏，李益农，等. 农业水管理面临的问题及发展策略 [J]. 农业工程学报，2010 (11)：1 – 7.

杨贵军，孙晨红，历华，2015. 黑河流域 ASTER 与 MODIS 融合生成高分辨率地表温度的验证 [J]. 农业工程学报，31 (6)：193 – 200.

袁国富，罗毅，孙晓敏，等，2002. 作物冠层表面温度诊断冬小麦水分胁迫的试验研究 [J]. 农业工程学报，18 (06)：13 – 17.

张喜英，裴东，陈素英，2002. 用冠气温差指导冬小麦灌溉的指标研究 [J]. 中国生态农业学报，10 (2)：102 – 105.

张逸然，2017. 地表温度空间降尺度方法及其基于国产高分影像的应用研究 [D]. 博士论文，杭州：浙江大学.

张永红，陈瀚阅，陈宜金，等，2015. 基于 Landsat – 8/TIRS 的红沿河核电基地海表温度反演算法比 [J]. 航天返回与遥感，36 (5)：96 – 104.

AGAM N，KUSTAS W P，ANDERSON M C，et al，2007. A vegetation index based technique for spatial sharpening of thermal imagery [J]. Remote Sensing of Environment，107 (4)：545 – 558.

BHANDARI S，PHINN S，GILL T，2012. Preparing Landsat Image Time Series (LITS) for monitoring changes in vegetation phenology in Queensland，Australia [J]. Remote Sensing，4：1856 – 1886.

BORMANN H，2011. Sensitivity analysis of 18 different potential evapotranspiration models to observed climatic change at German climate stations [J]. Climatic Change，104 (3 – 4)：729 – 753.

CALDERÓN R，NAVAS – CORTÉS J A，LUCENA C，et al，2013. High – resolution airborne hyper-spectral and thermal imagery for early detection of Verticillium wilt of olive using fluorescence，temperature and narrow – band spectral indices. Remote Sensing of Environment，(139)：231 – 245.

CAMMALLERI C，ANDERSON M C，CIRAOLO G，et al，2012. Applications of a remote sensing – based two – source energy balance algorithm for mapping surface fluxes without in situ air temperature observations [J]. Remote Sensing of Environment，(124)：502 – 515.

CAMMALLERI C，ANDERSON M C，KUSTAS，W P，2014. Upscaling of evapotranspiration fluxes from instantaneous to daytime scales for thermal remote sensing applications [J]. Hydrology and Earth System Sciences，18：1885 – 1894.

CARPER W J, LILLES T M, KIEFER R W, 1990. The use of intensity – hue – saturation transformations for merging SPOT panchromatic and multispectral image data [J]. Photogrammetric Engineering and Remote Sensing, 56: 459 – 467.

CASTELLVI F, PEREZ P J, STOCKLE C O, et al, 1997. Methods for estimating vapor pressure deficit at a regional scale depending on data availability [J]. Agricultural and Forest Meteorology, 87: 243 –252.

CHAVEZ P S, SIDES S C, ANDERSON J A, 1991. Comparison of three different methods to merge multiresolution and multispectral data, Landsat TM and SPOT Panchromatic [J]. Photogrammetric Engineering & Remote Sensing, 57 (3): 265 – 303.

CHERECHALI S, AMRAM O, FLOUZAT G, 2000. Retrieval of temporal profiles of reflectances from simulated and real NOAA – AVHRR data over heterogeneous landscapes. International Journal of Remote Sensing, 21: 753 – 775.

CHOI M, KUSTAS W P, ANDERSON M C, et al, 2009. An intercomparison of three remote sensing – based surface energy balance algorithms over a corn and soybean production region (Iowa, U. S.) during SMACEX [J]. Agricultural and Forest Meteorology, 149: 2082 – 2097.

COLAIZZI P D, KUSTAS W P, ANDERSON M C, et al, 2012. Two – source energy balance model estimates of evapotranspiration using component and composite surface temperatures. Advances in Water Resources, (50): 134 – 151.

DANIEL MM, WILLSKY A S, 1997. A multiresolution methodology for signal – level fusion and data assimilation with applications to remote sensing [J]. Proceedings of the IEEE, 85 (1): 164 – 180.

DEVENDRA S, 2011. Generation and evaluation of gross primary productivity using Landsat data through blending with MODIS data [J]. International Journal of Applied Earth Observation and Geoinformation, 13: 59 – 69.

FISHER D K, KEBEDE H, 2010. A low – cost microcontroller—based system to monitor crop temperature and water status [J]. Computers and Electronics in Agriculture, (74): 168 – 173.

FU G, CHEN S, LIU C, SHEPARD D, 2004. Hydro – climatic trends of the Yellow River Basin for the last 50 years [J]. Climatic Change, 65: 149 – 178.

GAO C X, TANG B H, WU H, et al, 2013. A generalized split – window algorithm for land surface temperature estimation from MSG – 2/SEVIRI data [J]. International Journal of Remote Sensing, 34 (12): 4182 – 4199.

GAO F, MASEK J, SCHWALLER M, et al, 2006. On the blending of the Landsat and MODIS surface reflectance: Predicting daily Landsat surface reflectance. IEEE Transactions on Geoscience and Remote Sensing, 44: 2207 – 2218.

GILLESPIE A, ROKUGAWA S, MATSUNAGA T, et al, 1998. A temperature and emissivity separation algorithm for Advanced Spaceborne Thermal Emission and Reflection Radiometer (ASTER) images [J]. IEEE Transactions on Geoscience & Remote Sensing, 36 (4): 1113 – 1126.

GOWDA P H, CHAVEZ J L, COLAIZZI P D, et al, 2008. ET mapping for agricultural water management: present status and challenges [J]. Irrigation Science, 26: 223 – 237.

GUO L J, MOORE J M, 1998. Pixel block intensity modulation: adding spatial detail to TM band 6 thermal imagery [J]. International Journal of Remote Sensing, 19 (13): 2477 – 2491.

HIKER T, WULDER M A, COOPS N C, et al, 2009. A new data fusion model for high spatial – and temporal – resolution mapping of forest based on Landsat and MODIS [J]. Remote Sensing of Environment, 113: 1613 – 1627.

HILKER T, WULDER M A, COOPS N C, et al, 2009. A new data fusion model for high spatial – and temporal – resolution mapping of forest disturbance based on Landsat and MODIS [J]. Remote Sensing of Environment, 113 (8): 1613 – 1627.

HILKER T, WULDER M A, COOPS N C, et al, 2009. A new data fusion model for high spatial – and temporal – resolution mapping of forest based on Landsat and MODIS [J]. Remote Sensing of Environment, 113: 1613 – 1627.

HILLER E A, HOWELL T A, LEWIS R B, et al, 1974. Irrigation timing by the stress day index method [J]. Transactions of the ASAE, 17 (3): 0393 – 0398.

HOU X, GAO S, NIU Z, et al, 2014. Extracting grassland vegetation phenology in North China based on cumulative spot – vegetation NDVI data [J]. International Journal of Remote Sensing, 35 (9): 3316 –3330.

JACKSON R D, 1986. Remote sensing of biotic and abiotic plant stress [J]. Annual Reviews of plant physiology, (24): 265 – 287.

JACKSON R D, IDSO S B REGINATO R J, et al, 1981. Canopy temperature as a crop water stress indicator [J]. Water resources research, 17 (4): 1133 – 1138.

JACKSON RD, REGINATO R J, IDSO S B, 1977. Wheat canopy temperature: A practical tool for evaluating water requirements [J]. Water resources research, 13 (3): 651 – 656.

JIMÉNEZ – MUÑOZ J C, SOBRINO J A, 2003. A generalized single – channel method for retrieving land surface temperature from remote sensing data [J]. Journal of Geophysical Research Atmospheres, 108 (D22).

JIMÉNEZ – MUÑOZ J C, SOBRINO J A, 2010. A Single – Channel algorithm for land – surface temperature retrieval from ASTER data [J]. IEEE Geoscience and Remote Sensing Letters, 7 (1): 176 – 179.

JIMÉNEZ – MUÑOZ J C, SOBRINO J A, GILLESPIE A, et al, 2006. Improved land surface emissivities over agricultural areas using ASTER NDVI [J]. Remote Sensing of Environment, 103: 474 – 487.

KIPTALA J K, MOHAMED Y, MUL M L, et al, 2013. Mapping evapotranspiration trends using MODIS and SEBAL model in a data scarce and heterogeneous landscape in Eastern Africa [J]. Water Resource Research, 49: 8495 – 8510.

KUMAR S V, REICHLE R H, HARRISON K W, et al, 2012. A comparison of methods for a priori bias correction in soil moisture data assimilation [J]. Water resources research, 48 (3): 3112 – 3130.

KUSTAS W P, NORMAN J M, Anderson M C, et al, 2003. Estimating sub pixel surface temperature and energy fluxes from the vegetation index – radiometric temperature relationship [J]. Remote Sensing of Environment, 85: 429 – 440.

KUSTAS W P, NORMAN JM, 2000. A two – source energy balance approach using directional radiometric temperature observations for sparse canopy covered surface [J]. Agronomy Journal, 92 (5): 847 –854.

KUSTAS W, ANDERSON M, 2009. Advances in thermal infrared remote sensing for land surface modeling [J]. Agricultural and Forest Meteorology, 149: 2071 – 2081.

LEI H M, YANG D W, 2010. Interannual and seasonal variability in evapotranspiration and energy partitioning over an irrigated cropland in the North China Plain [J]. Agricultural and Forest Meteorology, 150: 581 – 589.

LORENZO B, MICHELE M, ROBERTO C, et al, 2008. Combining medium and coarse spatial resolution satellite data to improve the estimation of sub – pixel NDVI time series. Remote Sensing of Environment, 112: 118 – 131.

LUIG A, AHRENDS H E, NEUKAM D, et al, 2015. Incorporation of wheat canopy temperatures into agroecosystem models by using a meta – model [J]. Procedia Environmental Sciences, 29: 144 – 146.

MASELLI F, GILABERT M A, CONESE C, 1998. Integration of high and low resolution NDVI data for monitoring vegetation in Mediterranean environments. Remote Sensing of Environment, 63: 208 - 218.

MEIJERINK B H A, 2002. Application of NOAA - AVHRR satellite images for the measurement of surface temperatures in relation to crop growth modeling [J]. Aiche Journal, 50 (8): 1684 - 1696.

MIA M B, NISHIJIMA J, FUJIMITU Y, 2015. Monitoring heat flow before and after eruption of Kuju fumaroles in 1995 using Landsat TIR images [J]. Acta Geodaetica Geophysica, 50 (3): 295 - 305.

MORILLAS L, GARCÍA M, NIETO H, et al, 2013. Using radiometric surface temperature for surface energy flux estimation in Mediterranean drylands from a two - source perspective [J]. Remote Sensing of Environment, (136): 234 - 246.

MUKHERJEE S, JOSHI P K, GARGB R D, 2014. A comparison of different regression models for downscaling Landsat and MODIS land surface temperature images over heterogeneous landscape [J]. Advances in Space Research, 54: 655 - 669.

NICHOL J E, 2009. An emissivity modulation method for spatial enhancement of thermal satellite images in urban heat island analysis [J]. Photogrammetric Engineering and Remote Sensing, 75 (5): 1 - 10.

PANIGADA C, ROSSINIA M, MERONI M, et al, 2014. Fluorescence, PRI and canopy temperature for water stress detection in cereal crops [J]. International Journal of Applied Earth Observation and Geoinformation, (30): 167 - 178.

POULIOT D A, LATIFOVIC R, OLTTHOF I, 2009. Trends in vegetation NDVI from 1km AVHRR data over Canada for the period 1985 - 2006 [J]. International Journal of Remote Sensing, 30: 149 - 168.

QIN Z H, ZHANG M H, KARNIELI A, et al, 2001. Mono - window algorithm for retrieving land surface temperature from Landsat TM6 data [J]. Acta Geographica Sinica, 56 (4): 456 - 466.

QIN Z H, 2005. A practical split - window algorithm for retrieving land - surface temperature from MODIS data [J]. International Journal of Remote Sensing, 26 (15): 3181 - 3204.

RATTALINO EDREIRA, J I, OTEGUI M E, 2012. Heat stress in temperate and tropical maize hybrids: differences in crop growth, biomass partitioning and reserves use [J]. Field Crops Research, 130: 87 - 98.

ROY D P, JU J, LEWIS P, et al, 2008. Multi - temporal MODIS - Landsat data fusion for relative radiometric normalization, gap filling, and prediction of Landsat data [J]. Remote Sensing of Environment, 112: 3112 - 3130.

SEMMENS K A, ANDERSON M C, KUSTAS W P, et al, 2015. Monitoring daily evapotranspiration over two California vineyards using Landsat 8 in a multisensory data fusion approach [J]. Remote Sensing of Environment, http: //dx. doi. org/10. 1016/j. rse. 2015. 10. 025.

SHETTIGARA V K, 1992. A generalized component substitution technique for spatial enhancement of multispectral images using a higher resolution data set [J]. Photogrammetric Engineering and Remote Sensing, 58: 561 - 567.

SOBRINO J A, JIMÉNEZ - MUÑOZ J C, PAOLINI L, 2004. Land surface temperature retrieval from LANDSAT TM 5 [J]. Remote Sensing of Environment, 90 (4): 434 - 440.

SOBRINO J A, Z - L L I, STOLL M P, et al, 1996. Multi - channel and multi - angle algorithms for estimating sea and land surface temperature with ATSR data [J]. International Journal of Remote Sensing, 17 (11): 2089 - 2114.

SOBRINO J A, JIMÉNEZ - MUÑOZ J C, ZARCO - TEJADA P J, et al, 2006. Land surface temperature derived from airborne hyperspectral scanner thermal infrared data [J]. Remote Sensing of Environment, 102: 99 - 106.

SRIVASTAVA P K, HAN D, RICO - RAMIREZ M A, et al, 2014. Estimation of land surface temperature from atmospherically corrected LANDSAT TM image using 6S and NCEP global reanalysis product [J]. Environmental Earth Sciences, 72 (12): 5183 - 5196.

SUÁREZ L, ZARCO - TEJADA P J, GONZÁLEZ - DUGO V, et al, 2010. Detecting water stress effects on fruit quality in orchards with time - series PRI airborne imagery [J]. Remote Sensing of Environment, (114): 286 - 298.

SUÁREZ L, ZARCO - TEJADA P J, SEPULCRE - CANTÓ G, et al, 2008. Assessing canopy PRI for water stress detection with diurnal airborne imagery [J]. Remote Sensing of Environment, (112): 560 -575.

TIMMERMANS W, KUSTAS W P, ADERSON M C, et al, 2007. An intercomparison of the surface energy balance algorithm for land (SEBAL) and the two - source energy balance (TSEB) modeling schemes [J]. Remote Sensing of Environment, 108: 369 - 384.

TOMLINSON C J, CHAPMAN L, THORNES J E, et al, 2011. Remote sensing land surface temperature for meteorology and climatology: a review [J]. Meteorological Application, 18 (3): 296 - 306.

WAN Z, DOZIER J, 1996. A generalized split - window algorithm for retrieving land - surface temperature from space [J] . IEEE Transactions on Geoscience & Remote Sensing, 34 (4): 892 - 905.

WANJURA D F, MAAS S J, WINSLOW J C, et al, 2004. Scanned and spot measured canopy temperatures of cotton and corn [J]. Computers and Electronics in Agriculture, (44): 33 - 48.

WEBBER H, EWERT F, KIMBALL BA, et al, 2016. Simulating canopy temperature for modelling heat stress in cereals [J]. Environmental Modelling & Software, 77: 143 - 155.

WEBBER H, MARTREB P, ASSENGC S, et al, 2015. Canopy temperature for simulation of heat stress in irrigated wheat in a semi - arid environment: A multi - model comparison [J]. Field Crops Research, http: //dx. doi. org/10. 1016/j. fcr. 2015. 10. 009.

WENG H Q, FU P, GAO F, 2014. Generating daily land surface temperature at Landsat resolution by fusing Landsat and MODIS data [J]. Remote Sensing Environment, 145: 55 - 67.

WULDER M A, WHITE J C, GOWARD S N, et al, 2008. Landsat continuity: Issues and opportunities for land cover monitoring [J]. Remote Sensing of Environment, 112: 955 - 969a.

YANG Y T, SHANG S H, JIANG L, 2012. Remote sensing temporal and spatial patterns of evapotranspiration and the responses to water management in a large irrigation district of North China [J]. Agricultural and Forest Meteorology, 164: 112 - 122.

YESOU H, 1993. Merging SEASTA and SPOT imagery for the study of geologic structure in a temperate agricultural region [J] . Remote Sensing of Environment, 43: 265 - 280.

YOCKY D A, 1996. Multiresolution wavelet decomposition image merger of Landsat Thematic Mapper and SPOT panchromatic data [J]. Photogrammetric Engineering and Remote Sensing, 62: 1067 - 1074.

ZARCO - TEJADA P J, GONZÁLEZ - DUGO V J, BERNI A J, 2012. Fluorescence, temperature and narrow - band indices acquired from a UAV platform for water stress detection using a micro - hyperspectral imager and a thermal camera [J]. Remote Sensing of Environment, 117: 322 - 337.

ZHAN W F, CHEN Y H, WANG J F, et al, 2012. Downscaling land surface temperatures with multi - spectral and multi - resolution images [J]. International Journal of Applied Earth Observation and Geoinformation, 18: 23 - 26.

ZHAN W F, CHEN Y H, ZHOU J, et al, 2013. Disaggregation of remotely sensed land surface temperature: Literature survey, taxonomy, issues, and caveats [J] . Remote Sensing of Environment, 131: 119 - 139.

ZHU X L, CHEN J, GAO F, et al, 2010. An enhanced spatial and temporal adaptive reflectance fusion model for complex heterogeneous regions [J]. Remote Sensing of Environment, 114: 2610 - 2623.

ZHUKOV B, OERTEL D, LANZL F, et al, 1999. Unmixing - based multisensor multiresolution image fusion [J]. IEEE Transaction on Geoscience & Remote Sensing, 37 (3): 1212 - 1226.

ZIPPER S C, LOHEIDE S P, 2014. Using evapotranspiration to assess drought sensitivity on a subfield scale with HRMET, a high resolution surface energy balance model [J]. Agricultural and Forest Meteorology, (197): 91 - 102.

第 2 章

参照腾发量 ET_0 实时预报

实时灌溉预报是制定动态灌溉用水计划的基础，对灌区节水、增加作物产量和提高经济效益起着重要作用。其重点与难点内容是作物需水量实时预报。由于作物本身的生理特性，作物需水量 ET_c（即作物潜在最大蒸腾蒸发量）的预报方法有多种：可以用时间序列分析法来预报作物需水量；也可以用绿叶覆盖率和多年气象资料统计分析归类来分别计算作物系数与 ET_0，从而求得作物需水量。Gowing 等（2001）提出根据短期的天气预报信息，用由根据多年降雨资料划分的典型年份确定的降雨概率来计算短期作物需水量，从而进行灌溉预报。Cabelguenne 等（1997）实时灌溉管理则是根据天气预报的降雨信息，由降雨量大小来简单确定一个固定的灌水量。也有研究提出用蒸发皿的蒸发量或者气象监测部门提供的当日气象资料来计算 ET_0，从而制定实时灌溉计划。

上述研究尽管可以对作物腾发量进行实时估算或者短期预报，但其大部分方法依据的资料是历年统计分析结果或者随机降雨量，从而粗略估算作物腾发量进行灌溉预报。在田间水量平衡中，常常需要确定田间作物实际蒸腾、蒸发的水量，即 ET_a 值。估算作物腾发量的常规方法是两步法，即根据气象要素确定参照腾发量 ET_0、作物相应生育期的作物系数 K_c 和此时的土壤水分胁迫系数 K_s，三者相乘即可求得作物腾发量 ET_a。一些学者利用混沌算法的全局空间寻优性能和遗传程序设计的结构自动寻优功能，建立了基于混沌遗传程序设计的参考作物腾发量预测模型，或者利用分形理论分析一定空间尺度范围内 ET_0 存在的自相似特征，可以实现有资料地区 ET_0 成果推广和移植到无资料地区。由于气候变化年际显著差异性和购买气象部门监测资料的昂贵成本，这些方法在实际应用中总有较多局限性。而在关于利用国内免费的公共天气预报信息来估报参照腾发量方面，蔡甲冰等（2005）已经做了大量的研究工作。利用这些研究成果进行作物腾发量的估报，从而进行灌溉的短期实时预报，对于提高灌溉管理的实时性和有效性具有十分重要的意义。

2.1 根据天气预报信息估算 *ET*₀

常规天气预报资料中最高、最低气温可以直接利用，天气情况和风力预报信息需进行解析。同时 Penman-Monteith 公式中的实际水汽压 e_a 也需要估算。

2.1.1 信息解析方法

1. 日照时数估算

常规天气预报将天气情况分为 5 个等级，即晴、晴间多云、多云间阴、阴间阵雨、连阴雨（包括雨、雪等降水）几种情况。根据参考文献 FAO-56，下述太阳辐射基本概念，将其与日照时数关联起来数字化。

（1）日天文辐射 R_a。

$$R_a = \frac{24 \times 60}{\pi} G_{sc} d_r (\omega_s \sin\varphi \sin\delta + \cos\varphi \cos\delta \sin\omega_s) \tag{2.1}$$

式中：R_a 为天文辐射，MJ/(m² · d)；G_{sc} 为太阳常数，等于 0.0820MJ/(m² · min)；d_r 为太阳—地球相对距离；δ 为太阳倾角，与每天在一年中的序数 J 有关，J 可以由月数 M 和天数 D 来确定，如果月份小于 3，$J=J+2$，如果是闰年且月份大于 2，$J=J+1$；φ 为当地纬度，采用弧度单位；ω_s 为日落时角。

式（2.1）中 d_r、δ、J、φ、ω_s 等参数计算公式分别按下式确定：

$$\begin{cases} d_r = 1 + 0.033\cos\left(\frac{2\pi}{365}J\right) \\ \delta = 0.409\sin\left(\frac{2\pi}{365}J - 1.39\right) \\ J = \text{int}\left(\frac{275M}{9 - 30 + D}\right) - 2 \\ \varphi = \frac{\pi}{180}[当地纬度数] \\ \omega_s = \arccos(-\tan\varphi\tan\delta) \end{cases} \tag{2.2}$$

（2）太阳短波辐射 R_s。

$$R_s = \left(a_s + b_s \frac{n}{N}\right) R_a \tag{2.3}$$

式中：n 为每日实际日照时数，h；N 为白昼最大可能日照时数，h；a_s 为阴天（$n=0$）时宇宙总辐射到达地球的系数，此时辐射为全阴辐射 R_{sc}；$a_s + b_s$ 为晴天（$n=N$）时宇宙总辐射到达地球的系数，此时辐射为晴空辐射 R_{so}。

如果没有多年实测的太阳辐射值来标定参数 a_s 和 b_s，推荐采用 $a_s = 0.25$，$b_s = 0.50$（Allen 等，1998）。

（3）全阴辐射 R_{sc} 和晴空辐射 R_{so}。

$$\begin{cases} R_{sc} = a_s R_a \\ R_{so} = (a_s + b_s) R_a \end{cases} \tag{2.4}$$

这里利用北京大兴区实测气象数据来图示上述参数之间的关系，图 2.1 （a）是大兴区 2004 年内各个辐射变量变化曲线。可见，如果排除观测误差和系统误差，年内日实测太阳辐射变化分布在晴空辐射和全阴辐射之内。那么，根据上述理论分析和当地实际数据对比，可以假设上述 5 种天气预报情况是均匀分布在晴空辐射线和 0 值内（考虑到实际观测辐射有可能有 0 值，因而不选用全阴辐射为下包线）。因为日照时数是根据某种标准由辐射得到，按照前面推论，就可将白昼最大可能日照时数 N 均匀分为 5 等，以此对应 5 种天气情况，具体见图 2.1 （b）。

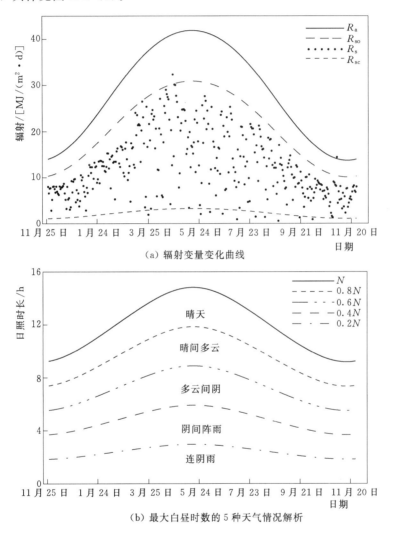

（a）辐射变量变化曲线

（b）最大白昼时数的 5 种天气情况解析

图 2.1　北京市大兴区 2004 年实测辐射变化和天气情况解析

5 种天气情况对应日照时数计算公式为

$$n = an_0 \tag{2.5}$$

式中：n 为预测值；a 为系数，对应天气情况从晴到连阴雨分别为 0.9、0.7、0.5、0.3、0.1；n_0 为系统构建时需要的实际观测值。

由此，可以将天气预报信息中的天气状况信息解析为日照时数，从而进行计算。

2. 日实际水汽压估算

在用 Penman-Monteith 方法计算 ET_0 时，相对湿度用来计算实际水汽压 e_a。当湿度缺测或数据可靠性有问题时，实际水汽压可用最低气温 T_{min} 近似计算：

$$e_a = e^o T_{min} = 0.611 \exp\left(\frac{17.27 T_{min}}{T_{min} + 237.3}\right) \tag{2.6}$$

式（2.6）的基本假定条件是日最低气温 T_{min} 近似等于露点温度 T_{dew}，即当夜间气温降至最低时，空气湿度接近饱和（$RH \approx 100\%$），这对地表有草覆盖的气象站，大多数时期内是能够满足的。用式（2.6）计算实际水汽压而确定的 ET_0，与用不缺测气象要素计算的 ET_0 相比误差很小，这在华北地区已经得到验证（刘钰等，2001）。

3. 日风速估算

根据气象标准对风力预报进行解析，得出对应风速大小。根据风对地面或海面物体的影响而引起的各种现象，按风力等级表估计风力共分 12 级。根据天气预报的风力预报信息，可以将风速的确定值范围定下，具体对应数值见表 2.1。按式（2.7），将不同高程处所测风速转换为 2m 处数值：

$$u_2 = u_z \frac{4.87}{\ln(67.8z - 5.42)} \tag{2.7}$$

式中：u_2 为地面 2m 处风速，m/s；u_z 为地面 zm 处风速，m/s；z 为风速测量高程，m。

表 2.1　　　　　　　　　　风力预报与对应于距离地面 10m、2m 处风速大小

风力等级	名　称	相当于平地 10m 高处的风速/(m/s)		相当于平地 2m 高处的风速/(m/s)	
		范围	中数	范围	中数
0	静风	0~0.2	0	0~0.1	0
1	软风	0.3~1.5	1.0	0.2~1.1	0.7
2	轻风	1.6~3.3	2.0	1.2~2.5	1.5
3	微风	3.4~5.4	4.0	2.5~4.0	3.0
4	和风	5.5~7.9	7.0	4.1~5.9	5.2
5	清劲风	8.0~10.7	9.0	6.0~8.0	6.7
6	强风	10.8~13.8	12.0	8.1~10.3	9.0
7	疾风	13.9~17.1	16.0	10.4~12.8	12.0
8	大风	17.2~20.7	19.0	12.9~15.5	14.2
9	烈风	20.8~24.4	23.0	15.6~18.3	17.2
10	狂风	24.5~28.4	26.0	18.3~21.2	19.4
11	暴风	28.5~32.6	31.0	21.3~24.4	23.2
12	飓风	32.7~36.9	35.0	24.5~27.6	26.2

来源：中国气象局新版《地面气象观测规范》。

2.1.2　解析方法应用实例

1. 试区情况

以北京市大兴区为例进行计算。大兴试区位于北纬 39°44′、东经 116°20′，海拔 40.1m，风速测量高度为 10m。采用大兴气象局 1995 年 1 月—2004 年 10 月间的逐日气象

资料，包括最高气温、最低气温、日照时数、风速、相对湿度、降雨等项，进行模型测试和检验分析。

2. 结果与分析

利用大兴 1995—2004 年逐日实测气象资料，根据上述方法对气象因子（主要是天气情况和风力）进行解析，并计算了相应的参照腾发量 ET_0。同时，用 Penman - Monteith 方法（PM 方法）计算了由详细的实测气象因子观测结果确定的逐日参照腾发量 ET_0。

两者计算过程区别最大的是计算过程当中的日照时数 n、风速 u_2、实际水汽压 e_a 的不同。图 2.2 是日照时数和风速的估算值与实测值对比和回归分析。图 2.3 显示的是根据天气预报信息预测 ET_0 时采用日最低气温确定的实际水汽压与由实测相对湿度确定的实际水汽压的对比。根据回归分析结果，日照时数和风速的相关系数 r 分别为 0.99 和 0.90，可见两种方法的关键气象因子相关度很高。同时，对逐日数据的 t 检验分析结果（表 2.2）表明，两者 t 值为 376.9042 和 122.4295，远远大于 t 分布相应临界值 2.576（$\alpha = 0.01$），说明可以认为是来自同一个总体样本（信乃诠，2000）。

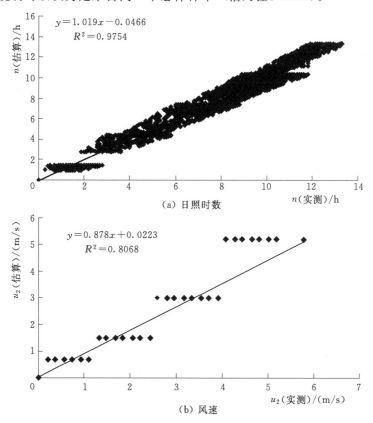

图 2.2　实测的与估算的日照时数和风速回归分析

同样，实际水汽压的统计分析结果（$r = 0.93$，$t = 153.3015$）也说明，用最低气温计算的实际水汽压与精确值误差不大，因此同时也间接验证了有关文献上的论述。在平均值年内变化曲线对比上可以看出，最小气温确定实际水汽压值要比标准方法计算值略大，上半年差异大一些。原因可能是所使用气象资料的观测站位于城区，影响到其观测的最小气

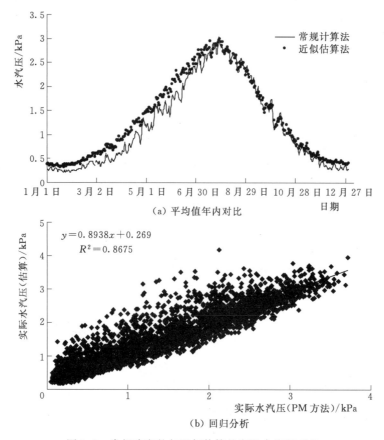

图 2.3　常规确定的与近似估算的实际水汽压对比

温高于旷野处露点温度。

由表 2.2 可见,两种方法计算的和预测的参照腾发量 ET_0 相关系数达到 0.96,t 分布检验结果也表明其在统计上是显著的。图 2.4 是由天气预报预测的 ET_0 和 Penman - Monteith 方法计算的 ET_0 变化过程和回归分析。由 ET_0 平均值年内变化对比发现,根据普通天气预报信息预测的 ET_0 值在趋势上比标准 Penman - Monteith 方法计算值要略小一些。从上面实际水汽压的分析已知,用天气预报信息预测时采用的数值是大于实际的 e_a 的,那么所确定的空气饱和压差 VPD（vapor pressure deficit）就会小一些,这样就影响到最终 ET_0 的计算结果变小。

表 2.2　　模型与实测数据（Penman - Monteith 方法）计算分析的统计检验结果

参数	相关系数	t 检验值	t 分布表临界值（$a=0.01$）
日照时数 n	0.99	376.9042	2.576
风速 u_2	0.90	122.4295	2.576
实际水汽压 e_a	0.93	153.3015	2.576
参照腾发量 ET_0	0.96	209.1194	2.576

当前北京地区天气预报的精确度已经达到 80% 以上。根据以上的计算结果可知,年内参照腾发量 ET_0 的预报精度就可以达到 75% 以上,从逐日预报的结果来看,可以满足

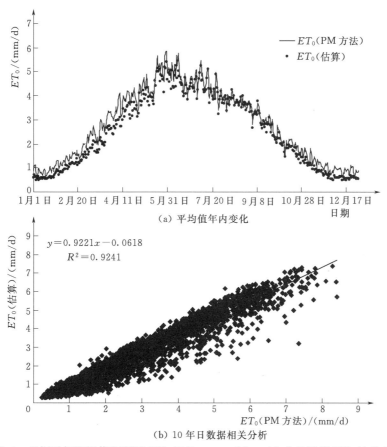

图 2.4　根据天气预报信息预测 ET_0 与 Penman - Monteith 方法计算 ET_0 结果对比

灌溉日期和灌溉水量的要求。随着技术进步和研究水平的提高，如果我国的天气预报准确度赶上发达国家 90％ 以上的水平，本方法的预测精度也会相应提高。因此，在灌溉管理实践中，本方法的使用将有较大的实际意义。

2.2　利用模糊神经网络方法估算 ET_0

2.2.1　模糊神经网络方法

自适应模糊神经推理系统（adaptive neuro - fuzzy inference system，ANFIS），是模糊逻辑和神经网络的结合物，既有模糊逻辑适于表示人的定性或模糊的经验和知识的特点，又有神经网络自适应、自学习机制（J. Wesley Hines，1997；Jyh - Shing Roger Jang，1992）。根据 Roger Jang（1992）提出的一阶 Sugeno 型模糊推理系统，可以用 MATLAB 软件的工具箱函数 anfis 构建一个模糊推理系统 FIS。ANFIS 的实质是使用神经网络中比较成熟的参数学习算法——反向传播算法或者是混合最小二乘估计的反向传播算法，对给定的一组输入/输出数据集进行学习来调整 FIS 中变量的隶属度函数的形状参数（闻新等，2002；吴晓莉等，2002）。

自适应模糊神经推理系统，为模糊建模的过程提供了一种从数据集中提取相应信息

（模糊规则）的学习方法，所以 ANFIS 是一种基于已有数据的建模方法。而建立的模糊系统模型能否很好地模拟这些数据并能用于预报，就是检验算法和模型的标准。ANFIS 建模的优点是能够用较少的初始条件，取得本来需要较多因素才能精确确定的结果。如用 Penman - Monteith 方法计算参照腾发量，就需要最高气温、最低气温、日照、风速、相对湿度以及当地地理位置参数等数据。图 2.5 是典型的一阶两输入/一输出 ANFIS 结构。

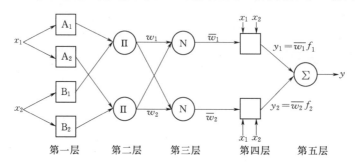

图 2.5　一阶两输入/一输出 ANFIS 结构

根据大兴 1995—2003 年逐日各气象因子，与经 Penman - Monteith 方法计算的 ET_0 的相关分析，发现日最高气温项（$r=0.8166$）与太阳辐射项（日照时数，$r=0.6903$）与其线相关度较高。同时，根据 ANFIS 的特点，随着输入项个数的增加，模糊规则将呈爆炸式增加，势必使系统训练和推理时间大幅度延长，不利于实际应用。而日常天气预报中的天气情况信息往往是由太阳辐射所决定，因此天气情况信息将按照太阳辐射进行解析。

因此，所构建的自适应模糊推理系统输入项就选取日常天气预报信息中的最高气温 T_{max} 和天气情况（Weather）项，输出项是单输出的参照腾发量值。

2.2.2　输入输出项系统构建

为了将一般语言与模糊推理能够结合起来，分别将这 5 种情况（模糊程度）对应于阿拉伯数字 1~5，以便在推理系统中进行模糊推理。表 2.3 是参照腾发量推理系统输入项两变量的模糊设置，其中最高气温项 T_{max} 是大兴 1995—2003 年逐日数据进行分析和整理，得到基本特征和模糊设置。

表 2.3　　　　　　　　　　　参照腾发量推理系统输入项模糊设置

输　入　项		模糊程度 1	模糊程度 2	模糊程度 3	模糊程度 4	模糊程度 5
最高气温 T_{max}	符号	VL	LOW	MED	HIGH	VH
	含义	很低	低	中等	高	很高
天气情况	符号	VB	BAD	MED	GOOD	VG
	含义	很坏	坏	中等	好	很好

输入项隶属度函数采用高斯（正态）分布函数。高斯分布是概率统计中最为常用的函数，它在模糊逻辑中也具有非常重要的地位。高斯型函数的形状由两个参数决定：方差 σ 和均值 c，其中 c 决定了函数的中心点（峰值点）的位置，σ 决定了函数曲线的舒展程度。高斯（正态）分布函数的数学表达式为

$$y = e^{-\frac{(x-c)^2}{2\sigma^2}} \tag{2.8}$$

经过数据训练后模型定义的输入项最高气温和天气情况的隶属度函数见图 2.6。

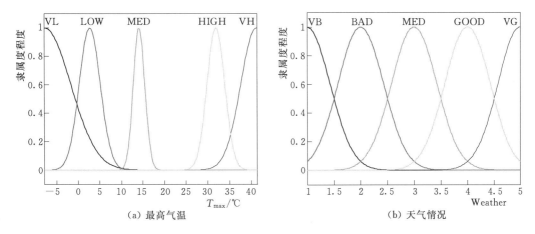

（a）最高气温　　　　　　　　　　　（b）天气情况

图 2.6　训练后的推理系统输入变量的隶属度函数

本自适应模糊推理系统的输出项是 ET_0 值。由 1995—2003 年间逐日气象数据，根据 Penman – Monteith 方法计算其参照腾发量 ET_0 值作为模型训练输出值。由统计结果知，输出项的最大值为 8.43mm/d，最小值为 0.22mm/d。系统训练输出项采用线性输出。

2.2.3　ANFIS 模型结果分析

根据上述输入输出项的结构分析和相应专家知识，推理系统共产生 5×5＝25 个模糊规则。图 2.7 是本模糊推理系统的结构和模糊规则曲面 [图 2.7（b）中天气情况的量值与表 2.3 中程度值相对应]。在模型训练时，对隶属度函数的类型进行了不同的尝试。选择 Fuzzy Logic 工具箱提供的三角函数 trimf、钟形函数 gbellmf、高斯函数 gaussmf、高斯 2 型函数 gauss2mf、s 型函数 smf 等对已经构建好的模型进行训练。通过对训练过程和训练系统误差结果的观察对比，发现高斯函数作为隶属度函数最适合——训练速度快，约 400 个周期时误差达到最小并趋于稳定。

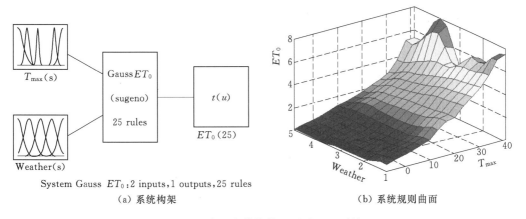

System Gauss ET_0：2 inputs，1 outputs，25 rules

（a）系统构架　　　　　　　　　　　（b）系统规则曲面

图 2.7　自适应模糊推理预测 ET_0 系统

图 2.8 和图 2.9 分别是训练数据结果（Train - ET_0）和检验数据结果（Test - ET_0）与用 Penman - Monteith 公式计算结果（PM - ET_0）的比较，其中（a）是平均值年内变化曲线，（b）是两者线性相关分析图。从模型训练结果的年内变化来看，从 3—6 月和 9—11 月，ANFIS - ET_0 与 PM - ET_0 差异稍大（绝对误差 AAE 分别为 0.6480 和 0.6353，相对误差 ARE 分别为 16.67％ 和 34.18％），12 月至次年 2 月和 7—8 月的结果两者比较接近（AAE 分别为 0.1550 和 0.2863，ARE 分别为 16.03％ 和 7.29％）。检验数据也有相似的年内变化趋势。出现这种系统偏差的原因，可能是在北京地区参照腾发量年内气象因素阶段影响差异。本预测系统选择的输入项是辐射和最高气温，两者在基础地温不同时对确定参照腾发量数值大小的影响是不同的；而系统推理的模糊规则以年为周期进行设计，是认为年内无差异的。因此造成这种 2—5 月总体偏小、8—11 月总体偏大的预测结果。如果针对地区差异，年内分阶段进行系统设计，将可以减小这方面的误差。

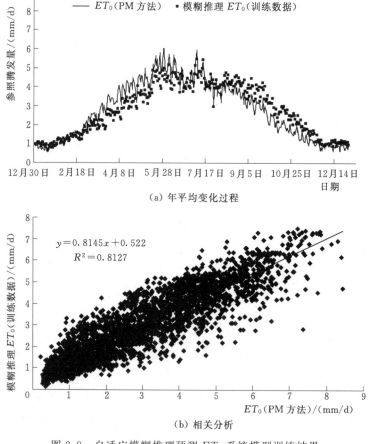

（a）年平均变化过程

$y = 0.8145x + 0.522$
$R^2 = 0.8127$

（b）相关分析

图 2.8　自适应模糊推理预测 ET_0 系统模型训练结果

总体来说，相关分析结果显示，训练数据线性相关系数为 0.904，检验结果为 0.84（表 2.4）。同时，从数据统计分析的 t 检验结果可见，训练数据和检验数据的 t 检验值分别达到 119.4038 和 87.5347，远远大于 t 分布临界值 2.576（$\alpha = 0.01$），表明两者相关性

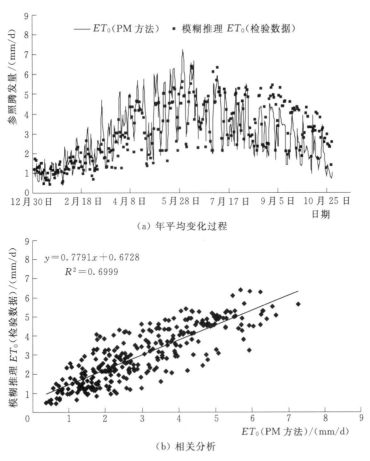

(a) 年平均变化过程

(b) 相关分析

图 2.9　自适应模糊推理预测 ET_0 系统模型检验结果

显著，可以认为是来自一个近似的总体样本。

表 2.4		模型训练与检验结果统计检验	
PM-ET_0 与 ANFIS-ET_0	相关系数	t 检验值	t 分布表临界值（$\alpha=0.01$）
模型训练数据	0.90	119.4038	2.576
模型检验数据	0.84	87.5347	2.576

2.3　解析方法估算 ET_0 的推广检验

2.3.1　试验区情况

为了检验上述解析方法的合理性和适用性，这里选取了全国 8 个不同纬度、经度和气候类型地区的多年实测资料，计算了解析法参照腾发量（AM-ET_0），并与根据完全气象记录用 Penman-Monteith 方法计算的参照腾发量（PM-ET_0）进行了对比。8 个地区详细的地理位置特征见表 2.5。其中在北纬 41°附近选取不同经度的试验区从东到西为集安、锦州、张家口和额济纳旗（气候区从湿润、半湿润、半干旱到干旱变化），沿东经约 112°

从南到北、气候从湿润到干旱选取的试验区为：郴州、南阳、原平、呼和浩特。

表 2.5　　　　　　　　参照腾发量实时预报模型验证中 8 个地区地理位置特征

名　称	纬度	经度	海拔/m	气候区
额济纳旗	41.57°N	101.04°E	94.05	干旱区
张家口	40.47°N	114.53°E	72.42	半干旱区
锦州	41.08°N	121.07°E	6.59	半湿润区
集安	41.06°N	126.09°E	17.77	湿润区
呼和浩特	40.49°N	111.41°E	106.3	干旱区
原平	38.44°N	112.43°E	82.82	半干旱区
南阳	33.02°N	112.35°E	12.92	半湿润区
郴州	25.48°N	113.02°E	18.49	湿润区

2.3.2　统计指标

两种方法计算结果的好坏，采用下列 4 种统计变量来描述。这些统计变量的选择，参考了国际上通用做法和相关文献（Alexandris 等，2003；Stockle 等，2004；Pereira，2004）。

（1）均方根误差 $RMSE$。

$$RMSE = \sqrt{\frac{\sum_{i=1}^{n}(P_i - O_i)^2}{n}} \tag{2.9}$$

式中：n 为变量个数；O_i、P_i 分别为第 i 个实际值和估算值。

（2）相对误差 RE。

$$RE = \frac{RMSE}{\overline{O}} \tag{2.10}$$

（3）决定系数 R^2。

$$R^2 = \frac{\left[\sum(P_i - \overline{P})(O_i - \overline{O})\right]^2}{\sum(P_i - \overline{P})^2 \sum(O_i - O)^2} \tag{2.11}$$

式中：$\overline{P}$、$\overline{O}$ 为数组 P_i 和 O_i 的均值。

（4）Willmott 指数 d。

$$d = 1 - \frac{\sum_{i=1}^{n}(P_i - O_i)^2}{\sum_{i=1}^{n}(|P'_i| + |O'_i|)^2} \tag{2.12}$$

其中，$P'_i = P_i - \overline{O}$，$O'_i = O_i - \overline{O}$。

2.3.3　检验结果与分析

解析方法得出了估算的日照时数、风速和实际水汽压，并与实际观测值进行了统计分析。其中 5Y 是指用 5 年数据计算结果进行统计分析，10Y 是用 10 年计算结果进行分析。从结果来看，估计值与实测值非常接近，4 个统计指标几乎都在非常良好范围内，说明解析结果效果良好。这里主要对比分析两种方法计算的 ET_0 值。

表 2.6 是 8 个地区 AM－ET_0 与 PM－ET_0 统计分析结果。两者之间有很好的一致性。根据统计分析，8 个地区的 d 和 R^2 分别在 0.95 和 0.91 以上，这表明解析方法可以很好的预测 ET_0。除了额济纳旗，RE 和 $RMSE$ 分别低于 0.13 和 0.35。这表示在额济纳旗的预测精度要低于其他地区。造成这个现象的原因可能是额济纳旗的气候比较特殊，其年内和日内气温变化很大，夏季白昼较长，最常达到 14.1h。它的 e_a 估算精度就比其他站点低，因而对 ET_0 的估算也影响较大。不同气候区的结果表明 AM－ET_0 估算在湿润地区更为适宜。

表 2.6　　　　　　　　8 个地区两种方法计算 ET_0 的统计分析指标

地　区	标定年数	RE	$RMSE/(\mathrm{mm/d})$	d	R^2
额济纳旗	5Y	0.2387	0.8666	0.9606	0.9425
	10Y	0.2521	0.9242	0.9592	0.9433
张家口	5Y	0.1122	0.3187	0.9740	0.9464
	10Y	0.1147	0.3253	0.9738	0.9457
锦州	5Y	0.1001	0.2661	0.9758	0.9283
	10Y	0.1227	0.3316	0.9710	0.9147
集安	5Y	0.0266	0.0558	0.9942	0.9778
	10Y	0.0250	0.0521	0.9944	0.9785
呼和浩特	5Y	0.0517	0.1048	0.9884	0.9631
	10Y	0.0618	0.1221	0.9863	0.9594
原平	5Y	0.0824	0.2223	0.9802	0.9441
	10Y	0.0841	0.2278	0.9806	0.9438
南阳	5Y	0.0424	0.1172	0.9883	0.9547
	10Y	0.0408	0.1075	0.9890	0.9568
郴州	5Y	0.0442	0.1176	0.9888	0.9629
	10Y	0.0455	0.1185	0.9885	0.9608

另外，从 3 种年度系列结果可见，对于大多数站点来说，随着数据计算年份增加，RE 和 $RMSE$ 变大而 d 和 R^2 变化不大。当然，对于表 2.6 中 4 种统计指标的计算结果，在统计意义上都是可以接受的。因此，对于一个地区来说，5 年的数据系列就足以对系统进行检验和率定。

图 2.10 是 8 个地区 5 年日平均 ET_0 值在一年内的变化曲线，其中实线是 PM－ET_0，散点是 AM－ET_0 数值。对于 ET_0 值的年内平均值估算，张家口、额济纳旗、原平和锦州的 AM－ET_0 比 PM－ET_0 分别低 19%、17%、9% 和 13%；AM－ET_0 高估的地区是呼和浩特，平均超出 8%。而两者非常接近的是郴州、集安和南阳，其 90% 的 AM－ET_0 值与 PM－ET_0 差值都在 5% 以内。对于所有站点，差异最大的情况出现在夏季（6—8 月），冬季（12 月至次年 2 月）较小。这可能是夏季基础温度和低温较高，引起气象因素观测误差较大造成的。

图 2.11 是用两种方法计算的 ET_0 的相关分析图。从中也可以看出两种方法的估算结

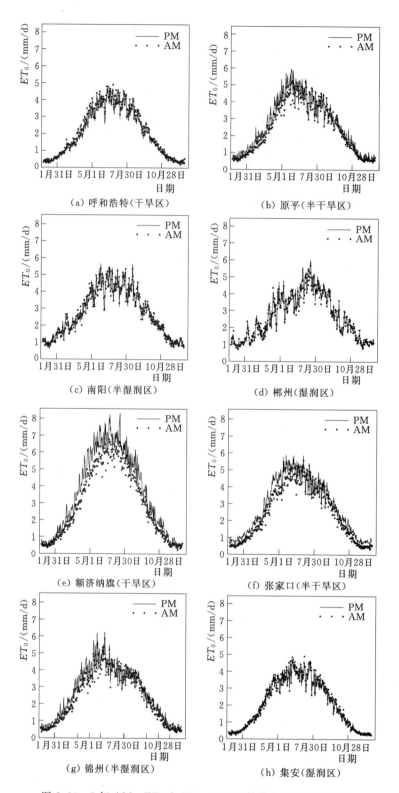

图 2.10　5 年 AM-ET_0 和 PM-ET_0 日均值年内变化的对比

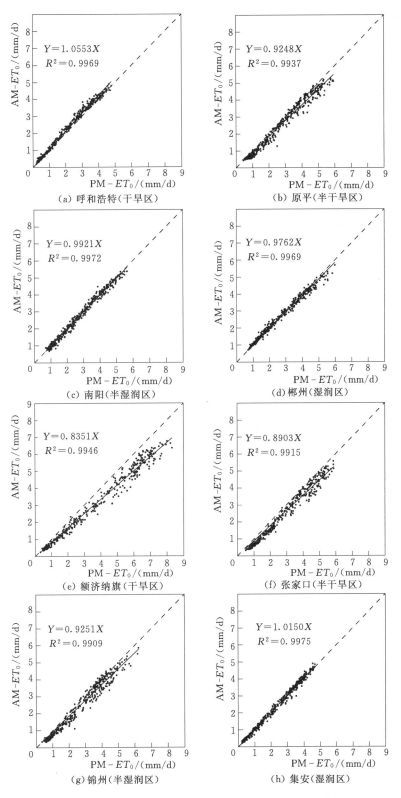

图 2.11　5 年 PM－ET_0 和 AM－ET_0 数值原点回归分析

果非常接近，尤其是在湿润和半湿润地区，效果更为明显。尽管与其他站点相比，额济纳旗的回归线偏离 1∶1 对角线较大，但它的原点回归相关指数达到 0.996。如果更深入开展研究，将可以避免这种参数估算误差造成的结果偏差。例如，在干旱地区，夏季估算 e_a 时不能直接使露点温度等于最低温度。根据 Allen 等（1998）的研究，在这种情况下，可以将最低温度减去 3℃ 定为露点温度以估算 e_a。这一点已经有研究将蒸渗仪数据和调节后的 ET_0 进行对比而得到了验证（Garcia 等，2003）。而在国内，还需要更多的站点数据进行校核和验证。

为了研究相似经度和相似纬度地区不同季节 ET_0 的估算情况，将 8 个地区暖季（5—10 月）和寒季（11 月至次年 4 月）两种方法计算结果总和进行对比。结果表明（图 2.12），解析方法受气候和经度影响较大。在相似纬度不同经度的地区［图 2.12（a）、(b)］，ET_0 估算差异要大于相似经度不同纬度的 4 个地区［图 2.12（c）、(d)］。这种差异的原因可能在于沿着相似纬度的 4 个站点高程梯度变化大于相似经度的 4 个站点。在暖季的 5—10 月，$PM-ET_0$ 与 $AM-ET_0$ 的最大差值达到 153mm（额济纳旗），最小地区差值为集安（17mm）［图 2.12（a）］。而在沿着相似经度［图 2.12（c）］，两者差值较小，最大差值为 39mm（原平），最小只有 4mm（南阳）。这种差异与在寒季情况类似，在相似纬度最大差值为 75mm［图 2.12（b）］，在相似经度最大差值为 45mm［图 2.12（d）］。对于所有地区，湿润地区的这种差异要较干旱地区小一些，表明根据天气预报信息用解析方法估算 ET_0，更适宜应用于湿润或者半湿润地区。

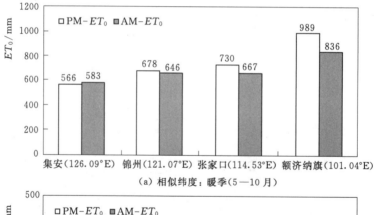

(a) 相似纬度：暖季（5—10 月）

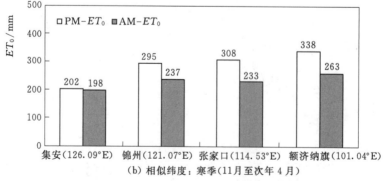

(b) 相似纬度：寒季（11 月至次年 4 月）

图 2.12（一）　相似经度、相似纬度地区在一年内暖季和
寒季 $PM-ET_0$ 与 $AM-ET_0$ 的对比

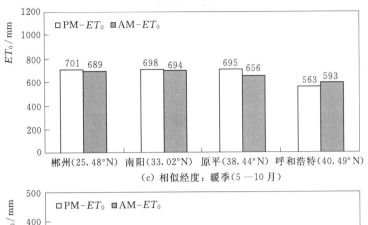

（c）相似经度：暖季（5—10 月）

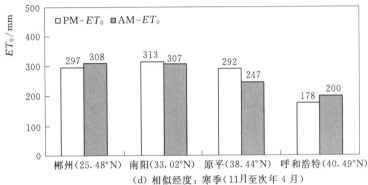

（d）相似经度：寒季（11月至次年4月）

图 2.12（二） 相似经度、相似纬度地区在一年内暖季和
寒季 $PM-ET_0$ 与 $AM-ET_0$ 的对比

2.4 作物腾发量实时预报与田间试验验证

获得实时、有效的作物腾发量数据是进行实时灌溉预报的基础和难点。本书根据公共的天气预报信息，提出了实时地估算作物腾发量的方法流程，并利用作物根区土壤水量平衡方程，用冬小麦田间灌溉试验的土壤水分数据对该模型和方法进行了检验；同时，为检验实时参照腾发量估算方法的可靠性和实用性，对当地媒体发布的实际天气预报信息与实际气象观测值进行了对比。

2.4.1 作物需水量实时估算模型

根据 FAO-56，田间作物实际腾发量计算公式为

$$ET_a = K_c K_s ET_0 \tag{2.13}$$

式中：ET_a 为预报时段内的作物腾发量，mm/d；K_c 为作物系数；K_s 为土壤水分修正系数，取值范围为 0～1 之间的一个常数；ET_0 为参照腾发量，本书用实时的天气预报信息解析后进行估算，mm/d。

作物系数 K_c 反映了不同作物腾发量 ET_a 的差别，采用 FAO-56 推荐的分段单值平均作物系数法确定，即按照当地气候条件和作物高度，对 FAO-56 推荐的 K_c 参考值进行调节，就可求得不同生育阶段作物系数。刘钰等（2001）应用河北雄县的试验资料进行

检验，初步证明在缺少实测资料的情况下可以用 FAO-56 推荐的方法确定华北地区主要作物的作物系数。

　　土壤水分修正系数 K_s 反映了根区土壤含水率不足对作物蒸腾的影响，由土壤储水量 W 和作物不同生育阶段的临界储水量 W_j（介于田间持水量 W_{F_c} 和凋萎点 W_{wp} 之间）决定。这里采用 FAO-56 中用到的一个简单的线性函数关系来计算 K_s，即：当 $W \geqslant W_j$ 时，$K_s = 1$；当 $W < W_{wp}$ 时，$K_s = 0$；在土壤水分处于临界含水率和凋萎点时，采用平均土壤含水率的线性函数方法确定[13]：

$$K_s = \frac{W - W_{wp}}{(1-p)(W_{F_c} - W_{wp})} \qquad (2.14)$$

式中：W 为作物根区土壤储水量，mm；W_{F_c}、W_{wp} 分别为当土壤水分处于田间持水量和凋萎点时的土壤储水量，mm；p 是作物根区蒸腾发耗损系数，取决于土壤性质和作物种类，并随作物生长阶段而变化，它是 $0 \sim 1$ 之间的一个常数，对冬小麦和夏玉米而言，该值的变化范围为 $0.5 \sim 0.7$。

　　对于上述实时作物腾发量模型估算精度，可以用根区土壤水量平衡方程推求土壤含水率，与实测的土壤含水率结果对比来检验。根区土壤水量平衡方程为

$$W_{i+1} = W_i + P_e + I + G - D - ET_a \qquad (2.15)$$

式中：W_{i+1} 为预报时段末的根区土壤储水量，mm，以此计算根区平均土壤含水率，本书采用的主要作物根区深度为 1m；W_i 为预报时段初的根区土壤储水量，mm；P_e 为时段内有效降雨量，mm，当日降雨量小于 $0.2 ET_0$ 时，在进行土壤水量平衡时是忽略不计的；I 为时段内灌水量，根据田间实际灌溉情况确定，mm；G 为时段内地下水补给量，mm，一般情况下认为当地下水位低于作物根区 1m 时，可以忽略地下水毛细补给量（Fennessey 等，1996），由于试验站地下水埋深超过 18m，G 可忽略不计；D 为时段内深层渗漏量，mm，由于灌溉水量为补充土壤计划湿润层深度内的平均含水量达到田间持水量，故 D 也忽略不计。

　　根据以上公式，实时作物腾发量估算及灌溉预报模型流程图如图 2.13 所示。可以看

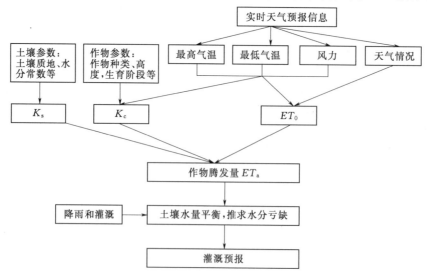

图 2.13　实时作物腾发量估算及灌溉预报模型流程图

出，整个实时预报模型的精度与天气预报信息的精确度有很大关系。本书采用的天气预报信息来自当年《北京日报》刊载的数据，在对 2004 年 10 月 1 日至 2005 年 6 月 17 日期间的日预报信息进行统计整理后，按照解析方法进行数字化处理，用来实时估算作物系数 K_c 和参照腾发量 ET_0。

2.4.2 冬小麦田间试验情况

在中国水利水电科学研究院大兴试验基地精量控制灌溉试验区，从 2004 年 10 月—2005 年 6 月开展了冬小麦（中黑 1 号）田间灌溉试验。每个试验小区总面积为 5.5m×5.5m，试验区为 4m×4m，外围为保护区，以减少各个灌水处理间的影响。共设置 6 种水分处理，每个处理 3 次重复，见表 2.7。其中除了 T1 处理，其余处理冬灌水量一致，详细试验观测从返青后开始。其他农田管理措施（如施肥、播种、耕作）均与当地农民习惯一致。

表 2.7　　　　　　　　冬小麦田间试验的不同灌水处理　　　　　　　　单位：mm

灌水处理	生育初期 （9 月 22 日至次年 3 月 31 日）	快速发育期 （4 月 1 日—5 月 1 日）	生育中期 （5 月 2—31 日）	生育后期 （6 月 1—17 日）
T1（灌 1 水）		30（4 月 17 日）		
T21（灌 2 水）	90（12 月 22 日）	30（4 月 17 日）		
T22（灌 2 水）	90（12 月 22 日）	60（4 月 17 日）		
T31（灌 3 水）	90（12 月 22 日）	30（4 月 17 日）	60（5 月 3 日）	
T32（灌 3 水）	90（12 月 22 日）	60（4 月 17 日）	60（5 月 3 日）	
T4（灌 4 水）	90（12 月 22 日）	60（4 月 17 日）	60（5 月 3 日）	60（6 月 9 日）

试验小区装备有 3 套土壤水分含量自记系统，分别是英国产 Delta - T 系统、以色列产 Galileo 系统和中国农业大学产 SWR - 3 型土壤水分传感器，可以监测 6 个小区 1m 剖面（10cm、20cm、30cm、40cm、60cm 和 100cm）的墒情变化。其余小区打入 ΔT 测管和 Trime 测管，每 3～4 天人工测量一次土壤体积含水率。试验基地设有一套澳大利亚产自动气象站，观测项目有气温 T_a、太阳辐射 R_s、日照时数 n、相对湿度 RH、降雨 P 等。

2.4.3 天气预报信息校验

ET_0 预报采用的气象数据是以数字化的天气预报信息为基础。为探究这种估算 ET_0 方法的准确度，对天气预报中解析后的 4 项气象因子（日最高气温 T_{max}、日最低气温 T_{min}、日照时数 $Sunh$ 和地面上 2m 处风速 u_2）与由气象站观测的对应值进行对比分析，其中来自天气预报和气象站的日最高气温预报值和观测值分别被定义为 WF - T_{max} 和 WS - T_{max}，其余各气象因子的名称依此类推。

表 2.8 给出对 4 项气象因子的天气预报值与气象站观测值进行统计分析的结果，图 2.14 则显示出在冬小麦生育期内上述两类数据变化的对比情况。从表 2.8 给出的统计结

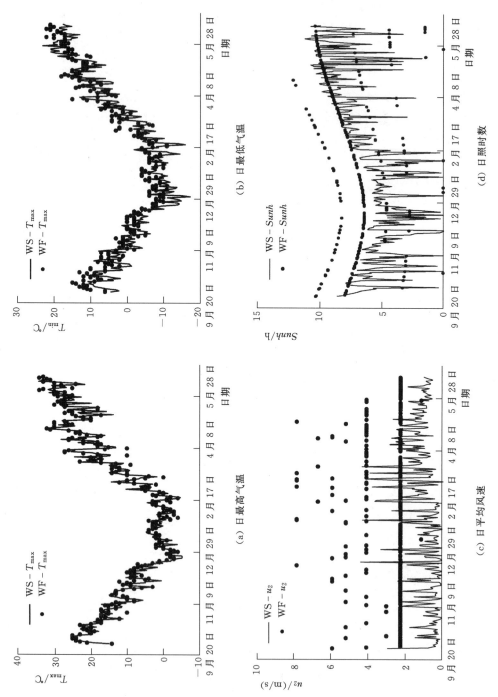

图 2.14　冬小麦生育期 4 项天气预报信息与田间实测数据对比

果可知，$WF-T_{max}$ 和 $WS-T_{max}$ 之间的相对误差 RE 为 0.217，d 和 R^2 分别达到 0.983 和 0.954，$RMSE$ 为 2.766mm/d，两者间极为接近。由于天气预报数据采集站接近城区，夜间温度下降较缓，基础气温较高，故造成 $WF-T_{min}$ 和 $WS-T_{min}$ 间的 d 和 R^2 值虽较为理想，但 RE 和 $RMSE$ 则相对较大。从图 2.14 中也可看出，$WF-T_{max}$ 和 $WS-T_{max}$ 在冬小麦生育期内很接近，而 $WF-T_{min}$ 则比 $WS-T_{min}$ 较大。与日最低气温相类似，由于气象观测站位置差异以及在解析方法中按等级粗略估算等原因，造成 $WF-u_2$ 和 $WS-u_2$ 以及 $WF-Sunh$ 和 $WS-Sunh$ 之间的数据拟合度较差，d 和 R^2 较小。从图 2.14 可看出，风速和日照时数的天气预报值要稍大于气象站观测值，但 $WF-Sunh$ 与 $WS-Sunh$ 间的 RE 值仅为 0.404，而 $RMSE$ 值为 2.523，可以接受，这间接证明了根据天气预报信息进行日照时数估算的可行性，但对风力解析结果则需做进一步细化。

表 2.8　　　　　冬小麦生育期内天气预报信息与田间实测数据统计分析

气象因子	RE	$RMSE$/(mm/d)	d	R^2
$WF-T_{max}$ 与 $WS-T_{max}$	0.217	2.766	0.983	0.954
$WF-T_{min}$ 与 $WS-T_{min}$	2.713	4.022	0.952	0.877
$WF-u_2$ 与 $WS-u_2$	2.412	2.390	0.466	0.383
$WF-Sunh$ 与 $WS-Sunh$	0.404	2.523	0.732	0.329

2.4.4　预报模型的检验

用大兴试验区土壤水分观测资料对上述作物腾发量预报模型进行检验，方法是将模型预报的作物腾发量带入水量平衡方程，对根区土壤水分的变化趋势进行预测；将预测的土壤含水量与实测值进行对比，从而检验作物腾发量模型的预报精度。在冬小麦返青后进行了详细的土壤水分观测。对不同土壤水分测量系统之间以及与取土法监测结果进行了标定，以确保实测值有效。

选用 6 种田间灌溉处理 4 月 16 日—6 月 17 日的实测含水率，按照本书介绍的方法和实时估算模型，对试验期内土壤水分进行了模拟和估算，6 种灌溉处理中预报值与实测值的变化过程见图 2.15，其中模拟过程线发生突变较大的地方有灌溉发生。实测值与预报值的相关分析见图 2.16。图示结果表明，总体而言，两者的变化趋势基本吻合。但是对于在有灌溉发生的情况下，两者误差较大，表现为实测值往往小于模型预报值。一方面可能与土壤水分观测中仪器误差和系统误差有关；另一方面，由于灌溉水分在土壤中的下渗和运移需要一定的时间，而这里的土壤水分含量是以 1m 根区平均值进行平衡计算的。从图 2.16 上也可以看出土壤水分含量在 20% 左右时预测精度最高，预测点较多的靠近 1:1 对角线；低水分处理段截距大一些，说明土壤含水率预测值偏高，而高水分处理预测值则稍偏低。如果以灌后 1~2 天试验观测值进行对比，可能获得更好的效果。因此，在田间灌溉实践中应该充分考虑到这一点，适时调整灌溉预报时间。

表 2.9 给出了实测值与预报值之间的统计分析指标，其中两者之间相对误差 RE 小于 0.1，均方根误差 $RMSE$ 小于 1.5%，说明模型预报值与实测值偏差都在较优的范围内。

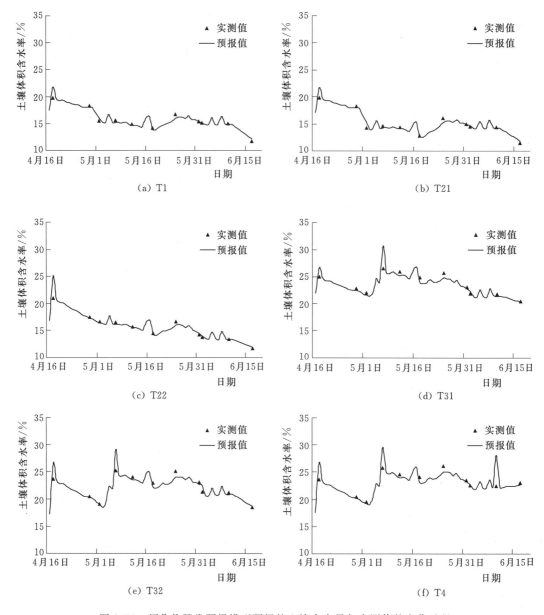

图 2.15　用作物腾发预报模型预报的土壤含水量与实测值的变化过程

R^2 达到 0.921，d 值也达到 0.985，可见作物需水预报模型拟合精度很高。在当前北京市预报准确率在 80% 的情况下，模型能够达到如此精度是可以接受的。

以上分析说明，将作物需水预报模型用于土壤墒情预报，在现有天气预报准确度条件下，与田间实测土壤含水量相比有较高的一致性，能够满足作物灌溉预报的精度要求。

表 2.9　　　　用作物需水预报模型预报的土壤含水量与实测值的统计分析指标

RE	$RMSE/\%$	d	R^2
0.093	1.456	0.985	0.921

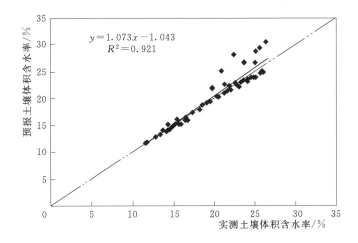

图2.16   用作物腾发预报模型预报的土壤含水量与实测值的对比

2.5   本章小结

根据上述研究，可以得到如下结论。

（1）利用一般天气预报信息和模糊神经网络知识所建立的预测日参照腾发量模型，计算精度较高，使用方便，节省气象数据或者建造自动气象站的费用，可以推广应用。同时，本预测系统所需输入项仅需日最高气温和天气情况，输入和操作简单，智能化较高。

（2）本方法具有地域特征，在使用时必须率定。使用前必须先获得当地地理位置参数，率定当地一年内每天对应的理论日照时数或辐射值，以解析天气预报信息。当地天气预报信息准确度在很大程度上会影响本方法的精度。

（3）解析方法在不同气候区不同经纬度的应用分析结果表明，该方法可以进行区域 ET_0 的估算，预测精度较高，尤其更适用于湿润、半湿润地区。

（4）用实际田间作物生育期数据和实际天气预报信息及模糊神经网络方法计算3种 ET_0 值，并进行对比，通过4种统计指标的分析可见，在现有预报精度的支撑下，由天气预报信息进行预测 ET_0 的方法是可行的。随着天气预报信息精度的提高，本方法的预测精度也将会大大提高。

（5）本书在根据实时天气预报信息推求参照腾发量的方法上，应用作物根区土壤水量平衡方程，提出了实时估算作物腾发量的方法。为检验该方法所可靠性和实用性，对当地媒体发布的实际天气预报信息与实际气象观测值进行了对比，并用冬小麦6种田间灌溉试验土壤水分数据对模型预报结果检验分析。结果表明，该方法可以有效地实时估算作物腾发量，为田间实时灌溉管理与决策提供较为可靠的参数，并且因为天气预报信息数据来源为免费的公共资源，方便、经济，易于推广应用。

（6）该方法在得到区域天气预报信息和作物、土壤分布数据后，可以应用于大面积作物腾发量实时预报。但需要考虑空间变异性和数据插分方法的选择。如何进行区域的作物腾发量预报并进行合理性和有效性检验，以及用于不同地区和不同作物，将需进一步的深入研究。

参 考 文 献

蔡甲冰，刘钰，雷廷武，等，2005. 根据天气预报估算参照腾发量的模糊神经网络方法 ［J］. 农业工程学报，21（12）：108－111.

蔡甲冰，刘钰，雷廷武，等，2005. 根据天气预报估算参照腾发量 ［J］. 农业工程学报，21（11）：11－15.

刘钰，L. P. Pereira. 气象数据缺测条件下参照腾发量的计算方法 ［J］. 水利学报，2001，（3）：11－17.

刘钰，Pereira，L. S，2000. 对 FAO 推荐的作物系数计算方法的验证 ［J］. 农业工程学报，16（5）：26－30.

闻新，周露，李东江，等，2002. MATLAB 模糊逻辑工具箱的分析与应用 ［M］. 北京：科学出版社.

吴晓莉，林哲辉，2002. MATLAB 辅助模糊系统设计 ［M］. 西安：西安电子科技大学出版社.

信乃诠. 农业气象学 ［M］. 重庆：重庆出版社，2000，12：369－370.

ALEXANDRIS S, KERKIDES P, 2003. New empirical formula for hourly estimations of reference evapotranspiration ［J］. Agricultural Water Management，60：157－180.

ALLEN R G, PEREIRA L S, RAES D, et al, 1998. Crop Evapotranspiration：Guidelines for Computing Crop Water Requirements. United Nations Food and Agriculture Organization，Irrigation and Drainage Paper 56 ［M］. Rome，Italy.

CABELGUENNE M, DEBAEKE PH, PUECH J, 1997. Real time irrigation management using the EPIC－PHASE model and weather forecasts ［J］. Agricultural water management，32：227－238.

FENNESSEY N M, VOGEL R M, 1996. Regional models of potential evapotranspiration and reference evapotranspiration for the northeast USA. Journal of Hydrology，184：337－354.

GARCIA M, RAES D, JACOBSEN, S E, 2003. Evapotranspiration analysis and irrigation requirements of quinoa in the Bolivian highlands. Agricultural water management，60：119－134.

GOWING J W, EJIEJI C J, 2001. Real－time scheduling of supplemental irrigation for potatoes using a decision model and short－term weather forecasts ［J］. Agricultural water management，47：137－153.

HINES J W, 1997. Fuzzy and Neural Approaches in Engineering —MATLAB Supplement ［M］. John Wiley and Sons，New York.

JANG JYH－SHING ROGER, 1992. Neuro－Fuzzy modeling：architectures，analyses and applications ［D］. The University of California，Berkeley.

PEREIRA A R, 2004. The Prestly－Taylor parameter and the decoupling factor for estimating reference evapotranspiration ［J］. Agricultural and Forest Meteorology，125：305－313.

STOCKLE C O, KJELGAARD J, BELLOCCHI G, 2004. Evaluation of estimated weather data for calculating Penman－Monteith reference evapotranspiration ［J］. Irrigation Science，23：39－46.

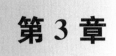

第 3 章

多指标综合灌溉决策与农田
精量灌溉管理

现代农业的本质是利用先进技术装备支撑农业规模化，用精准化信息技术支撑农业信息化。我国的农业灌溉逐步从单一、分片小块农田转向连片、大农场。精量控制灌溉试验的目的是通过对作物生理生态、土壤水分状况以及田间小气候的观测和监测，对作物的生长状况进行详尽分析，综合反映作物需水程度，以指导灌溉的"适时"和"适量"。因此，农田精量灌溉及其控制系统能够根据所采集的田间各种信息来进行综合灌溉决策，使作物在最适宜的时刻得到最适量的水分，从而在水资源日益紧缺的情况下获得最大的经济效益、生态效益和社会效益。本章对精量灌溉技术特征及决策指标和灌溉管理进行全面总结。

3.1 精量灌溉技术特征与决策指标体系

3.1.1 精量灌溉技术概述

与来源于精准农业的精准灌溉相比，精量灌溉更精细地考虑了作物生长环境中气象、作物、土壤供水的情况，同时在优质高产的农业生产目标下，针对作物生长发育特点考虑适度亏缺灌溉。图 3.1 可以说明精量灌溉的来源及其主要特点。

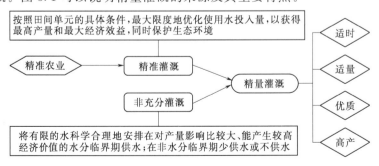

图 3.1　精量灌溉的来源与特点

在土壤-植物-大气连续体（SPAC）中，用于灌溉决策的定量指标一般有 3 类：①根据农田土壤水分状况确定灌溉时间和水量，考虑的因素包括不同作物适宜水分上下限、不同土壤条件、土壤水量平衡方程及参数选择等；②根据作物对水分亏缺的生理反应信息确定是否需要灌溉，指标包括作物冠层温度相对环境温度的变化、茎果缩涨微变化、茎/叶水势、茎流变化等；③根据作物生长的小环境气象因素的变化确定灌溉的时间和作物的需水量，通过气象因素确定作物的蒸腾蒸发量来进行灌溉决策，见图 3.2。随着科技进步和计算机等科研辅助工具的普及，人们对 SPAC 中三要素的研究越来越深入。灌溉决策指标的研究，往往从定性认识到定量确定，从而在田间实际生产中进行应用。

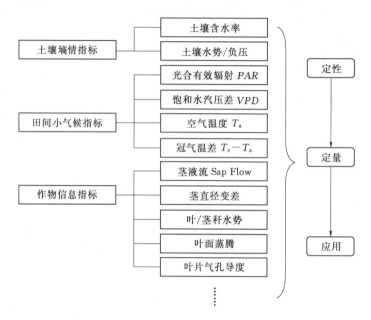

图 3.2　农田精量灌溉决策指标与特点

3.1.2　精量灌溉决策与控制系统设计特征

农田精量灌溉决策与控制系统流程示意图如图 3.3 所示，其关键技术围绕"田间数据采集与分析→多指标综合灌溉决策→灌溉自动控制→灌后田间信息监控"这一闭环流程来展开。可见农田精量灌溉决策与控制系统的设计和建设，包含如下内容：

（1）布设田间农情监测传感器：实时采集农田气象信息、土壤墒情、作物水分信息。

（2）数据采集与存储：通过有线、无线、GPRS 的传输方式将数据传输至数据库或者网络服务器。

（3）灌溉综合决策：对田间农情信息数据进行处理，并利用此多源信息进行灌溉决策，获得灌溉时间和适宜灌溉量。

（4）灌溉自动控制：通过自动灌溉控制系统启闭水泵和田间电磁阀，实施灌溉。

（5）灌后继续监测：田间实时数据采集系统开始新一轮的田间农情监测。

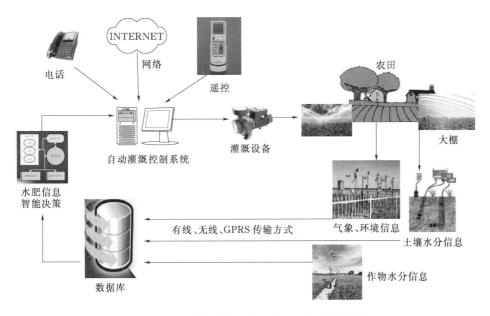

图 3.3 农田精量灌溉决策与控制系统流程示意图

3.1.3 田间精量灌溉决策指标体系

1. 根据冠层温度和作物水分胁迫指数 CWSI 判断

根据大叶理论利用冠层温度进行灌溉决策，是一种简单实用的方法。常用的指标是冠气温差（$T_c - T_a$）和作物水分胁迫指数 CWSI。

（1）冠气温差（$T_c - T_a$）。根据相关研究可知，在 14：00 时的冠气温差能够较好地反映土层含水率的变化，进行灌溉决策比较适宜（刘云等，2004）。冬小麦在不同条件下的冠气温差范围（张喜英等，2002）见表 3.1。而根据大兴试验站试验结果可知，冬小麦适宜灌水处理的冠气温差范围为 $-0.5 \sim 0.5$℃。

表 3.1 冬小麦不同条件下的冠气温差范围 单位：℃

水分状况	苗期（越冬前）	返青—拔节	抽穗—灌浆	灌浆—成熟
适宜	0	0.1～0.5	0	0.2～0.3
干旱	>0	>0.5	>0	>0.3

（2）CWSI 原理和计算过程。作物水分胁迫指数 CWSI 计算公式推导过程参见相关参考文献（Jackson 等，1981；Jackson 等，1988）。在作物表面能量平衡方程中，研究表明 G 大致等于 $0.1R_n$，我们可以得到

$$T_c - T_a = \frac{r_a \times 0.9R_n}{\rho C_p} \frac{\gamma(1 + r_c/r_a)}{\Delta + \gamma(1 + r_c/r_a)} - \frac{e_s - e_a}{\Delta + \gamma(1 + r_c/r_a)} \tag{3.1}$$

当作物冠层表面阻力 r_c 趋于无穷时，可以达到冠层温差的上限，即作物没有蒸腾时的情况：

$$(T_c - T_a)_{ul} = \frac{r_a \times 0.9R_n}{\rho C_p} \tag{3.2}$$

当作物冠层表面阻力 r_c 趋于零时，达到冠层温差的下边界，即作物湿润冠层活动状态类似于一个自由水面：

$$(T_c - T_a)_{ll} = \frac{r_a \times 0.9 R_n}{\rho C_p} \frac{\gamma}{\Delta + \gamma} - \frac{e_s - e_a}{\Delta + \gamma} \tag{3.3}$$

理论上，上述上下限可以代表所有的冠气温差范围，但是大部分作物在供水充足的情况下阻力要高于上述下限。此时应该修正下限，用 $\gamma^* = \gamma(1 + r_{cp}/r_a)$ 来置换。这里 r_{cp} 是指在潜在蒸腾时的冠层阻力。那么，针对作物的冠层温差下限修正为下式：

$$(T_c - T_a)_{ll} = \frac{r_a \times 0.9 R_n}{\rho C_p} \frac{\gamma(1 + r_{cp}/r_a)}{\Delta + \gamma(1 + r_{cp}/r_a)} - \frac{e_s - e_a}{\Delta + \gamma(1 + r_{cp}/r_a)} \tag{3.4}$$

在研究作物水分关系中，考虑的是从无胁迫到有胁迫，因此可以定义一个指数从 $0 \sim 1$，即作物水分胁迫指数 $CWSI$ 为

$$CWSI = \frac{(T_c - T_a) - (T_c - T_a)_{ll}}{(T_c - T_a)_{ul} - (T_c - T_a)_{ll}} \tag{3.5}$$

以上式中：γ 为湿度计常数，$kPa/℃$；r_a 为空气动力学阻力，s/m；r_c 为表面阻力，s/m；R_n 为作物表面净辐射，$MJ/(m^2 \cdot d^2)$；ρ 为空气密度，kg/m^3；C_p 为恒压下汽化热，$1.013 \times 10^{-3} MJ/(kg \cdot ℃)$；$T_c$ 为冠层温度，$℃$；T_a 为空气温度，$℃$；Δ 为温度-水汽压曲线的斜率，$kPa/℃$；e_s 为饱和水汽压，kPa；e_a 为实际水汽压，kPa。

需要说明的是：①上限代表的是一个假想温差，它发生在冠层瞬时变干的情况下，即此时所有的水分从冠层被带走而其结构不变；②下限代表的是另一个假想温差，即在作物充足供水条件下蒸腾不受任何阻碍；③上述公式中分子和分母都有净辐射 R_n 和空气动力学阻力 r_a，因此净辐射和风速会影响冠层温差 $(T_c - T_a)$；④特别需要注意的是上下限的测量需在同一时刻进行。而经验模式是假定上下限是定值。

在确定 $CWSI$ 时，需要确定作物的最小冠层阻力 r_{cp}。和无水分胁迫基线的确定一样，通过试验获得 r_{cp}。按照袁国富等（2002）的研究，冬小麦的最小冠层阻力 r_{cp} 见表 3.2。

表 3.2　　　　　　　　　　　　冬小麦不同时期冠层阻力参考值

生育时期	返青—拔节	拔节—抽穗	抽穗—灌浆	灌浆—成熟
$r_{cp}/(s/m)$	13.01	18.03	26.85	23.22
对应时段	快速发育期	快速发育期	生育中期	生育后期

（3）冬小麦 $CWSI$ 定量化。相关研究表明，对于敏感作物，当 $CWSI$ 在 $0.2 \sim 0.5$ 时进行灌溉，对于耐旱作物，在 $CWSI$ 为 $0.5 \sim 0.7$ 时进行灌溉。

北京大兴田间试验结果（史宝成，2006）表明，冬小麦的阶段平均 $CWSI$ 与最终籽粒产量的关系是非线性的，见图 3.4。开始随水分胁迫指数的增加，冬小麦产量增加，水分胁迫指数增加到一定程度时冬小麦产量达到最大；水分胁迫指数再增加，产量反而降低，这也说明冬小麦并非供水越多越好。当水分胁迫指数平均在 $0.18 \sim 0.23$ 范围时冬小麦产量最优，因此，平均水分胁迫指数在 $0.18 \sim 0.23$ 范围为冬小麦的最优供水标准。表 3.3 总结了冬小麦用 $CWSI$ 指标进行灌溉决策的阈值范围。

表 3.3 　　　　　　　　　基于 *CWSI* 的冬小麦水分胁迫的灌溉决策体系

水分状况	适宜	轻度胁迫	重度胁迫
CWSI	0～0.2	0.2～0.4	0.4～1.0

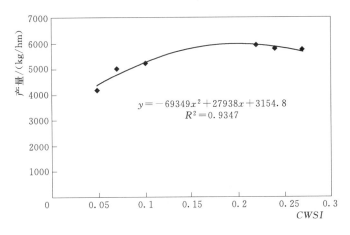

图 3.4　冬小麦返青后平均 *CWSI* 与籽粒产量的关系

2. 根据叶片温度和叶气温差判断

干旱使植物叶温上升或高于气温。因此叶温可作为作物缺水的指标（黄占斌等，1999）。合理灌溉和准确判断灌溉时机是节水农业的重要环节。一种比较有代表性的意见是把叶片温度与环境温度的差值作为水分胁迫的指标。

双子叶植物气孔主要分布在叶片的下表面，蒸腾作用对叶温的调节首先表现在对叶片下表面的温度调节上。下表面温度的不均匀分布反映了气孔的不均匀关闭，气孔不均匀关闭又是由水分胁迫所造成的。所以下表面温度的不均匀分布能较确切地反映水分胁迫的程度。但对叶片的上表面而言，气孔密度小，角质层厚，蒸腾作用弱，故此，发生水分胁迫时上表面气孔的开、闭状态与上表面温度没有直接的作用，也就不能作为发生水分胁迫的指标。根据黄岚等（1998）的研究，在发生水分胁迫时，甘薯叶片下表面主脉周围的温度高于叶周边的温度，这两个温度的差值可以作为水分胁迫的指标；判断甘薯水分胁迫的温差阈值是 0.8℃；对温度测定仪器的精度要求是 0.2℃。结合北京大兴区田间试验结果，求得冬小麦基于叶气温差的灌溉决策体系，见表 3.4。

表 3.4 　　　　　　　　　**基于叶气温差的冬小麦灌溉决策体系**　　　　　　　　　单位：℃

水分状况	返青—拔节	拔节—抽穗	抽穗—灌浆	灌浆—成熟
适宜	≤0.84	≤0	≤−0.03	≤0.12
干旱	≥1.42	≥0.24	≥0.35	≥1.20

3. 根据作物蒸腾判断

黄瓜田间试验（李国臣等，2004）表明，作物茎流的日变化规律明显，茎流的变化与光辐射强度、空气温湿度等气象因子显著相关；在相同的环境下，充分供水与水分亏缺的黄瓜茎流日变化曲线间的相关系数 ρ 可以反映作物水分的亏缺程度，当 $\rho<(0.80\sim0.77)$

时，黄瓜叶片出现萎蔫现象。作物本身对于水分胁迫具有一定的适应能力。根据土壤温度与空气温度的分析可知，在每日的 14：30—15：00 进行灌溉决策比较适宜。这种方法必须通过大量试验率定相关系数 ρ。在田间实际观测中，可以用测定作物茎秆液流的方法来确定作物蒸腾，也可以用光合作用仪直接测量叶面蒸腾估算作物蒸腾。根据监测和计算结果与预报 ET_c 相比来确定作物是否干旱，进行灌溉决策。

（1）根据茎流速度判断作物蒸腾。目前国外对树木蒸腾速率监测技术和仪器方面进行了大量的研究，其中热脉冲（heat probe）法的研究较为深入。该法是在树木茎枝部安装热脉冲发射器（热源），定时发射短时热脉冲，加热汁液，随树木茎秆向上液流，热脉冲向上运动，由在热源的上方一定距离处安装的热敏探针探测其温度峰值，确定热脉冲到达时间，从而测定植物液流速度。利用热脉冲传输速度 V 计算树木茎枝体的液流传输速度 V_s 并计算树木茎枝体总的蒸腾速率 ET 较为复杂。由热脉冲传输速度 V 计算树木茎枝体的液流传输速度 V_s 的公式为（马孝义等，2005）

$$V_s = \frac{\rho c V}{\rho_1 c_1} \qquad (3.6)$$

式中：ρ、ρ_1 分别为树木茎枝体和茎秆内部液相的密度，g/mm^3；c、c_1 分别为植株体和茎秆内部液相的比热，$J/(mg \cdot ℃)$，分别由水和木质部的比热及植株中液相水的密度等确定。

树木茎枝体的总的蒸腾速率 ET 可由树木茎枝体横向不同部位的液流传输速度 V_s 的积分确定：

$$ET = \int_0^R V_s \times 2\pi r dr \qquad (3.7)$$

式中：V_s 为树木茎枝体横向不同部位的液流传输速度；r 为距树木茎枝体中心的距离；R 为树木茎枝体的半径。

田间监测结果为茎流量 $V(mL/h)$。那么，对于日计算单元（9：00—次日 8：00），设小区种植密度为 $d(株/m^2)$ 和小区面积为 $A(m^2)$，就可以计算出小区每小时实际蒸腾量 $ET_{sp,i}$，那么该日 $ET_{sp}(mm/d)$ 计算公式见式（3.8）和式（3.9）：

$$ET_{sp,i} = V_i d A \qquad (3.8)$$

$$ET_{sp} = \sum_{i=1}^{24} ET_{sp,i} \qquad (3.9)$$

因为 ET_c 是计算潜在作物腾发量，它包含了棵间蒸发和叶面蒸腾两部分，而监测的茎流量 ET_{sp} 只是反映了作物的叶面蒸腾，所以要根据作物生育阶段和作物种类来确定实际腾发量。设 f 为阶段蒸腾量占总腾发量的比例，则 ET_c 可用式（3.10）求得

$$ET_c = \frac{ET_{sp}}{f} \qquad (3.10)$$

根据陈玉民等（1995）的研究，主要作物不同生育阶段蒸腾量占总腾发量比例 f 参考标准见表 3.5。

将计算结果与预报 ET_c 比较来确定作物是否干旱，进行灌溉决策。其中预报腾发量是根据土壤水量平衡方程进行预报。

表 3.5　　　　　　　　　　　主要作物生育阶段蒸腾量占总腾发量比例

作　物	生育初期	快速发育期	生育中期	生育后期
冬小麦（p184）	0.50	0.60	0.93	0.93
夏玉米（p215）	0.3	0.68	0.78	0.65
春玉米（p215）	0.3	0.7	0.8	0.7
夏大豆（p265）	0.15	0.5	0.75	0.25
春大豆（p265）	0.2	0.35	0.7	0.3
棉花（p239）	0.2	0.73	0.8	0.7

（2）根据叶面蒸腾估算作物蒸腾。由光合作用仪可以直接测定作物叶片蒸腾速率 T_r。已知小区叶面积指数为 LAI，则小区作物蒸腾量 ET_l 为

$$ET_l = T_r LAI \tag{3.11}$$

同理，可用下式计算总腾发量 ET_c，并与预报值进行对比进行灌溉决策。

$$ET_c = \frac{ET_l}{f} \tag{3.12}$$

4. 根据土壤墒情进行灌溉预报和决策

精量控制灌溉突出实时性。土壤水分预报有如下 3 种方法。

（1）根据前 3 日监测含水率，线性外推今日、明日、后日含水率。

（2）根据昨日监测含水率，有近 3 日天气预报信息计算对应 ET_0，从而进行土壤水量平衡计算，预报近 3 日墒情。

（3）根据昨日监测含水率，从数据库中提取对应日期历史平均 ET_0 值，从而进行土壤水量平衡，预报近 3 日墒情。

依据设定的最优土壤含水下限，判断预报值是否达到该下限来进行灌溉决策。参考 FAO-56 和 Liu Yu（1999）的研究，冬小麦不同阶段的适宜含水率下限见表 3.6。根据大兴田间试验所得，冬小麦适宜含水率为田间持水量的 50%～65%，可以达到最高产量，与上述研究结果一致。

表 3.6　　　　　　　　冬小麦不同阶段适宜含水率下限（占田间持水量的百分比）

阶段	生育初期 （播种—拔节）	快速发育期 （拔节—抽穗）	生育中期 （抽穗—灌浆）	生育后期 （灌浆—成熟）
适宜含水率下限/%	55	55	50	65

5. 根据气孔导度进行灌溉预报和决策

水分胁迫对光合、蒸腾日变化过程的影响由气孔行为来控制。吴海卿等（2000）采用深桶栽培结合测坑法，从冬小麦返青至蜡熟期保持不同的土壤水分，分生育期对小麦的形态、生理和根系进行了测定。研究表明，土壤水分较低，土壤供水速度低于植株失水速度，植株水分亏缺，叶细胞膨压降低，气孔开度变小或部分关闭，这势必影响植株光合与蒸腾作用。中、高土壤水分处理（田间持水量的 64%、75% 和 84%），气孔导度变化幅度较小，为 0.112～0.117cm/s。根据大兴试验结果分析，表 3.7 是冬小麦气孔导度灌溉决

策体系。

表 3.7　　　　　　　基于气孔导度的冬小麦灌溉决策体系　　　单位：mmol/(m² · s)

水分状况	返青—拔节	拔节—抽穗	抽穗—灌浆	灌浆—成熟
适宜	≥149.50	≥168.73	≥181.30	≥144.50
干旱	≤114.77	≤137.93	≤142.27	≤77.73

注　1mol/(m² · s)＝8.64mm/h，余同。

6. 根据光合作用速率进行灌溉预报和决策

根据大兴试验结果分析，选择最优灌水处理和干旱胁迫处理的观测值整理。表 3.8 是冬小麦基于净光合作用速率灌溉决策体系。

表 3.8　　　　　　　基于净光合作用速率的冬小麦灌溉决策体系　　　单位：μmol/(m² · s)

水分状况	返青—拔节	拔节—抽穗	抽穗—灌浆	灌浆—成熟
适宜	≥14.93	≥16.51	≥16.91	≥15.40
干旱	≤12.31	≤13.50	≤9.57	≤8.43

7. 根据光合有效辐射进行灌溉预报和决策

根据大兴试验结果的各个指标对干物质和水分利用效率的通径分析，光合有效辐射是影响两者的一个重要因子，因此将 PAR 也作为一个灌溉决策指标进行分析。表 3.9 是整理后冬小麦光合有效辐射灌溉决策体系。

表 3.9　　　　　　　基于光合有效辐射的冬小麦灌溉决策体系　　　单位：μmol/(m² · s)

水分状况	返青—拔节	拔节—抽穗	抽穗—灌浆	灌浆—成熟
适宜	≥971.37	≥756.52	≥556.77	≥931.70
干旱	≤841.47	≤610.02	≤390.67	≤847.57

8. 根据叶水势进行灌溉预报和决策

植物叶水势是指示植物水分状况的较好的生理指标，作物根、叶间水势差较大，叶位间水势差小。不同的作物叶片水势差异显著，作物耐旱性越强，其叶片水势越高。根据相关研究，作物黎明前叶水势可以作为灌溉决策指标。存在凌晨叶水势临界值，当凌晨叶水势低于临界值后，净光合速率显著降低。表 3.10 是参考相关文献得到的冬小麦叶水势灌溉决策指标体系（张喜英等，2002；朱成立等，2003；胡继超等，2004）。

表 3.10　　　　　　　基于叶水势（MPa）的冬小麦灌溉决策体系

时期	生育初期 （播种—拔节）	快速发育期 （拔节—抽穗）	生育中期 （抽穗—灌浆）	生育后期 （灌浆—成熟）
叶水势/MPa	−1.14	−0.74	−0.77	−0.93

3.2　基于模糊逻辑的多指标综合灌溉决策模型

田间灌溉规划和制度的制定，是作物田间管理的基础。制定灌溉制度的目标是要解决田间作物"何时灌"和"灌多少"的问题，这也就是灌溉决策的工作内容。通常有三类灌溉决策依据，即土壤墒情、农业气象和作物本身生理反应（Jackson，1982）。根据土壤墒情进行灌溉决策是最古老和常用的方法，它的关键点是需要确定田间持水量和灌溉下限；气象条件对作物的生长影响也很大，它决定了作物在本时段内的蒸腾量大小；而作物本身的生理生态反应，可以更直接显示水分胁迫程度，因为它综合体现大气环境和土壤水分环境对作物的影响。在 SPAC 系统中，各个因素是互相影响、互相关联的，因此在精量灌溉控制研究中，需要综合考虑上述三种指标进行灌溉决策。本节将根据前面试验结果，并参考相关文献，依据模糊逻辑建立模型，对多个指标综合评判而进行灌溉决策。

3.2.1 模糊决策基本模型

由于纯模糊逻辑系统的输入和输出均为模糊集合，而现实世界大多数工程系统的输入输出都是精确值，因此纯模糊系统不能直接应用于实际工程中。为解决这一问题，相关学者在纯模糊逻辑系统的基础上提出了具有模糊产生器和模糊消除器的模糊逻辑系统（Mamdani 型），日本学者高木（Takagi）和关野（Sugeno）在此基础上又提出了模糊规则的后项结论为精确值的模糊逻辑系统（闻新等，2002；吴晓莉等，2002）。一个典型的 Mamdani 型模糊逻辑系统主要包括：①输入输出语言变量，包括语言值及其隶属度函数；②模糊规则；③输入量的模糊化方法和输出量的去模糊方法；④模糊推理算法。

模糊逻辑推理系统各项隶属度函数均采用简单的三角函数。三角形隶属度函数的格式为

$$\begin{cases} y = \mathrm{trimf}(x, \mathrm{params}) \\ y = \mathrm{trimf}(x, [a \quad b \quad c]) \end{cases} \tag{3.13}$$

其中，参数 x 用于指定变量的论域范围，参数 a、b 和 c 指定三角形函数的形状，要求 $a \leqslant b \leqslant c$。该函数在 b 处有最大值 1，在 a 和 c 点为 0，函数返回该隶属度函数对应于坐标轴 x 的函数值矩阵。其表达式如下：

$$f(x, a, b, c) = \begin{cases} 0, & x \leqslant a \\ \dfrac{x-a}{b-a}, & a \leqslant x \leqslant b \\ \dfrac{c-x}{c-b}, & b \leqslant x \leqslant c \\ 0, & c \leqslant x \end{cases} \quad \text{或} \quad f(x, a, b, c) = \max\left[\min\left(\dfrac{x-a}{b-a}, \dfrac{c-x}{c-b}\right), 0\right]$$

$$\tag{3.14}$$

应用模糊逻辑进行决策的基本方法和步骤如下。

（1）确定推理系统输入项权值。将根据冬小麦田间试验结果为依据，并参考相关文献，以确定决策系统输入项在系统中所占权重。

（2）输入模糊化。在 MATLAB 模糊逻辑工具箱中，模糊化过程的输入必须是一个确定的数值，这也对输入变量的广泛性起了一些限制作用（如将输入的模糊概念转化为数值 $0 \sim 10$），输出则是一个特定的模糊集合上的隶属程度（总是为 $0 \sim 1$）。输入的模糊化相当于一个对应的查表或是函数计算。

（3）获得模糊规则。模糊规则库是由具有如"如果 X_1 为 a，X_2 为 b，则 Y 为 c"形式的若干模糊规则的总和组成，它是模糊系统的核心部分，系统其他部分的功能在于解释和利用这些模糊规则来解决具体问题。关于模糊规则的获得，需要一些相关的专业知识和实践知识。一般模糊规则可以通过两种途径获得，即请教专家和采用基于测量数据的学习算法。

3.2.2　多指标综合灌溉决策模型

1. 系统结构

本节将通过调用 MATLAB 模糊逻辑工具箱，对输入项进行模糊判断，决策出合适的灌溉时间和灌溉量。因为在墒情预报结果中已经包含了气象因素，加上作物水分信息，所以模糊推理系统是考虑了 SPAC 系统中大气、土壤、作物 3 个因素的决策系统。决策原理框图如图 3.5 所示。

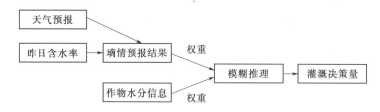

图 3.5　多指标综合灌溉决策模糊推理系统

输入项为两个，包括土壤墒情预报信息和作物水分信息；输出项为是否灌溉，灌溉需水量数值仍需根据土壤墒情计算。根据土壤含水率计算灌溉水量公式为

$$I_{\text{净}} = (F_c - \theta_i) \times 1000 \tag{3.15}$$

式中：$I_{\text{净}}$ 为灌溉需水量，mm；F_c 为田间持水量，用体积含水率表示，%；θ_i 为当前土壤 1m 深度剖面体积含水率，%。

以大兴试验站冬小麦为例，分析各个指标并构建多指标灌溉决策的模糊推理系统。根据相关参考文献和大兴田间试验结果，Fuzzy 推理系统可能的输入、输出项特性见表 3.11。

表 3.11　　　　　　　冬小麦多指标灌溉决策模糊推理系统输入输出项

输入/输出项	名称	含义	单位	最大值	最小值	阈值符号
输入项	Soil	土壤体积含水率	%	$F_c = 33.4$	灌溉控制下限 θ_t	θ_t
	$CWSI$	作物水分胁迫指数		1	0	$CWSI_t$
	$T_c - T_a$	冠气温差	℃	0.5	-0.5	$\Delta T_{c,t}$
	$T_l - T_a$	叶气温差	℃	0.84	-0.3	$\Delta T_{l,t}$
	PAR	光合有效辐射	$\mu mol/(m^2 \cdot s)$	390.67	971.37	PAR_t
	P_n	光合速率	$\mu mol/(m^2 \cdot s)$	8.43	16.91	$P_{n,t}$
	LWP	叶水势	MPa	-0.74	-1.14	LWP_t
	G_s	气孔导度	$mmol/(m^2 \cdot s)$	77.73	181.30	$G_{s,t}$
输出项	Irri_R	灌溉需水量	mm		0	

由表 3.11 结果可知：

（1）指标 Soil：如果 $\theta_i > \theta_t$，不需要灌溉；如果 $\theta_i \leqslant \theta_t$，需要灌溉。

（2）指标 $T_c - T_a$：如果 $\Delta T_{c,i} \leqslant \Delta T_{c,t}$，不需要灌溉；如果 $\Delta T_{c,i} > \Delta T_{c,t}$，需要灌溉。

（3）指标 $T_l - T_a$：如果 $\Delta T_{l,i} \leqslant \Delta T_{l,t}$，不需要灌溉；如果 $\Delta T_{l,i} > \Delta T_{l,t}$，需要灌溉。

（4）指标 CWSI：如果 $CWSI_i \leqslant CWSI_t$，不需要灌溉；如果 $CWSI_i > CWSI_t$，需要灌溉。

（5）指标 PAR：如果 $PAR_i > PAR_t$，不需要灌溉；如果 $PAR_i \leqslant PAR_t$，需要灌溉。

（6）指标 P_n：如果 $P_{n,i} > P_{n,t}$，不需要灌溉；如果 $P_{n,i} \leqslant P_{n,t}$，需要灌溉。

（7）指标 LWP：如果 $LWP_i \leqslant LWP_t$，不需要灌溉；如果 $LWP_i > LWP_t$，需要灌溉。

（8）指标 G_s：如果 $G_{s,i} > G_{s,t}$，不需要灌溉；如果 $G_{s,i} \leqslant G_{s,t}$，需要灌溉。

2. 输入项权重的确定

在对北京市大兴田间试验数据分析中，各个因子对干物质通径分析结果表明（第 4 章部分内容），土壤水分对作物干旱的影响有延迟性，它的敏感性不高。因其是确定作物灌溉需水量最通用的做法，且理论基本成熟，所以在构造模糊决策推理系统时，仍然将其作为固定输入项，权重占 0.5 以上。另外一个输入项的权重则根据指标的不同而不同。具体结果见表 3.12。

表 3.12　　　　　　　　　　灌溉决策模糊推理系统输入项的参考权重

选择项	Soil	CWSI	$T_c - T_a$	$T_l - T_a$	PAR	P_n	LWP	G_s	总和
1	0.7	0.3							1
2	0.7		0.3						1
3	0.7			0.3					1
4	0.5				0.5				1
5	0.8					0.2			1
6	0.7						0.3		1
7	0.8							0.2	1

3. 输入模糊化

根据表 3.12 和分析结果，将输入项、输出项模糊化，进行模糊推理。大兴实验站土壤田间持水量为 33.4%，凋萎点是 12.8%，则 Soil 值域为 [12.8，32]。则其指标分析和模糊化见表 3.13。其余指标——作物水分胁迫指数、冠气温差、叶气温差、光合有效辐射、光合作用速率、叶水势、气孔导度以及输出项灌溉需水量的值域由上面试验和分析选取，指标分析与模糊化分别见表 3.14～表 3.21。

表 3.13　　　　　　　　　　输入项 Soil 值域分析和模糊化　　　　　　　　　　　　%

子函数	含义	左值	中值	右值	模糊化等级
VDRY	很旱	12.8	12.8	17.6	4
DRY	干旱	12.8	17.6	22.4	3
MED	中等	17.6	22.4	27.2	2
WET	湿润	22.4	27.2	22.4	1
VWET	很湿	27.2	32	32	0

表 3.14 输入项 *CWSI* 值域分析和模糊化

子函数	含义	左值	中值	右值	模糊化等级
VLOW	很低	0.00	0.00	0.18	0
LOW	低	0.00	0.18	0.35	1
MED	中等	0.18	0.35	0.53	2
HIGH	高	0.35	0.53	0.70	3
VHIGH	很高	0.53	0.70	0.70	4

表 3.15 输入项 $T_c - T_a$ 值域分析和模糊化 单位:℃

子函数	含义	左值	中值	右值	模糊化等级
VLOW	很低	-0.50	-0.50	-0.25	0
LOW	低	-0.50	-0.25	0.00	1
MED	中等	-0.25	0.00	0.25	2
HIGH	高	0.00	0.25	0.50	3
VHIGH	很高	0.25	0.50	0.50	4

表 3.16 输入项 $T_l - T_a$ 值域分析和模糊化 单位:℃

子函数	含义	左值	中值	右值	模糊化等级
VLOW	很低	-0.30	-0.30	-0.02	0
LOW	低	-0.30	-0.02	0.27	1
MED	中等	-0.02	0.27	0.56	2
HIGH	高	0.27	0.56	0.84	3
VHIGH	很高	0.56	0.84	0.84	4

表 3.17 输入项 *PAR* 值域分析和模糊化 单位:$\mu mol/(m^2 \cdot s)$

子函数	含义	左值	中值	右值	模糊化等级
VLOW	很低	390.67	390.67	535.85	4
LOW	低	390.67	535.85	681.02	3
MED	中等	535.85	681.02	826.20	2
HIGH	高	681.02	826.20	971.37	1
VHIGH	很高	826.20	971.37	971.37	0

表 3.18 输入项 P_n 值域分析和模糊化 单位:$\mu mol/(m^2 \cdot s)$

子函数	含义	左值	中值	右值	模糊化等级
VLOW	很低	8.43	8.43	10.55	4
LOW	低	8.43	10.55	12.67	3
MED	中等	10.55	12.67	14.79	2
HIGH	高	12.67	14.79	16.91	1
VHIGH	很高	14.79	16.91	16.91	0

表 3.19　　　　　　　　　　　　输入项 *LWP* 值域分析和模糊化　　　　　　　　　单位：MPa

子函数	含义	左值	中值	右值	模糊化等级
VLOW	很低	−1.14	−1.14	−1.04	4
LOW	低	−1.14	−1.04	−0.94	3
MED	中等	−1.04	−0.94	−0.84	2
HIGH	高	−0.94	−0.84	−0.74	1
VHIGH	很高	−0.84	−0.74	−0.74	0

表 3.20　　　　　　　　　　　　输入项 G_s 值域分析和模糊化　　　　　　　单位：mmol/(m² · s)

子函数	含义	左值	中值	右值	模糊化等级
VLOW	很低	77.73	77.73	103.62	4
LOW	低	77.73	103.62	129.52	3
MED	中等	103.62	129.52	155.41	2
HIGH	高	129.52	155.41	181.30	1
VHIGH	很高	155.41	181.30	181.30	0

表 3.21　　　　　　　　　　　　　输出项 Irri _ R 值域分析

子函数	含义	左值	中值	右值
VLOW	很低	0	0	0.25
LOW	低	0	0.25	0.5
MED	中等	0.25	0.5	0.75
HIGH	高	0.5	0.75	1
VHIGH	很高	0.75	1	1

对于模糊推理系统的输出项，系统给出的结果只是一个 0～1 之间的数，指示现在作物田间干旱情况，因此需要确定一个最具有代表性的值作为真正的输出控制量。这就是精确化计算（defuzzification）。输出量精确化计算即按照式（3.15）进行。

4. 模糊规则和模型构建

按照上述分析和系统规划，依据相关专业知识和参考文献（Ribeiro，1998），模糊推理系统产生如下 25 个模糊规则（以输入项为 Soil 和 $T_c - T_a$ 为例，其余类推）：

（1）如果土壤水分 Soil 是 VDRY，且冠气温差 $T_c - T_a$ 是 VLOW，则灌溉 Irri _ R 是 VHIGH。

（2）如果土壤水分 Soil 是 VDRY，且冠气温差 $T_c - T_a$ 是 LOW，则灌溉 Irri _ R 是 VHIGH。

（3）如果土壤水分 Soil 是 VDRY，且冠气温差 $T_c - T_a$ 是 MED，则灌溉 Irri _ R 是 VHIGH。

（4）如果土壤水分 Soil 是 VDRY，且冠气温差 $T_c - T_a$ 是 HIGH，则灌溉 Irri _ R 是 VHIGH。

（5）如果土壤水分 Soil 是 VDRY，且冠气温差 $T_c - T_a$ 是 VHIGH，则灌溉 Irri _ R

是 VHIGH。

（6）如果土壤水分 Soil 是 DRY，且冠气温差 $T_c - T_a$ 是 VLOW，则灌溉 Irri_R 是 HIGH。

（7）如果土壤水分 Soil 是 DRY，且冠气温差 $T_c - T_a$ 是 LOW，则灌溉 Irri_R 是 HIGH。

（8）如果土壤水分 Soil 是 DRY，且冠气温差 $T_c - T_a$ 是 MED，则灌溉 Irri_R 是 HIGH。

（9）如果土壤水分 Soil 是 DRY，且冠气温差 $T_c - T_a$ 是 HIGH，则灌溉 Irri_R 是 HIGH。

（10）如果土壤水分 Soil 是 DRY，且冠气温差 $T_c - T_a$ 是 VHIGH，则灌溉 Irri_R 是 HIGH。

（11）如果土壤水分 Soil 是 MED，且冠气温差 $T_c - T_a$ 是 VLOW，则灌溉 Irri_R 是 MED。

（12）如果土壤水分 Soil 是 MED，且冠气温差 $T_c - T_a$ 是 LOW，则灌溉 Irri_R 是 MED。

（13）如果土壤水分 Soil 是 MED，且冠气温差 $T_c - T_a$ 是 MED，则灌溉 Irri_R 是 MED。

（14）如果土壤水分 Soil 是 MED，且冠气温差 $T_c - T_a$ 是 HIGH，则灌溉 Irri_R 是 MED。

（15）如果土壤水分 Soil 是 MED，且冠气温差 $T_c - T_a$ 是 VHIGH，则灌溉 Irri_R 是 MED。

（16）如果土壤水分 Soil 是 WET 且冠气温差 $T_c - T_a$ 是 VLOW，则灌溉 Irri_R 是 LOW。

（17）如果土壤水分 Soil 是 WET，且冠气温差 $T_c - T_a$ 是 LOW，则灌溉 Irri_R 是 LOW。

（18）如果土壤水分 Soil 是 WET，且冠气温差 $T_c - T_a$ 是 MED，则灌溉 Irri_R 是 LOW。

（19）如果土壤水分 Soil 是 WET，且冠气温差 $T_c - T_a$ 是 HIGH，则灌溉 Irri_R 是 LOW。

（20）如果土壤水分 Soil 是 WET，且冠气温差 $T_c - T_a$ 是 VHIGH，则灌溉 Irri_R 是 LOW。

（21）如果土壤水分 Soil 是 VWET，且冠气温差 $T_c - T_a$ 是 VLOW，则灌溉 Irri_R 是 VLOW。

（22）如果土壤水分 Soil 是 VWET，且冠气温差 $T_c - T_a$ 是 LOW，则灌溉 Irri_R 是 VLOW。

（23）如果土壤水分 Soil 是 VWET，且冠气温差 $T_c - T_a$ 是 MED，则灌溉 Irri_R 是 VLOW。

（24）如果土壤水分 Soil 是 VWET，且冠气温差 $T_c - T_a$ 是 HIGH，则灌溉 Irri_R

是 VLOW。

（25）如果土壤水分 Soil 是 VWET，且冠气温差 $T_c - T_a$ 是 VHIGH，则灌溉 Irri_R 是 VLOW。

由此，按照前面确定的构架和方法，利用 MATLAB 软件的 Fuzzy Logic Toolbox，可以进行灌溉决策。

3.3 智能化精量灌溉控制软件

3.3.1 智能化精量灌溉控制软件特点

智能化精量灌溉控制（intelligent precision irrigation control，IPIC），是精细田间灌溉计划和管理的一个智能化工具，考虑了 SPAC 系统中各因子对作物生长的影响，从而进行综合精细的灌溉决策。它包含集作物、土壤、气象数据为一体的信息协同分析和数据甄别、剔除与插补模型，土壤墒情预报和警示系统，以及多基于指标综合模糊决策技术的灌溉优化决策模型。精量控制灌溉试验的目的是通过对作物生理生态、土壤水分状况以及田间小气候的观测和监测，对作物的生长状况进行详尽分析，综合反映作物需水程度，以指导灌溉的"适时"和"适量"。图 3.6 可以说明它具有的特点。

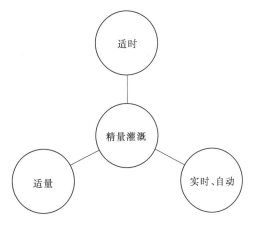

图 3.6　精量控制灌溉特点

IPIC 的智能化首先体现在它可以根据日常普通的天气预报信息估算参照腾发量 ET_0。ET_0 是灌区灌溉规划的最基础数据，因此预测和计算合理 ET_0 值是相当重要的内容。IPIC 中的智能化模块"根据天气预报估算 ET_0"，是根据天气预报信息中的日最高气温、日最低气温、风力和天气情况等，经过数字化分析和处理，对相关环境因子进行估算，最后再根据 Penman - Monteith 方法确定 ET_0 值。这其中还有根据天气预报信息，利用模糊神经网络 ANFIS 来估算 ET_0 内容，并与上面方法计算结果进行了对比。

其次，IPIC 的灌溉决策和控制同样也体现了智能化和自动化的特点。根据软件决策和实际要求，IPIC 灌溉控制柜上可以实现用两种方式来控制灌溉：手动（根据实际情况，手动实现启动水泵、开启水源和管路电磁阀，实施灌溉），自动（根据 IPIC 监测作物实际情况数据，进行分析和灌溉预报和决策，实施灌溉）。其中自动方式中，根据监测数据的甄别、剔除与插补，分析土壤水分补给状况、田间小气候和作物自身的生理生态反应，可以进行单指标和多指标的灌溉决策，包括：根据土壤墒情进行灌溉预报和决策；根据冠层温度进行灌溉预报；根据叶气温差进行灌溉预报；根据茎直径变差进行灌溉预报；根据茎流速度进行灌溉预报；根据土壤、作物、气象等因子进行综合模糊灌溉决策。因而在灌溉控制上，就可以根据实际情况和要求来选择不同的方式进行灌溉。

IPIC 模型整体框架见图 3.7。

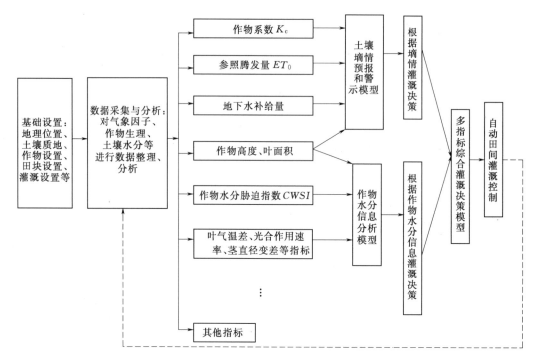

图 3.7　IPIC 模型整体框架

IPIC 的开发则克服了上述别的相关或者类似软件的缺点。.NET 是 IPIC 采用的主要技术，围绕 Web Services 展开。Web 服务是紧密耦合的、高效的 N 层计算技术与面向消息的、松散耦合的 Web 概念的结合。用户通过标准的互联网协议来访问 Web 服务，可以使用任何语言在任何平台上完成功能，只要他们能够创建和使用为 Web 服务界面所定义的消息。IPIC 完全采用 Web Services 交互数据，使得企业信息管理平台的集成复杂性和系统运行及维护成本的降低成为可能。这样就可以在基于网络的环境下，实现对野外实时监测的远距离控制。

IPIC 的主要特点体现在智能化、自动化和综合性上。它可以应用于大田作物、果树类、蔬菜等各种作物的实时灌溉预报和决策中。同时，IPIC 提供考虑土壤水分、作物生理生态和田间小气候等多种指标的综合灌溉决策，尽可能地对作物需水和灌溉实现"适时"和"适量"。

3.3.2　IPIC 软件核心模型

灌溉决策按照决策的依据指标分类，整体流程见图 3.8。软件最终的目标是体现多指标模糊综合决策。每个方法有自己的一套界面，供操作者进行选择和操作。其中根据土壤墒情进行灌溉预报和决策是基础。

1. 作物需水量 ET_a 的计算

（1）由天气预报信息预测参照腾发量。

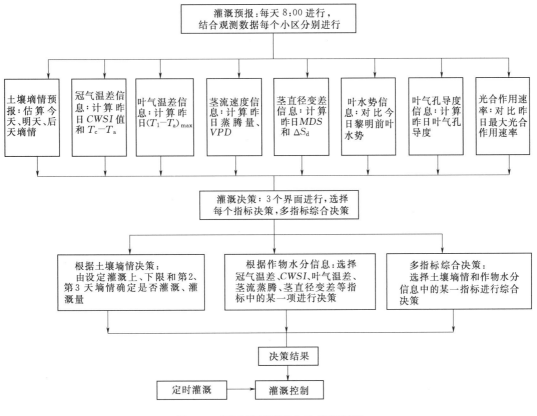

图 3.8　IPIC 灌溉预报与决策流程图

1）根据本地区地理位置参数（经度、纬度、高程等），计算并解析该天对应白昼时数 N 或者晴空辐射 R_{so}。

2）将天气情况预报信息分别对应解析的 5 种天气情况，获得对应的白昼时数或晴空辐射值范围。

3）解析风力级数与 2m 高处风速对应数值，即风力级数推算 10m 处风速、再推算 2m 处风速。

4）在用 Penman-Monteith 方法计算 ET_0 时，用相对湿度计算实际水汽压 e_a。当湿度缺测或数据可靠性有问题时，实际水汽压可用最低气温 T_{min} 近似计算（详见第 2 章）。

5）在获得上述预报信息的数字值后，根据 Penman-Monteith 方法计算 ET_0，即分别计算温度-水汽压曲线的斜率 Δ，湿度计常数 γ，饱和水汽压差 e_s-e_a，作物表面净辐射 R_n 等值，由 Penman-Monteith 公式来确定 ET_0。

计算 ET_0 的运行界面如图 3.9 所示。

（2）作物系数的确定参照 FAO-56。按当地气候调节 K_{cmid} 和 K_{cend} 需要的基本数据如下：

1）计算时段内作物的平均高度 h，在程序中设置人工输入和根据公式计算两种方式确定。

2）生育阶段内 2m 高度处的日平均风速 u_2。

图 3.9　多指标灌溉决策运行界面

3）生育阶段内日最低相对湿度的平均值 RH_{min}，或用日最高气温 T_{max} 和日最低气温 T_{min} 根据公式计算。

（3）作物生育初始阶段的作物系数 K_{cini} 详细计算方法可以参见 FAO - 56 第 116～120 页。本书只作一些补充说明如下：

1）入渗量可以包括降雨或者灌溉量。

2）FAO - 56 入渗量约为 10mm 时的插图适用于所有土质。

3）当入渗量大于 40mm 时，将土质分为粗糙土质和细土来查图（FAO - 56）。

（4）水分胁迫系数 K_s。土壤的有效含水量 TAW 就是 F_c 和 W_p 之差，而实效含水量为能满足作物最大腾发量（作物不因水分亏缺而使产量降低）的含水量 RAW。用土壤水分亏缺系数 p 来表示实效含水量与有效含水量的比值：

$$p = \frac{RAW}{TAW} \tag{3.16}$$

一般认为 p 是由土壤性质和作物种类决定的，并随作物生长阶段的发展而变化，对小麦、玉米等主要农作物，其变化范围为 50%～70%。

要想计算出土壤的水分胁迫程度，须先确定此时的作物根区亏缺度 D_r。设此时土壤含水率为 θ_i，则 $D_r = F_c - \theta_i$。当 $D_r \leqslant RAW$ 时，$K_s = 1$。当 $D_r > RAW$ 时，用下式计算 K_s：

$$K_s = \frac{TAW - D_r}{TAW - RAW} = \frac{TAW - D_r}{(1-p)TAW} \tag{3.17}$$

式中：K_s 为一个无量纲的水分蒸发削减系数，取值为 0～1；D_r 是根区水分亏缺值，mm。

（5）作物需水量 ET_a。

一旦有了 K_c 和土壤水分亏缺系数 K_s，作物需水量就由其与 ET_0 相乘而得

$$ET_a = K_s K_c ET_0 \tag{3.18}$$

2. 土壤水量平衡与灌溉预报

作物根层土壤水量平衡公式为（段爱旺等，2004）

$$\frac{dW}{dt} = P_e + I_r + G_c - ET_a - D_r \tag{3.19}$$

式中：W 为作物根区土壤储水量，mm；t 为时间，d；P_e 为有效降雨量，mm/d；I_r 为灌水深度，mm/d；G_c 为地下水补给通量，mm/d；ET_a 为作物实际腾发量，mm/d；D_r 为深层渗漏通量，mm/d。

根层土壤平均含水量可分为如下 3 个区域（刘钰等，1997）。

（1）过量含水区。在强降雨或者灌溉之后，根层土壤水分常处于过量含水区，根层底部的下渗通量为 D_r。此时根层土壤储水量 W 重力排水过程呈幂函数形式：

$$W = at^b \tag{3.20}$$

式中：a、b 为土壤参数，其中 a 值接近土壤饱和储水量，这里采用经验系数，即取 $a = 390$，$b = -0.0173$ 来估算。

在降雨或灌溉后的第 1 天，根层土壤储水量用下式计算：

$$W_i = W_{i-1} + G_{c,i} + I_{r,i} + P_{e,i} \tag{3.21}$$

如果 $W_i > W_{F_c}$，则从第 2 天开始，计算土壤储水量：

$$W_{i+1} = a\left[1 + \left(\frac{W_i}{a}\right)^{\frac{1}{b}}\right]^b + G_{c,i} - ET_{c,i+1} \tag{3.22}$$

其中当日排水量 D_{i+1} 按照 $D_{i+1} = W_i - W_{i+1} - ET_{c,i+1}$ 计算，逐日推算土壤储水量和下渗量，直到 $W_{i+1} < W_{F_c}$ 时为止。计算此期间总下渗量，即：$D_r = \sum_{i=1}^{n} D_i$。

（2）实效含水区。当根层土壤水分下降到田间持水量 F_c 时，土壤水分进入实效含水率区，$D_r = 0$。以日为时间步长，则

$$W_i = W_{i-1} + G_{c,i} - ET_{c,i} \tag{3.23}$$

（3）亏水区。当根区土壤水分下降到低于适宜含水率的下限时，土壤水分进入亏水区，$D_r = 0$。土壤水分亏缺系数 K_s 的计算公式见式（3.17）。

则水量平衡方程为

$$W_i = G_{c,i} + W_{i-1} - \frac{W_i - W_{W_p}}{(1-p)(W_{F_c} - W_{W_p})} ET_{c,i} \tag{3.24}$$

计算出根层土壤储水量 W 后，根据 $\theta = W/1000$ 计算当前 1m 根层土壤体积含水率。

（4）软件中土壤墒情模拟的设计步骤。

1）根据监测土壤墒情分层数据（自动监测或者人工观测），计算当前土壤 1m 根层平均含水率 θ_i 和储水量 W_i。

2）由 p 值计算本时段相应作物适宜含水率 $\theta_j = F_c - p(F_c - W_p)$。

3）检查气象观测项的降雨数据，分析读取当天是否有降雨量；弹出询问窗，是否灌溉，读取灌溉量。

4）选择墒情预报时段和预报方法：①根据预报天气信息计算的 ET_0 计算 ET_c；②假设未来几日无降雨，用历史同期平均 ET_0 计算 ET_c；③读取最后。

5）判断当前土壤含水率与适宜含水率的关系：如果 $\theta_s \geqslant \theta > F_c$，用过量含水区水量平衡方程计算土壤储水量 W 和下渗量 D_r；如果 $F_c \geqslant \theta \geqslant \theta_j$，用实效含水区水量平衡方程计算土壤储水量 W；如果 $\theta_j > \theta \geqslant W_p$，用亏水区水量平衡方程计算土壤储水量 W。

6）根据得到的土壤储水量 W，计算 1m 根层平均土壤含水率；作出含水率时间变化曲线，其中土壤水分特征值 F_c、W_p 和 θ_j 线为实线。

（5）软件中土壤墒情预报的设计步骤。

1）选择适当灌溉下限 θ_t，方式有二，田间持水量的百分比，实际土壤含水率（下拉式菜单）。因为灌溉处理可能不同，这里每个小区需要选择不同的标准。

2）选择灌溉预报小区，预报天数等。

3）选择灌溉预报方法：近 3 日外推；根据天气预报；根据同期历史平均 ET_0。

4）如果选择近 3 日外推，具体如下：

a. 根据采集土壤剖面水分监测数据（只读取 8：00、12：00 和 16：00 的数据平均，然后加权平均求出剖面含水率），计算并显示 1m 平均昨日、前日对应田块的土壤墒情 θ_{i-1} 和 θ_{i-2}。

b. 线性外推今日（第 i 天）θ_i，进行灌溉预报与决策。

a）对今日进行灌溉预报：将 θ_i 与设定土壤水分下限 θ_t 对比，如果小于 θ_t，需要灌溉，水量为 $(F_c - \theta_i) \times 1000$mm；如果大于 θ_t，则不需要灌溉。

b）界面显示对今日决策结果。

c. 确定明日（第 $i+1$ 天）θ_{i+1}，进行灌溉预报。

a）根据土壤墒情预报的设计步骤 4）中的 b.b）的决策结果，如果今日（第 i 天）没有灌溉，继续进行线性外推来确定 θ_{i+1}；然后对明日进行灌溉预报，方法同上述步骤 4）中的 b.a）。

b）如果实施灌溉，按照上述步骤 4）.a 中相同斜率由田间持水量 F_c 起始推算 θ_{i+1}；然后与 θ_t 比较。

c）界面显示对明日决策结果。

d. 后日水分含量（第 $i+2$ 天）θ_{i+2}，进行灌溉预报与决策：即在明日（第 $i+1$ 天）θ_{i+1} 的基础上进行预报，方法同步骤 4）.c。界面显示对后日（第 $i+2$ 天）决策结果。

（6）如果选择根据天气预报，则：

1）提示输入天气预报信息，根据天气预报信息计算今日、明日、后日 ET_0。

2）按照以前提供土壤水量平衡方法逐日计算土壤含水率，然后进行灌溉预报。

（7）如果选择根据同期历史平均 ET_0，则：

1）读取历史资料数据库中同期今日（i）、明日（$i+1$）、后日（$i+2$）ET_0。

2）按照以前提供土壤水量平衡方法逐日计算土壤含水率，然后进行灌溉预报。

土壤墒情预报结果的运行界面如图 3.10 所示。

3. 作物水分信息与灌溉预报

作物水分信息预报与灌溉决策，这里以作物冠层温度、叶气温差、茎流、茎直径变化等为例来进行程序设计，其余指标在软件设计时方法雷同。

（1）根据作物冠气温差和 $CWSI$ 进行决策。软件设计步骤如下：

1）设置不同作物水分状况对应标准数据库（包括 $CWSI$ 和冠气温差两种），见上述决策指标体系分析。

2）根据昨日监测小区的冠层温度和当时干球温度的监测值，计算二者差值 $T_c - T_a$，计算对应 $CWSI$。

3）存入对应试验小区相应数据库，与数据库中标准值进行对比，指出其水分状况（干旱、适宜）。

如果 $CWSI$ 计算值超出 0～1，将不用其进行决策，由冠气温差来决策。在利用冠层温度或者 $CWSI$ 时，注意如果是阴雨天、大风天和湿度较大时，必须要以土壤水分状况为主进行分析。原因可能是大风天会导致 $CWSI$ 过低，进而对胁迫情况估计偏低造成灌溉延迟，或者湿度较大环境，出现较大 VPD、净辐射和腾发量，使估算 $CWSI$ 出现误差。

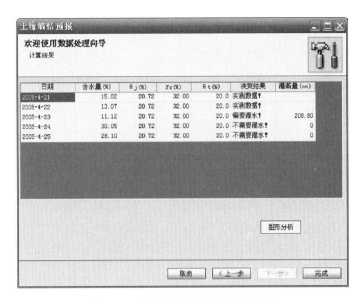

图 3.10 土壤墒情预报结果运行界面

计算 $CWSI$ 的运行界面如图 3.11 所示，利用冠层温度进行灌溉决策的运行界面如图 3.12 所示。

（2）根据叶气温差进行判断。软件设计步骤如下：

1）设置不同作物水分状况对应标准数据库，见上述决策指标体系分析。

2）读取昨日 12：00 叶片温度和干球温度的监测值，计算二者差值 $T_1 - T_a$。

3）存入小区相应数据库，提取出昨日 $(T_1 - T_a)_{max}$。

4）与数据库中标准值进行对比，指出其水分状况（干旱、适宜）。

图 3.11 计算 $CWSI$ 的运行界面

（3）根据茎流速度判断作物水分状况。软件设计步骤如下：

1）建立作物对应参考 ET_c 数据库，思路和方法见上述决策指标体系分析。

2）读取昨日 9：00 至今日 8：00 茎流监测结果，分别计算每小时实际蒸腾量 $ET_{sp,i}$，然后相加确定 ET_{sp}。

3）读取土壤墒情预报中昨日 ET_c 并确定和计算参考标准。

4）将 ET_{sp} 和参考标准 ET_c 进行对比，指出作物是否受旱。

（4）根据茎直径变化判断水分状况。参考相关研究（孟兆江、张寄阳等，2005）可知，作物各生育阶段均有良好诊断效果。只是不同阶段茎变化诊断指标可有所不同。一般地，植株生长旺盛阶段，以茎直径日最大值 $MXSD$ 为诊断指标，植株生长较慢或停止生长阶段，以茎直径最大收缩量 MDS 为诊断指标为宜。

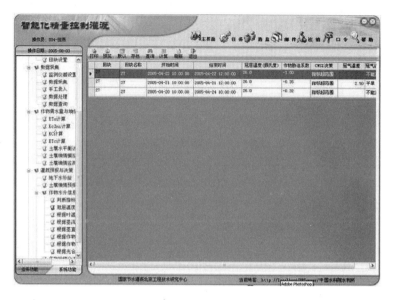

图 3.12　根据冠层温度进行灌溉决策的运行界面

植株茎直径的最大值出现在 7：00 左右，随后，随着太阳辐射的增强，净辐射增大，蒸腾作用加强，叶水势下降，细胞膨压降低，植株茎直径迅速收缩，14：00—15：00 达到最小。午后，随着辐射强度和空气饱和差的减弱，蒸腾速率逐渐减小，叶水势恢复，植株组织充水膨胀，第二天清晨茎直径恢复或膨胀到最大。结果表明，茎变差法对参试蔬菜作物均具有良好适用性。大田作物棉花也有较好适用性，玉米的适用性还需要继续试验研究。

软件设计步骤如下：

1）首先要设置不同作物水分状况对应标准数据库。

2）读取昨日茎秆直径监测值，计算每小时茎直径变化量 ΔSd_i 和茎最大收缩量 MDS：

$$\Delta Sd_i = Sd_i - Sd_{i-1} \tag{3.25}$$

$$MDS = Sd_{max} - Sd_{min} \tag{3.26}$$

式中：i 为对应小时数。

3）存入小区监测茎秆直径变化数据库，提取出昨日大茎秆收缩量 MDS 和今日 ΔSd 最大值。

4）与数据库中标准值进行对比，指出其水分状况（重旱、轻旱、适宜）。

根据茎直径变化进行灌溉决策的运行界面如图 3.13 所示。

4. 多指标综合灌溉预报与决策

按照"指标选择→指标权重选择→多指标模糊决策→近 3 天模糊决策结果→灌溉决策"的步骤来进行。不同的作物有不同的适应指标，因此模型对应于不同的作物及权重。

按照第 4 章所设计的多指标灌溉决策模型，调用 MATLAB 程序进行模糊计算，计算结果（湿润干旱程度）及需灌水量显示在决策结果区域。根据 Fuzzy Logic 工具箱 GUI，

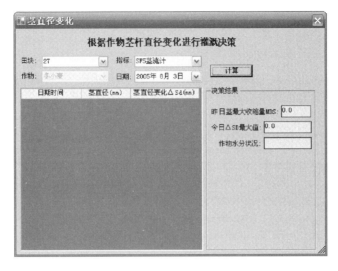

图 3.13　根据茎直径变化进行灌溉决策运行界面

产生 *.fis 文件。根据界面上的作物、水分信息指标及权重唯一确定模糊决策模型。这里只要在客户端计算机中安装运行环境 MCR 及注册 fuzzytest＿1＿0.dll，不必整体安装容量巨大的整个 MATLAB 软件，就可以正确执行模糊决策。

系统运行目录下有一个设置文件 FuzzyList.xml，其格式如下：

```
<? xml version="1.0" standalone="yes"? >
<Fuzzy>
    <Record>
        <CropCode>Wheat</CropCode>
        <CropName>冬小麦</CropName>
        <Power>0.6</Power>
        <IndexCode>Canopy</IndexCode>
        <IndexName>冠气温差</IndexName>
        <FisFile>WheatCanopy6.fis</FisFile>
    </Record>
    <Record>
        <CropCode>Wheat</CropCode>
        <CropName>冬小麦</CropName>
        <Power>0.7</Power>
        <IndexCode>Canopy</IndexCode>
        <IndexName>冠气温差</IndexName>
        <FisFile>WheatCanopy6.fis</FisFile>
    </Record>
    <Record>
        <CropCode>Wheat</CropCode>
        <CropName>冬小麦</CropName>
        <Power>0.9</Power>
        <IndexCode>CWSI</IndexCode>
```

```
        <IndexName>水分胁迫指数</IndexName>
        <FisFile>wheatCWSI9.fis</FisFile>
    </Record>
</Fuzzy>
```

例如以下部分就可以确定作物为冬小麦，土壤水分占权重为 0.6，作物水分信息指标为冠气温差时选用的决策模型为 WheatCanopy6.fis（必须确保系统运行目录下有此决策模型文件）。

```
        <Record>
            <CropCode>Wheat</CropCode>
            <CropName>冬小麦</CropName>
            <Power>0.6</Power>
            <IndexCode>Canopy</IndexCode>
            <IndexName>冠气温差</IndexName>
            <FisFile>WheatCanopy6.fis</FisFile>
        </Record>
```

图 3.14 是多指标灌溉决策运行界面。

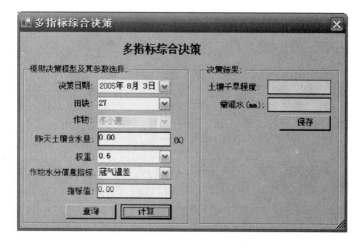

图 3.14　多指标灌溉决策运行界面

3.3.3　田间灌溉控制与应用

1. 灌溉控制

灌溉控制部分涉及多指标综合决策结果的灌溉控制（简称决策控制）和定时灌溉控制。整个精量灌溉决策与控制系统，既是一个闭环系统，也是一个开放性的兼容系统，可以对田间数据监测和灌溉管理进行有序处理。其工作流程如图 3.15 所示，其中组态王是专业性工业控制软件。

2. 灌溉决策控制

在进行多指标综合决策之后进行的灌溉决策控制是根据田间水利用效率、水平均流速

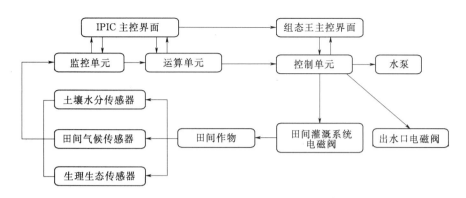

图 3.15 IPIC 系统工作流程示意图

等参数，根据计算出灌溉的开始、结束时间，如果超过最小灌溉值，则存入决策控制数据库的过程。实施步骤如下：

1）界面输入当前泵站出水平均流量 $Q(\mathrm{m}^3/\mathrm{s})$，水流从泵到田间电磁阀所需时间 $t_0(\mathrm{s})$。

2）读取前面灌溉决策结果，包括对应小区需灌开始时间 t_{1i}（日期/h/min/s），需灌溉量 $I_i(\mathrm{m}^3)$。

3）根据以上数据，确定每个小区的灌溉持续时间（灌溉结束时间 t_{2i}）。按照式（3.27）计算。

$$
\begin{cases}
t_{21} = t_{11} + t_{01} + \dfrac{\sum\limits_{i=1}^{n} I_i}{Q} \\[2em]
t_{2i} = t_{1i} + t_{0i} + \dfrac{\sum\limits_{i=1}^{n} I_i}{Q} \\[2em]
\quad\vdots \\[1em]
t_{2n} = t_1 + t_{0n} + \dfrac{\sum\limits_{i=1}^{n} I_i}{Q} \\[1.5em]
1 \leqslant n \leqslant 10
\end{cases}
\tag{3.27}
$$

4）将每个小区对应的灌溉时间（t_1、t_2）存入数据库，等待灌溉系统硬件控制软件组态王来检索，以对水泵、电磁阀实现控制。

根据决策结果进行灌溉控制的运行界面如图 3.16 所示。

3. 定时灌溉控制

定时灌溉是人为设置定时定点灌溉。界面提供操作人员选择指定小区灌溉起始时间和持续时间（或者灌溉结束时间），然后存入相应数据库，由灌溉控制系统读取，进而控制电磁阀开关。定时数据库设定为 30 个小区对应 30 条记录。如果有新的灌溉指令，将刷新本电磁阀的记录。

根据上述结果，计算毛灌溉量（根据选择的灌溉水利用率 $Q_{\text{毛}} = Q_{\text{净}}/\eta$ 来反求）。判断

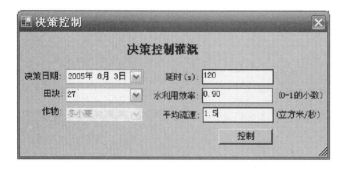

图 3.16　根据决策结果进行灌溉控制

是否需要开泵实施灌溉［地面灌：毛灌溉量大于 45mm（＝30m³/亩）；喷灌：毛灌溉量大于 30mm（＝20m³/亩）；滴灌：毛灌溉量大于 15mm（＝10m³/亩）］。

定时灌溉控制运行界面如图 3.17 所示。

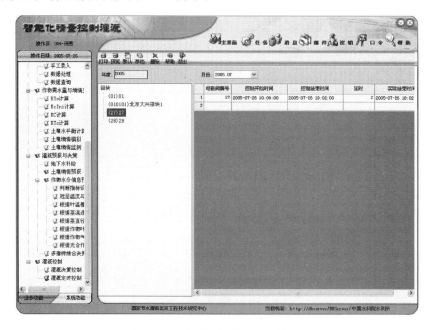

图 3.17　定时灌溉控制运行界面

3.4　本章小结

本章对精量灌溉技术的内涵、决策指标和设计流程进行了总结，在此基础上，对智能化精量灌溉决策与控制软件开发的核心模型提供了详细描述。本章可以为农田灌溉管理和相关软件开发提供参考。

本章决策指标体系阈值推荐值，是作者根据多年田间试验观测和数据，针对华北平原主要农作物冬小麦进行了量化。在田间灌溉管理实践中，其他地区和其他作物的指标阈值，还需要结合当地条件和具体试验进行准确确定。

参　考　文　献

陈玉民，郭国双，王光兴，等，1995. 中国主要作物需水量与灌溉 ［M］. 北京：水利电力出版社.

段爱旺，孙景生，刘钰，等，2004. 北方地区主要农作物灌溉用水定额 ［M］. 北京：中国农业科学技术出版社.

胡继超，曹卫星，姜东，等，2004. 小麦水分胁迫影响因子的定量研究Ⅰ. 干旱和渍水胁迫对光合、蒸腾及干物质积累与分配的影响 ［J］. 作物学报，30（4）：315－320.

黄岚，冷强，白广存，等，1998. 判别分析法在描述叶温分布与植物水分状况关系上的应用 ［J］. 生物数学学报，13（3）：388－393.

黄占斌，山仑，1999. 不同供水下作物水分利用效率和光合速率日变化的时段性及其机理研究 ［J］. 华北农学报，14（1）：47－52.

李国臣，于海业，马成林，等，2004. 作物茎流变化规律的分析及其在作物水分亏缺诊断中的应用 ［J］. 吉林大学学报（工学版），34（4）：573－577.

刘钰，J. L. Teixeira，L. S. Pereira，等，1997. 作物需水量与灌溉制度模拟 ［J］. 水利水电技术，28（4）：38－43.

刘云，宇振荣，孙丹峰，等，2004. 冬小麦遥感冠层温度监测土壤含水量的试验研究 ［J］. 水科学进展，15（3）：352－356.

史宝成，2006. 作物缺水诊断指标及灌溉控制指标的研究 ［D］. 北京：中国水利水电科学研究院.

水利部农田灌溉研究所，中国水利水电科学研究院水利所，2001. 北方地区主要农作物灌溉用水定额的研究 ［R］. 北京：南水北调规划管理局.

闻新，周露，李东江，等，2002. MATLAB 模糊逻辑工具箱的分析与应用 ［M］. 北京：科学出版社.

吴海卿，段爱旺，杨传福. 冬小麦对不同土壤水分的生理和形态响应 ［J］. 华北农学报，2000，15（1）：92－96.

吴晓莉，林哲辉，等，2002. MATLAB 辅助模糊系统设计 ［M］. 西安：西安电子科技大学出版社.

袁国富，罗毅，孙晓敏，等，2002. 作物冠层表面温度诊断冬小麦水分胁迫的试验研究 ［J］. 农业工程学报，18（6）：13－17.

张喜英，裴冬，胡春胜，2002. 太行山山前平原冬小麦和夏玉米灌溉指标研究 ［J］. 农业工程学报，18（6）：36－41.

朱成立，邵孝侯，彭世彰，等，2003. 冬小麦水分胁迫效应及节水高效灌溉指标体系 ［J］. 中国农村水利水电，（11）：22－24.

JACKSON R D，IDSO S B，REGINATO R J，et al，1981. Canopy temperature as a crop water stress indicator ［J］. Water Resources Research，17（4）：1133－1138.

JACKSON，R. D.，1982. Canopy temperature and crop water stress ［C］. In：Advance in irrigation （D. Hillel，ed.），volume 1，pp. 43－85. Academic Press，New York.

JACKSON R D，KUSTAS W P，BHASKAR J. Choudhury，1988. A Reexamination of the crop water stress index ［J］. Irrigation Science，9：309－317.

LIU Y，1999. Improving irrigation scheduling in north china：Modeling and applications ［D］. Lisbon，Portugal.

第4章

精量灌溉决策指标敏感性和 *ET*
尺度效应及转换

在利用多指标进行精量控制灌溉决策时，气象、土壤水分和作物生理反应 3 种因素在指示作物受旱程度所占的比重和敏感性方面存在着差异。传统的认识是以土壤水分为基础，其所占的比重最大，而气象条件是随机变化的。然而，作物自身对干旱的反应是最敏感和最直接的，常见的研究通常是探讨水分胁迫或者气象因子与作物生理指标间的单因素分析，而对多因素间的分析成果却鲜有报道。为了建立基于多指标综合分析的模糊灌溉决策模型，通过相关的作物灌溉试验，研究各灌溉决策指标间的定量关系无疑具有重要的意义。探明农田不同尺度下作物 *ET* 的尺度效应和他们之间的转换关系，对于正确评估 *ET* 具有较好的理论支撑。本章以冬小麦为例，通过田间试验观测，借助通径分析和多元回归的方法，对精量灌溉决策指标的敏感性和农田中尺度下 *ET* 的尺度效应和转换关系进行研究和探索。

4.1 基于通径分析原理的冬小麦缺水诊断指标的敏感性

本节以冬小麦为研究材料开展田间试验，分析作物生理指标、土壤水分、气象因素对作物阶段干物质和叶片水分利用效率 *WUE* 的影响程度；寻求并提出以上指标对灌溉决策的相对敏感性，为建立精量灌溉控制的多指标综合决策模型提供依据。

4.1.1 材料与方法

1. 试验处理

田间灌溉试验在位于北京大兴区的中国水利水电科学研究院灌溉试验站进行，从 2004 年 10 月至 2005 年 6 月开展了冬小麦（中黑 1 号）田间灌溉试验，试区没有防雨设施。区内土质以砂壤土为主，土层深厚，有机质含量较高，1m 土层土壤的平均田间持水量为 33.4%。每个试验小区的面积为 5.5m×5.5m，外围设有保护区，以减少各灌水处理间的影响。在田间试验中，共设置6种灌溉水分处理（表4.1），每个处理重复3次，其中除T1处理外，其余处理的冬灌水量保持一致，详细的试验观测从返青后开始。其他农田管理措施如施肥、播种、耕作均与当地农民习惯一致。

表4.1   冬小麦田间试验的不同灌水处理

灌水处理	生育初期 （9月22日至 次年3月31日）	快速发育期 （4月1日—5月1日）	生育中期 （5月2—31日）	生育后期 （6月1—17日）
T1（灌1水）		30mm（4月17日）		
T21（灌2水）	90mm（12月22日）	30mm（4月17日）		
T22（灌2水）	90mm（12月22日）	60mm（4月17日）		
T31（灌3水）	90mm（12月22日）	30mm（4月17日）	60mm（5月3日）	
T32（灌3水）	90mm（12月22日）	60mm（4月17日）	60mm（5月3日）	
T4（灌4水）	90mm（12月22日）	60mm（4月17日）	60mm（5月3日）	60mm（6月9日）

2. 观测项目与方法

在灌溉试验小区内，装备有3套土壤水分含量自记系统（Delta-T系统、Galileo系统和SWR-3型土壤水分传感器）用于监测1m土壤剖面（10cm、20cm、30cm、40cm、60cm和100cm）的墒情变化，对不同系统下得到的土壤水分观测结果进行了标定，并通过埋设的ΔT测管和Trime测管，每隔3～4d人工观测土壤体积含水率。

在试验基地建有农业自动气象站，定时自动观测气温T_a、太阳辐射R_s、日照时数n、相对湿度RH和降雨P等气象资料。

在田间采用CRIS-1便携式光合仪测定仪观测的光合参数包括叶面蒸腾速率T_r、光合速率P_n、净光合有效辐射PAR和气孔导度G_s等。从冬小麦拔节期开始，在晴朗的天气下，在每个作物生育期内观测2～3次，测定时间从8：00—16：00，每间隔2h测定1次。

对冬小麦的干物质测定以地上部为主。在各处理小区选取有代表性的植株20cm，将各处理的植株样品用纸包好，并写上处理编号；然后现将样品放在100～110℃烘箱中烘15～20min，使植物组织迅速停止生理活动，再将温度降至60℃左右烘至恒重。在获得20cm冬小麦的平均干重后，乘以小区内的植株总长度，再除以小区面积即可得单位面积的冬小麦地上部的总干物质。

3. 通径分析方法

当各自变量间的相关系数较大时，基于最小二乘法的多元回归分析方法将失去作用。Wright（1921）首先提出基于通径系数（path coefficient）的通径分析方法（path analysis），该法用来研究自变量间的相互关系、自变量对因变量的作用方式与程度的多元统计分析技术，试图找出由于自变量间的相关性较强所引起的多重共线性的自变量，确定自变量对因变量影响的直接效应和间接效应，通过剔除不必要的自变量，建立"最优"回归方程。张全德（1981）通过通径系数分析了小麦稀植情况下，单株籽粒产量的构成因素（原因）x（单株有效穗数、每穗粒数、千粒重、单株收获指数）对单株籽粒产量（结果）y

的影响程度及其相对重要性；崔党群（1994）对测定的 16 个红薯品种的比叶重、气孔密度、叶绿素含量和光合速率进行了通径分析并开展显著性检验，发现比叶重和气孔密度对光合速率的直接通径系数均达极显著水平，而叶绿素含量对光合速率的直接通径系数达到显著水平。

通径系数是表示相关变量间因果关系的统计量，为没有单位和量纲的偏回归系数，作为自变量与因变量间带有方向的相关系数（明道绪，1986a；1986b；1986c；1986d）。就通径系数所表示的因果关系而言，其具有回归系数的性质，就通径系数为无单位的相对数而言，其又具有相关系数的性质，故通径系数是介于回归系数与相关系数之间的一个统计量，也即为变量标准化后的偏回归系数（张明年，1986）。通径分析中采用的数学模型为偏回归系数标准化后的多元线性回归模型（谢忠伦，1996），在有关通径分析的计算方法和思路中，同时参考了有关的数学模型（崔党群，1994）和矩阵算法（程新意等，1990）。

通径分析采用结构方程模型（structural equation modling，SEM）方法，软件平台采用 AMOS 的模型和软件。SEM 是一种重要的统计方法，它融合了传统多变量统计分析中的"因素分析"与"线性模型回归分析"的统计技术，对于各种因果模型进行模型识别、估计和验证。矩阵结构分析（analysis of moment structures，AMOS），能验证各式测量模型、不同路径分析模型；其分析历程结合了传统的一般线性模型与共同因素分析的技术（明道绪，1986a）。AMOS 是统计软件 SPSS 家族系列软件，利用其描绘工具箱中的图像按钮便可以快速绘制 SEM 图形、浏览估计模型图、进行模型图的修改，评估模型的适配参数，输出最佳模型。本书对于数据的基于 SEM 的分析与操作，将以 AMOS 18.0 版本进行。

4.1.2　三类指标对干物质产量的通径分析

不同系统的土壤水分观测结果已经进行了标定。记阶段干物质产量为 Y_1（g/m²）、作物叶片水分利用效率 WUE 为 Y_2（%）、土壤水分含量为 X_1（%，v/v）、气孔导度 G_s 为 X_2［mmol/（m²·s）］、光合有效辐射 PAR 为 X_3［μmol/（m²·s）］、光合作用速率 P_n 为 X_4［μmol/（m²·s）］、叶面蒸腾 T_r 为 X_5［mmol/（m²·s）］、叶面温度 T_1 为 X_6（℃）、水汽饱和压差 VPD 为 X_7（kPa）、时段太阳辐射 R_s 为 X_8［MJ/（m²·h）］的条件下，分析土壤水分和作物生理指标对干物质的影响程度，以及气象因子和作物生理指标对 WUE 的影响程度。在冬小麦整个生育期内，经过对观测的数据进行甄别和剔除，共获得 25 个样本，采用的相关统计指标有各指标间的相关系数 r_{yi}、通径系数 $P_{i·y}$、决定系数 $d_{y·i}$ 和对回归方程 R^2 的总贡献等。

选取的 SPAC 中三类灌溉决策指标分别为土壤指标（X_1）、作物生理指标（X_2、X_4、X_5、X_6）和气象指标（X_3）等 6 个；因变量为干物质 Y_1。依据通径系数和相关系数，得到的冬小麦干物质产量及各指标的通径图如图 4.1 所示。首先求解 X_i 对 Y_1 的关于通径系数 $P_{i·y}$ 正规方程组，并计算原因对于结果的直接作用与间接作用，结果见表 4.2。计算各决定系数并按照绝对值大小排列进行对比，并分析 6 个自变量对回归方程估测可靠程度 R^2 总贡献，即计算 $r_{yi}P_{y·i}$。决定系数中最大的前 5 个和误差项的决定系数，以及 6 个变量对 R^2 总贡献结果见表 4.3。

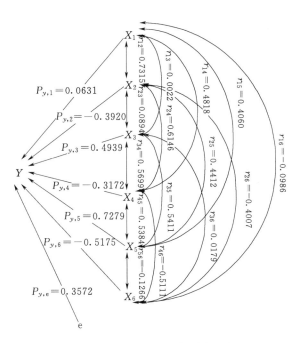

图 4.1　冬小麦 6 个指标对干物质产量的通径图

表 4.2　　　　　冬小麦土壤水分和生理指标对干物质直接作用与间接作用分析结果

自变量	相关系数 r_{yi}	直接作用 $P_{y\cdot i}$	间　接　作　用					
			总的	通过 X_1	通过 X_2	通过 X_3	通过 X_4	通过 X_5	通过 X_6
X_1	-0.029	0.063	-0.092		-0.287	0.001	-0.153	0.296	0.051
X_2	0.032	-0.392	0.424	0.046		0.044	-0.195	0.321	0.207
X_3	0.663	0.494	0.169	0.000	-0.035		-0.181	0.394	-0.009
X_4	0.410	-0.317	0.727	0.030	-0.241	0.282		0.392	0.265
X_5	0.737	0.728	0.015	0.026	-0.173	0.267	-0.171		0.066
X_6	-0.288	-0.518	0.230	-0.006	0.157	0.009	0.162	-0.092	

表 4.3　　　　　各因子对干物质决定系数和对 R^2 总贡献排列表

序号	排序前 5 项	对干物质决定系数 R^2	自变量	对回归方程 R^2 总贡献
1	$d_{y\cdot 5}$	0.523	X_1	-0.002（$r_{y1}P_{y\cdot 1}$）
2	$d_{y\cdot 35}$	0.389	X_2	-0.013（$r_{y2}P_{y\cdot 2}$）
3	$d_{y\cdot 6}$	0.268	X_3	0.327（$r_{y3}P_{y\cdot 3}$）
4	$d_{y\cdot 25}$	-0.252	X_4	-0.130（$r_{y4}P_{y\cdot 4}$）
5	$d_{y\cdot 45}$	-0.249	X_5	0.536（$r_{y5}P_{y\cdot 5}$）
误差项	$d_{y\cdot e}$	0.128	X_6	0.149（$r_{y6}P_{y\cdot 6}$）

在表 4.3 中，决定系数最大的前 3 个是 $d_{y\cdot 5}$，$d_{y\cdot 35}$ 和 $d_{y\cdot 6}$。6 个变量对回归方程的 R^2 的总贡献计算结果显示，X_5，X_3 和 X_6 贡献较大。另外，通过对通径系数的显著性检

验分析知，$P_{y.5}$ 和 $P_{y.6}$ 是极显著的。在极显著的两个通径系数中，$P_{y.6}$ 的绝对值最小，可以粗略地认为在已按绝对值由大到小排列决定系数后，绝对值大于 $d_{y.6}$（0.268）的决定系数为显著，小于 $d_{y.6}$ 的为不显著。

根据上面 6 个指标对干物质的通径分析结果，我们可以得到以下初步结论：

（1）叶面蒸腾 X_5 对干物质 Y_1 的相对决定程度为 0.530，居各决定系数之首；且 X_5 对 R^2 的总贡献为 0.536，也居各指标对 R^2 总贡献之首，表明作物叶面蒸腾是影响干物质产量的最重要指标。

（2）光合有效辐射 X_3 与叶面蒸腾 X_5 共同对干物质 Y_1 的相对决定程度为 0.389，在各决定系数中居第二；且 X_3 对 R^2 的总贡献为 0.327，数值较大，说明在观察叶面蒸腾大小的同时，还应该关注光合有效辐射的大小，若两者皆高，则作物的干物质产量也可能是会达到高值。此外，由于 $r_{35}=0.541$，二者之间正相关同步增减，两指标同时皆高易于实现。

（3）叶面温度 X_6 对干物质产量 Y_1 的直接作用是 -0.518，相对决定程度为 0.268，位居各决定系数第三，所以叶温也是反映作物产量的一个重要指标，并且 X_6 过高，Y_1 值必然降低。

（4）误差项（或剩余项）对干物质产量 Y_1 的相对决定系数为 0.128，虽然在所用决定系数中居第 12 位，但其对 Y_1 的直接作用（通径系数）为 0.357，这表明试验误差（仪器误差）较大，或者是其他对干物质量影响较大的指标在本次通径分析中未被考虑到。

（5）土壤水分含量 X_1、气孔导度 X_2 和光合作用速率 X_4 对干物质产量 Y 的决定系数较小，影响程度不大，该结论与传统看法间存在着差异。

4.1.3　气象因素和作物生理指标对 *WUE* 的通径分析

根据试验观测结果与测产和考种分析结果可知，灌水处理 T32 下的土壤水分利用效率最优，且经过简单的统计分析可知，各指标可作为最优处理。灌水处理 T1 作为下限处理时，其土壤水分显著性不强，日内变化不大，这里不予考虑。在通径分析中，选取的自变量为气孔导度 X_2、光合有效辐射 X_3、叶面温度 X_6、水汽饱和压差 X_7 和时段太阳辐射 X_8 等，*WUE* 为因变量 Y_2。

1. 灌水处理 T32 下的通径分析结果

表 4.4 给出灌水处理 T32 下的通径分析直接、间接作用分析结果，表 4.5 给出决定系数中最大的前 5 个和误差项的决定系数以及各自变量对 R^2 总贡献的结果。通过显著性检验，可粗略地认为绝对值大于 $d_{y.7}$（0.262）的决定系数为显著，小于 $d_{y.7}$ 的为不显著。灌水处理 T32 对 *WUE* 的通径分析结果归纳如下：

（1）光合有效辐射 X_3 对叶片水平的 *WUE* 决定系数为 0.338，在各决定系数中位居第二，且其对 R^2 的总贡献为 0.310，表明光合有效辐射对叶片水平 *WUE* 的影响作用较大。

（2）饱和水汽压差 X_7 对叶片水平的 *WUE* 决定系数为 0.262，通过其他因素对 Y_2 的间接作用仅为 -0.052，直接作用（通径系数）达到 -0.512，这表明 X_7 对 Y_2 主要表现为负的直接作用。

表 4.4 灌水处理 T32 下的直接、间接作用分析结果

自变量	相关系数 r_{yi}	直接作用 $P_{y \cdot i}$	间接作用					
			总的	通过 X_2	通过 X_3	通过 X_6	通过 X_7	通过 X_8
X_2	0.398	0.008	0.390		-0.001	0.126	0.344	-0.079
X_3	0.533	0.582	-0.049	-0.000		-0.118	-0.003	0.072
X_6	-0.256	-0.299	0.042	-0.004	0.230		-0.361	0.177
X_7	-0.564	-0.512	-0.052	-0.006	0.003	-0.211		0.161
X_8	-0.148	0.242	-0.390	-0.003	0.173	-0.219	-0.341	

（3）误差项（或剩余项）对叶片水平的 WUE 决定系数为 0.357，居各决定系数之首，且通径系数达到 0.598，说明试验误差（仪器误差）较大，或者是其他对 WUE 影响较大的指标在通径分析中未被考虑。

（4）气孔导度 X_2、太阳辐射 X_4、叶面温度 X_5 的通径系数较小，对叶片水平的 WUE 影响相对较小，尤其是气孔导度对 WUE 的间接作用仅为 0.390，这表明 G_s 对 WUE 的影响主要表现为正的间接作用，其对 WUE 的直接作用为 0.008，回归系数约等于 0。

表 4.5 灌水处理 T32 下各指标对 WUE 决定系数的排列结果

序号	排序前 5 项	对干物质决定系数 R^2	自变量	对回归方程 R^2 总贡献
1	$d_{y \cdot 3}$	0.338	X_2	0.003 $(r_{y2} P_{y \cdot 2})$
2	$d_{y \cdot 7}$	0.262	X_3	0.310 $(r_{y3} P_{y \cdot 3})$
3	$d_{y \cdot 76}$	0.216	X_6	0.077 $(r_{y6} P_{y \cdot 6})$
4	$d_{y \cdot 78}$	-0.165	X_7	0.289 $(r_{y7} P_{y \cdot 7})$
5	$d_{y \cdot 36}$	-0.138	X_8	-0.036 $(r_{y8} P_{y \cdot 8})$
误差项	$d_{y, e}$	0.357		

2. 灌水处理 T1 下的通径分析结果

灌水处理 T1 下的 5 个指标对 WUE 直接、间接作用的通径分析结果见表 4.6，误差项和最大的前 5 个决定系数及其对 R^2 总贡献的结果见表 4.7。显著性检验结果表明，对于灌水处理 T1，可以粗略地认为绝对值大于 $d_{y \cdot 6}$（0.638）的决定系数为显著，小于 $d_{y \cdot 6}$ 的为不显著。灌水处理 T1 下对 WUE 的通径分析结果如下：

表 4.6 灌水处理 T1 下的直接、间接作用分析结果

自变量	相关系数 r_{yi}	直接作用 $P_{y \cdot i}$	间接作用					
			总的	通过 X_2	通过 X_3	通过 X_6	通过 X_7	通过 X_8
X_2	0.467	0.108	0.359		0.131	0.409	-0.135	-0.046
X_3	0.599	0.849	-0.250	0.017		-0.219	-0.040	-0.008
X_6	-0.455	-0.799	0.344	-0.055	0.233		0.111	0.055
X_7	-0.607	0.165	-0.772	-0.088	-0.203	-0.537		0.057
X_8	-0.453	0.085	-0.538	-0.058	-0.077	-0.513	0.110	

（1）光合有效辐射 X_3 对叶片水平的 *WUE* 决定系数为 0.720，在各决定系数中居第一，且其对 R^2 的总贡献为 0.508，表明光合有效辐射对叶片水平的 *WUE* 有较大影响作用。

（2）叶面温度 X_5 对叶片水平的 *WUE* 决定系数为 0.638，其通径系数达到 −0.799；X_3 和 X_5 共同作用对叶片水平的 *WUE* 相对决定系数为 −0.372，说明在关注光合有效辐射的同时，还应注意叶面温度的变化，保持较低的叶面温度有助于获取较高的水分利用效率。

（3）误差项对叶片水平的 *WUE* 决定系数为 0.217，其通径系数达到 0.466，说明试验误差（仪器误差）较大，或者是其他对 *WUE* 值影响较大的指标在通径分析中未被考虑。

（4）气孔导度 X_2、太阳辐射 X_4、饱和水汽压差 X_1 的通径系数较小，对叶片水平的 *WUE* 影响相对较小，饱和水汽压差对 *WUE* 的间接作用为 −0.772，直接作用为 0.165，表明 *VPD* 对 *WUE* 的影响主要表现为负的间接作用，其不是影响叶片水平 *WUE* 的主要因素，这与 T32 处理下得到的结论相反。

表 4.7　　　　　　　　灌水处理 T1 下各指标对 *WUE* 决定系数的排列结果

序号	排序前 5 项	对干物质决定系数 R^2	自变量	对回归方程 R^2 总贡献
1	$d_{y \cdot 3}$	0.720	X_2	0.050 （$r_{y2}P_{y \cdot 2}$）
2	$d_{y \cdot 6}$	0.638	X_3	0.508 （$r_{y3}P_{y \cdot 3}$）
3	$d_{y \cdot 36}$	−0.372	X_6	0.363 （$r_{y6}P_{y \cdot 6}$）
4	$d_{y \cdot 67}$	−0.177	X_7	−0.100 （$r_{y7}P_{y \cdot 7}$）
5	$d_{y \cdot 26}$	0.088	X_8	−0.039 （$r_{y8}P_{y \cdot 8}$）
误差项	$d_{y \cdot e}$	0.217		

4.1.4　指标敏感性分析

1. 5 个自变量对干物质的通径分析结果

通过减少某一自变量可观察 R^2 的变化趋势，以便判断各自变量的相对重要性。在去掉某一指标后，其余指标对阶段干物质产量的通径分析结果表明，其直接作用和通过其他指标的间接作用有所变化，$d_{y \cdot e}$ 和 R^2 也随指标个数的减少和指标种类的不同而有所变化。表 4.8 给出 6 个自变量被减为 5 个后获得的通径分析直接和间接作用结果，表 4.9 给出对 R^2 总贡献的数值结果。

与 6 个指标的分析结果相比，见表 4.9 中的黑体标注的结果，去掉气孔导度 X_2 将引起 X_4、X_5 的直接和间接作用发生较大变化；去掉光合有效辐射 X_3 会引起 X_2、X_4、X_5 和 X_6 的直接和间接作用发生较大变化；去掉 X_5 将引起 X_1、X_2 和 X_3 的较大变化；去掉 X_6 则将引起 X_1、X_3 的变化，这表明气象因子、作物叶片蒸腾和叶温、气孔导度的敏感性和重要性对干物质产量的影响较大。同理，表中的结果表明，去掉蒸腾速率 X_5 时的 $d_{y \cdot e}$ 达到 0.403，R^2 降为 0.597；去掉光合有效辐射 X_3 和叶面温度 X_6 时也将导致 $d_{y \cdot e}$ 的

表 4.8　　　　　　　自变量减少对干物质通径分析直接、间接作用结果影响的分析

指标个数	X_1		X_2		X_3		X_4		X_5		X_6	
	$r_{y1}=-0.029$		$r_{y2}=0.032$		$r_{y3}=0.663$		$r_{y4}=0.410$		$r_{y5}=0.737$		$r_{y6}=-0.288$	
	直接	间接和	直接	间接和	直接	间接和	直接	间接和	直接	间接和	直接	间接和
6	0.063	−0.092	−0.392	0.424	0.494	0.169	−0.317	0.727	0.728	0.015	−0.518	0.230
5（去 X_1）			−0.354	0.386	0.471	0.192	−0.284	0.694	0.729	0.008	−0.491	0.203
5（去 X_2）	−0.143	0.114			0.548	0.115	**−0.418**	**0.828**	**0.667**	**0.069**	−0.441	0.153
5（去 X_3）	−0.152	0.123	**−0.448**	**0.480**			**0.122**	**0.288**	0.892	−0.155	**−0.307**	**0.020**
5（去 X_4）	−0.040	0.011	−0.442	0.474	0.315	0.348			0.729	0.008	−0.382	0.094
5（去 X_5）	**0.280**	**−0.308**	**−0.245**	**0.277**	**0.916**	**−0.254**	−0.390	0.800			−0.574	0.286
5（去 X_6）	**−0.233**	**0.204**	−0.246	0.278	**0.186**	**0.477**	0.163	0.247	0.75	−0.015		

表 4.9　　　　　　　　　　自变量减少对 R^2 总贡献影响的分析

指标个数	$d_{y \cdot e}$	各自变量对回归方程 R^2 的总贡献						R^2
		X_1	X_2	X_3	X_4	X_5	X_6	
6	0.128	−0.002	−0.013	0.327	−0.130	0.536	0.149	0.872
5（去 X_1）	0.138		−0.011	0.312	−0.116	0.537	0.141	0.862
5（去 X_2）	0.186	0.004		0.363	−0.171	**0.492**	0.127	0.814
5（去 X_3）	0.215	0.004	−0.014		0.050	**0.657**	**0.088**	**0.785**
5（去 X_4）	0.157	0.001	−0.014	0.209		0.537	0.110	0.843
5（去 X_5）	0.403	−0.008	**−0.008**	**0.607**	−0.160		0.165	**0.597**
5（去 X_6）	0.258	**0.007**	**−0.008**	**0.123**	**0.067**	0.553		**0.742**

升高和 R^2 的下降，这说明去掉指标项是引起干物质产量的较大影响因素。在去掉土壤含水率 X_1 和光合作用速率 X_4 时，两者引起的变化较小。由此可见，叶面蒸腾速率、光合有效辐射和叶面温度对干物质产量的影响较大。

　　2. 逐步剔除自变量对干物质产量影响的通径分析

　　由三类灌溉决策指标对干物质产量影响的分析结果可知，土壤水分含量 X_1 对干物质产量的影响最小，而从去掉 X_1 后的 5 个指标的通径分析结果看到，X_2 气孔导度对 R^2 的总贡献最小，仅为 −0.011，尽管其通径系数为 −0.354，绝对值要比光合作用速率的 −0.284 为大，但 X_4 对干物质产量的间接作用和为 0.694，故应剔除 X_2 项。表 4.10 给出逐步去掉最不敏感指标下的直接、间接作用分析结果，表 4.11 是误差项及各个指标对 R^2 总贡献的计算结果。在去掉 X_2 后，叶温 X_6 对 R^2 总贡献最小（0.145），其通径系数为 −0.503，绝对值也最小，因此应接着去掉 X_6。对剩余的 X_3、X_4 和 X_5 对干物质产量影响进行通径分析后发现，光合作用速率对 R^2 总贡献的绝对值最小（−0.062），但其通过其他变量对干物质产量的影响（间接作用）却一直很大，故再去掉通径系数较小的光合有效辐射项。最后对剩余的光合作用速率 X_4 和叶片蒸腾 X_5 对干物质产量的影响进行通径分析，结果显示出叶片蒸腾对干物质产量的影响最大。综上分析可知，6 个指标变化对干

物质产量影响的敏感性顺序为 $T_r > P_n > PAR > T_l > G_s > $ Soil（土壤水分）。

在逐步剔除自变量对干物质产量影响的通径分析中，随着自变量个数的逐渐减少，误差项的决定系数 $d_{y \cdot e}$ 逐渐增大，这表明干物质产量是多重因素综合作用的结果，且各因子间是互相联系、相为影响的。为此，应尽可能考虑所有相关的影响因子，且在开展长期试验观测、获得较完备的样本基础上，才能利用通径分析方法得到较为精确的分析结果。

表 4.10　逐步剔除最不敏感项对干物质通径分析直接、间接作用影响结果的分析

指标个数	X_1		X_2		X_3		X_4		X_5		X_6	
	$r_{y1} = -0.029$		$r_{y2} = 0.032$		$r_{y3} = 0.663$		$r_{y4} = 0.410$		$r_{y5} = 0.737$		$r_{y6} = -0.288$	
	直接	间接和	直接	间接和	直接	间接和	直接	间接和	直接	间接和	直接	间接和
6	**0.063**	**−0.092**	−0.392	0.424	0.494	0.169	−0.317	0.727	0.728	0.015	−0.518	0.230
5（去 X_1）			**−0.354**	**0.386**	0.471	0.192	−0.284	0.694	0.729	0.008	−0.491	0.203
4（再去 X_2）					0.652	0.011	−0.550	0.960	0.616	0.120	**−0.503**	**0.2147**
3（再去 X_6）					**0.433**	**0.230**	−0.151	0.561	0.583	0.153		
2（再去 X_3）							0.019	0.391	0.726	0.010		

表 4.11　逐步剔除最不敏感项对干物质通径分析中的对 R^2 总贡献影响分析

指标个数	$d_{y \cdot e}$	各自变量对回归方程 R^2 的总贡献						R^2
		X_1	X_2	X_3	X_4	X_5	X_6	
6	0.128	**−0.002**	−0.013	0.327	−0.130	0.536	0.149	0.872
5（去 X_1）	0.138		**−0.011**	0.312	−0.116	0.537	0.141	0.862
4（再去 X_2）	0.195			0.432	−0.226	0.454	**0.145**	0.805
3（再去 X_6）	0.345			**0.287**	−0.062	0.430		0.655
2（再去 X_3）	0.457				0.008	0.535		0.543

4.1.5　结果讨论

基于冬小麦田间灌溉试验得到的通径分析结果表明，在考虑干物质产量最高的目标下，在影响作物干物质产量的土壤水分含量、叶面蒸腾、光合有效辐射、光合作用速率、气孔导度和叶温等指标中，敏感性较大的首要指标是叶面蒸腾，其次是光合有效辐射和叶温；而在考虑叶片水平 *WUE* 最高的前提下，对适宜的灌溉处理而言，影响 *WUE* 的主要因素不是太阳辐射、光合有效辐射、空气水汽压差、气孔导度和叶温，而是土壤水分状况，但对作物受旱处理来说，影响 *WUE* 的主要因子却是光合有效辐射和叶面温度。

通过减少自变量对作物干物质产量影响的通径分析可以发现，当考虑作物干物质产量和作物水分利用效率均为最优的目标下，应优先关注叶面蒸腾、光合有效辐射、叶面温度和土壤水分变化带来的影响作用。

本节基于通径分析原理对冬小麦缺水诊断指标的敏感性进行分析，而不是探讨哪个指标对作物生长影响的重要程度，但若在对叶片水平的 *WUE* 通径分析中考虑作物水分生产

效率指标，则可能使对作物水分利用效率的分析实现由点到面的转换，这有待开展进一步的相关研究。同时，这里所讨论的部分作物缺水诊断指标，与最终田间灌溉决策指标是有差异的，需要指标有效性的筛选和判断。

4.2 冬小麦返青后腾发量时空尺度效应的通径分析

在农田作物生长环境中，各个因子是相互影响、共同作用于植株，从而形成作物的吸水、蒸腾蒸发、光合作用、呼吸作用等过程。当各自变量间相关系数很大时，多元回归分析中最小二乘法失去作用，多元回归方程建立无效。通径分析（path analysis）是研究变量间相互关系、自变量对因变量作用方式、程度的多元统计分析技术；通过通径分析，能够找出自变量对因变量影响的直接效应和间接效应，发现由于自变量间相关性很强而引起多重共线性的自变量；通径分析能够比简单相关分析更深入的分析指标间相互影响程度。本节通过分析返青后冬小麦生育期内不同环境因子和作物生理生态指标间的关系，基于通径分析的原理和方法，对不同时段的实测作物腾发量 ET_a 和区域水分通量 LE 进行统计分析，探讨作物腾发量时空尺度效应及其主要影响因子。

根据 SPAC 系统各个因子的综合影响，通径分析中选取土壤含水率、作物生长高度、叶面积指数、太阳净辐射、饱和水汽压差为自变量，因变量选取两个空间尺度数据，包括小区实际腾发量 ET_a 和区域潜热水分通量 LE。同时采用递归模型（因果关系只有单一方向）与非递归模型（内因变量的关系互为因果、双向的）分别进行模拟计算，以探索不同假设因果关系下作物 ET 的时空尺度效应及其影响因子。

4.2.1 材料与方法

1. 试验情况

田间试验在中国水利水电科学研究院大兴节水灌溉试验基地进行。研究所在区域属于精量灌溉试验区，包含 40 个 5.5m×5.5m 的试验小区。称重式蒸渗仪和涡度协方差系统位于试验区中央。供试冬小麦品种为京黑 1 号，于 2008 年 10 月 11 日播种，2009 年 6 月 15 日收割。冬小麦越冬后返青时间约在 2009 年 3 月 20 日左右，田间 ET 观测主要集中在作物返青后。试验区土质以砂壤土为主，土层深厚，有机质含量较高；1m 土层土壤平均田间持水量为 33.4%。作物灌溉试验按照充分灌处理，即根据土壤水分观测数据，在达到田持的 70% 时进行灌溉并灌至田持。整个生育期灌溉包括冬灌、返青水、养花水和灌浆水，共灌水 6 次。其他农田管理措施如施肥、播种、耕作均与当地农民习惯一致。

2. 田间试验观测与方法

采用涡度协方差系统（美国 Compbell 公司 CSAT3 LI-7500 型）进行中尺度（10^2m）冬小麦潜热水分通量 LE 的观测，每 30min 记录 1 次数据；利用大型称重式蒸渗仪（西安理工大学研制）观测小尺度（2m×2m）冬小麦实际腾发量 ET_a，测定间隔为 1h；借助邻近试验区的自动气象站（澳大利亚 Monitor 公司）观测太阳辐射 R_a、净辐射 R_n、空气温度 T_a、相对湿度 RH、风速 W_s、降雨量 P 等气象参数，每 30min 记录 1 次。试验区域小区埋有 1m 剖面（0~5cm、0~15cm、0~25cm、0~35cm、0~45cm、0~

55cm、0～65cm、0～75cm 和 0～100cm）的 Trime 管（澳作公司产，传感器为德国产 TRIME® - T3/IPH 型）监测土壤墒情变化，每 3～4d 间隔人工测量一次每个小区土壤体积含水率。作物生理生态指标观测包括作物高度 *H* 和叶面积指数 *LAI*，每隔 10d 观测 1 次。

　　3. 田间数据整理

　　为了得到通径分析的数据样本，需要将田间试验观测数据进行整理分析，获取每个数据系列的同时期数据。

　　（1）农田尺度区域水分通量 *LE*：根据每 30min 记录数据计算每日 24h 潜热通量 *LE* 和白天时段潜热通量 *LE* _ 7 - 18（7：00—18：00）。2009 年冬小麦返青后至收割，能量闭合率达到 75%。

　　（2）试验小区实际腾发量 ET_a：根据土体重量变化和表面积计算腾发量，包括每日腾发量 ET_a 和白天时段实际腾发量 ET_a _ 7 - 18。

　　（3）田间气象数据：根据日内观测数据，计算每日的饱和水汽压差 *VPD*、净辐射 R_n，以及白天时段内的 *VPD* _ 7 - 18 和 R_n _ 7 - 18。

　　（4）土壤水分含水率数据：因土壤含水率不是每日都观测，所缺测的日土壤含水率通过线性关系进行插补，包括 1m 剖面 9 个深度的平均含水率。

　　（5）作物高度 *H* 和叶面积指数 *LAI*：将冬小麦返青后每 10d 人工观测的作物高度和叶面积指数数据在生育期的变化曲线，根据其二次曲线拟合方程来进行缺测数据的插补。其中作物高度 *H* 随时间变化的二次曲线拟合方程的决定系数为 0.998，叶面积指数 *LAI* 的二次曲线拟合方程的决定系数为 0.961，两者数值较高，保证了插补数据的合理性。

　　数据结果统计分析时间段来自 2009 年 4 月 1 日—6 月 12 日，共计 73 组样本数据。将不同深度土层平均土壤含水率（0～5cm、0～15cm、0～25cm、0～35cm、0～45cm、0～55cm、0～65cm、0～75cm、0～100cm）和作物高度 *H*、叶面积指数 *LAI*、净辐射 R_n、空气饱和水汽压差 *VPD*，与蒸渗仪所测实际腾发量 ET_a 和涡度系统所测的潜热水分通量 *LE* 分布进行了通径分析；包括递归模型（由 ET_a 上推 *LE*）和非递归模型（同时由 ET_a 上推 *LE* 和 *LE* 下推 ET_a）。限于篇幅，此处省略显示以上模拟结果和统计分析内容。计算结果表明，以 0～45cm 深度土壤含水率和其他变量进行通径分析时，各个自变量与因变量 ET_a 和 *LE*、ET_a 与 *LE* 之间通径系数较大，显著性检验数值较大，表明数据之间显著性更强。因此，以下数据分析中土壤含水率指标，都是指 0～45cm 深度平均值。另外，在 *ET* 分析计算中最基本和常用的时间段是以日数据进行，本书将着重分析冬小麦返青后每日 24h 的 *ET* 数值和白昼时段 *ET* 数值及其影响因子。

4.2.2　全日 24h 数据的尺度效应

　　图 4.2 是冬小麦返青后每日 24h 作物实际蒸腾发量 ET_a 与区域水分通量 *LE* 和 5 个作物环境因子和生理生态指标之间的相关分析图，其上能够直观地显现各个指标间相关关系及其相关系数。表 4.12 是两种回归模型中各因子对 ET_a 和 *LE* 的直接效果和间接效果的通径分析结果，表 4.13 是由通径分析结果计算了各变量的决定系数和其对复回归分析中总回归方程的 R^2 的贡献数值结果。

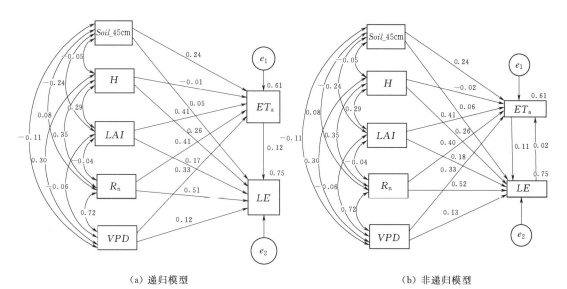

（a）递归模型　　　　　　　　　　　　　（b）非递归模型

图 4.2　冬小麦返青后全日 24h 各指标和作物腾发量的相关分析结果

表 4.12　　　　　　　　　冬小麦返青后全日 24h 数据通径分析结果

变量	相关系数	回归模型	直接效果	间接效果	总效果（通径系数）
$Soil\_45cm \rightarrow ET_a$	0.137	递归模型	0.237	—	0.237
		非递归模型	0.236	0.001	0.237
$VPD \rightarrow ET_a$	0.568	递归模型	0.330	—	0.330
		非递归模型	0.327	0.003	0.330
$H \rightarrow ET_a$	0.336	递归模型	−0.013	—	−0.013
		非递归模型	−0.018	0.004	−0.013
$LAI \rightarrow ET_a$	0.319	递归模型	0.414	—	0.414
		非递归模型	0.410	0.004	0.414
$R_n \rightarrow ET_a$	0.643	递归模型	0.406	—	0.406
		非递归模型	0.397	0.009	0.406
$ET_a \rightarrow ET_a$	1	递归模型	—	—	—
		非递归模型	—	0.002	0.002
$LE \rightarrow ET_a$	0.673	递归模型	—	—	—
		非递归模型	0.017	—	0.017
$Soil\_45cm \rightarrow LE$	0.044	递归模型	0.054	0.029	0.083
		非递归模型	0.056	0.026	0.083
$VPD \rightarrow LE$	0.624	递归模型	0.122	0.040	0.163
		非递归模型	0.126	0.037	0.163
$H \rightarrow LE$	0.566	递归模型	0.260	−0.002	0.258
		非递归模型	0.259	−0.001	0.258

变　量		相关系数	回归模型	直接效果	间接效果	总效果（通径系数）
LAI	$\rightarrow LE$	0.250	递归模型	0.175	0.051	0.225
			非递归模型	0.179	0.046	0.225
R_n	$\rightarrow LE$	0.771	递归模型	0.515	0.050	0.565
			非递归模型	0.519	0.045	0.565
ET_a	$\rightarrow LE$	0.673	递归模型	0.122	—	0.122
			非递归模型	0.112	—	0.112
LE	$\rightarrow LE$	1	递归模型	—	—	—
			非递归模型	—	0.002	0.002
多元回归方程的决定系数 R^2			递归模型	$\rightarrow ET_a$：0.609		$\rightarrow LE$：0.758
			非递归模型	$\rightarrow ET_a$：0.610		$\rightarrow LE$：0.756

表 4.13　冬小麦返青后全日（24h）各变量的决定系数及其对回归方程 R^2 的贡献分析

递 归 模 型					非 递 归 模 型				
变　量	决定系数		对 R^2 的贡献		变　量	决定系数		对 R^2 的贡献	
	数值	排序	数值	排序		数值	排序	数值	排序
$Soil\_45cm \rightarrow ET_a$	0.056		0.032	4	$Soil\_45cm \rightarrow ET_a$	0.056		0.032	4
$VPD \rightarrow ET_a$	0.109	5	0.187	2	$VPD \rightarrow ET_a$	0.109	5	0.187	2
$H \rightarrow ET_a$	0.000		-0.004	5	$H \rightarrow ET_a$	0.000		-0.004	
$LAI \rightarrow ET_a$	0.171	3	0.132	3	$LAI \rightarrow ET_a$	0.171	3	0.132	3
$R_n \rightarrow ET_a$	0.165	4	0.261	1	$R_n \rightarrow ET_a$	0.165	4	0.261	1
$VPD+R_n \rightarrow ET_a$	0.192	2			$VPD+R_n \rightarrow ET_a$	0.192	2		
$e_1 \rightarrow ET_a$	0.391	1			$ET_a \rightarrow ET_a$	0.000		0.002	
					$LE \rightarrow ET_a$	0.000		0.011	5
					$e_1 \rightarrow ET_a$	0.391	1		
$Soil\_45cm \rightarrow LE$	0.007		0.004		$Soil\_45cm \rightarrow LE$	0.007		0.004	
$VPD \rightarrow LE$	0.027		0.102	3	$VPD \rightarrow LE$	0.027		0.102	3
$H \rightarrow LE$	0.067	5	0.146	2	$H \rightarrow LE$	0.067		0.146	2
$LAI \rightarrow LE$	0.051		0.056	5	$LAI \rightarrow LE$	0.051		0.056	5
$R_n \rightarrow LE$	0.319	1	0.436	1	$R_n \rightarrow LE$	0.319	1	0.436	1
$VPD+R_n \rightarrow LE$	0.132	3			$VPD+R_n \rightarrow LE$	0.132	2		
$H+R_n \rightarrow LE$	0.102	4			$H+R_n \rightarrow LE$	0.102	4		
$ET_a \rightarrow LE$	0.015		0.082	4	$ET_a \rightarrow LE$	0.013		0.075	4
$e_2 \rightarrow LE$	0.242	2			$LE \rightarrow LE$	0.000		0.002	
					$ET_a+R_n \rightarrow LE$	0.081			5
					$e_2 \rightarrow LE$	0.104			3

注　仅列出主要变量和排序前 5 位的变量。

如图 4.2 所示，各个自变量指标间净辐射 R_n 与饱和水汽压差 VPD 的相关系数最大为 0.72，其次是 R_n 与作物平均高度 H 间相关系数为 0.35，VPD 与 H 间相关系数为 0.30，叶面积指数 LAI 与 H 间为 0.29；而 45cm 平均土壤水分含量与其他指标间相关关系较弱，多为负相关。图 4.2（a）的递归模型中，各个自变量指标与 ET_a 和 LE 的相关关系中，净辐射 R_n 与其相关性最高，其中与 LE 之间相关系数为 0.51，与 ET_a 间为 0.41。在与两个因变量间相关系数大小对比中可见，土壤含水率、叶面积指数 LAI 和水汽饱和压差 VPD 与 ET_a 关系更为紧密，与 LE 间相关系数相对较小；比如土壤含水率与 ET_a 的相关系数为 0.24，与 LE 间系数仅为 0.05，可见土壤含水率的大小对小区实际蒸腾发 ET_a 影响较大，而 LE 对下垫面土壤水分的变化不太敏感。而作物高度 H 则相反，其与 LE 间相关系数为 0.26，与 ET_a 间为负相关，仅达到 -0.01。这表明下垫面作物高度的变化，对 LE 数值的大小影响较大。各个指标间相关系数在递归模型和非递归模型间基本一致，数值略有差异。另外，在非递归模型中，ET_a 和 LE 是可以互推，但上推和下推过程中，两个变量间的相关系数是不同的。从统计结果可见，LE 下推 ET_a 过程中，两者相关性较弱。

表 4.12 将两个回归模型的各个指标对 ET_a 和 LE 的直接影响和通过其他因素产生的间接影响进行了分析，两者相加即为指标间的通径系数（总效果）；同时模型给出了基于 5 个自变量的多元回归方程的决定系数的大小。可见，在对小区 ET_a 的通径分析的 5 个自变量中，叶面积指数 LAI 的通径系数最大，其大小是影响 ET_a 的最主要因子；其次是净辐射 R_n 和水汽饱和压差 VPD，土壤水分含量 $Soil\_45cm$ 的通径系数也达到了 0.237，而作物高度的通径系数较小并且为负相关。递归模型与非递归模型的通径系数相同。递归模型中各变量通过其他变量影响 ET_a 的间接效果为 0；非递归模型中数值不为 0，R_n 通过其他因子影响 ET_a 的间接效果最大为 0.009。在对区域水分通量 LE 的通径分析中，R_n 的通径系数最大为 0.565，是影响 LE 大小的主要因子，其次是作物高度 H 和叶面积指数 LAI。土壤水分影响 LE 最小为 0.083。除了 ET_a 外，递归模型和非递归模型中通径系数还是相同。此时两个模型中各个因子的间接效果数值都不为零，递归模型数值稍大一些。由 5 个因子拟合作物腾发量的多元回归方程，其决定系数在递归模型和非递归模型间差别不大；拟合 LE 的方程的决定系数 R^2 达到 0.75 以上，大于拟合 ET_a 的方程。决定系数数值较高，说明多元回归方程显著性较强。

表 4.13 是递归模型和非递归模型中各个变量对 ET_a 和 LE 的回归方程中决定系数和对回归方程 R^2 的贡献值，表中列出了数值最大的前 5 个变量。对 ET_a 的回归方程中，递归模型和非递归模型中误差项 e_1 的决定系数最大，$VPD+R_n$ 共同作用的决定系数次之，LAI 第三；对回归方程 R^2 的贡献最大的是净辐射项 R_n，其次是 VPD，LAI 仍是第三。在对 LE 的回归方程中，净辐射 R_n 决定系数最大，递归模型误差项 e_2 居第二，$VPD+R_n$ 共同作用的决定系数为第三；而非递归模型中 $VPD+R_n$ 的决定系数为第二，误差项为第三。在对 R^2 的贡献中，仍是 R_n 项最大，作物高度 H 贡献为第二，VPD 贡献数值为第三。

由以上数据结果可见，下垫面土壤含水率的高低与小区 ET_a 关系较为密切，与区域水分通量 LE 间相关系数较小。在现有选取变量中，影响小区 ET_a 数值的主要因子依次

是叶面积指数 *LAI*、净辐射 R_n 和饱和水汽压差 *VPD*，影响区域水分通量 *LE* 的主要因子依次为 R_n、作物高度 *H* 和叶面积指数 *LAI*。根据回归方程中变量贡献分析可知，对 ET_a 的回归方程中误差项影响最大，除此之外影响较大的是 *VPD* ＋ R_n 的共同作用效果。对 *LE* 的回归方程中净辐射项 R_n 决定系数最大，在对 R^2 的贡献值中，除去误差项外，贡献值较大的是作物高度 *H* 和饱和水汽压差 *VPD*。可见，除了两者的主要影响因素净辐射 R_n 外，小尺度的实际腾发量 ET_a 大小更多的与反映植被对光能的截获及利用的 *LAI*，以及空气中饱和水汽压差值 *VPD* 大小有关。中尺度的反映面上水分通量的 *LE* 之大小，与作物生育阶段紧密相关的植株高度 *H* 有关，同时下垫面植被的 *LAI* 值也密切影响着 *LE*。

4.2.3　白日数据（7：00—18：00）的尺度效应

夜间辐射项以长波辐射为主，作物生长活动微弱，所测得净辐射往往为负值。作物生长发育活动大部分是在白天进行。这里将冬小麦返青后白天 7：00—18：00 间净辐射 R_n _ 7-18、空气饱和水汽压差 *VPD* _ 7-18、实际腾发量 ET_a _ 7-18 和水分通量 *LE* _ 7-18 日数据进行了整理分析，以期发现影响作物蒸腾发的主要因子。图 4.3 和表 4.14、表 4.15 是白天时间段内的 ET_a 和 *LE* 与各个变量间的通径分析结果。

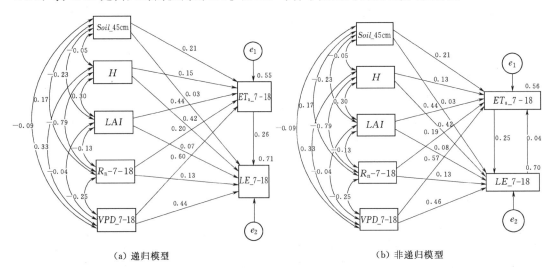

(a) 递归模型　　　　　　　　　　(b) 非递归模型

图 4.3　冬小麦返青后白日（7：00—18：00）
各指标和作物腾发量相关分析结果

从图 4.3 的指标间相关分析可见，白天时段作物高度 *H* 与各指标间相关性最强，其中与净辐射 R_n _ 7-18 间相关系数为负相关的 -0.79，与 *VPD* _ 7-18 间为 0.33。此时净辐射与饱和水汽压差间为负相关，相关系数为 -0.25。与全天时段数据相比，各个指标与 ET_a _ 7-18 和 *LE* _ 7-18 间相关系数数值发生部分变化。作物高度 *H* 和空气水汽饱和压差 *VPD* _ 7-18 与两者相关性增强。尤其是 *VPD* _ 7-18 增值非常明显，与区域水分通量 *LE* _ 7-18 间相关系数从 0.12 变为 0.44，与小区实际腾发量 ET_a _ 7-18 间从 0.33 变为 0.60。而净辐射 R_n _ 7-18 却与两者关系减弱，与 *LE* _ 7-18 间相关系数从 0.51 变为 0.13，与 ET_a _ 7-18 间从 0.41 减为 0.20。另外，从 ET_a _ 7-18 与 *LE* _ 7-18 间相关性也明显增强，相关系数从 0.12 增长至 0.26。递归模型与非递归模型间变化趋势一致、数值略有差异。

表 4.14 　　　　　　冬小麦返青后白天（7：00—18：00）数据通径分析结果

变　　量		相关系数	回归模型	直接效果	间接效果	总效果（通径系数）
$Soil\_45cm$	$\rightarrow ET_a\_7-18$	0.098	递归模型	0.222	—	0.212
			非递归模型	0.208	0.004	0.222
VPD_7-18	$\rightarrow ET_a\_7-18$	0.556	递归模型	0.593	—	0.595
			非递归模型	0.569	0.026	0.593
H	$\rightarrow ET_a\_7-18$	0.311	递归模型	0.156	—	0.150
			非递归模型	0.130	0.020	0.156
LAI	$\rightarrow ET_a\_7-18$	0.390	递归模型	0.452	—	0.444
			非递归模型	0.436	0.008	0.452
R_n_7-18	$\rightarrow ET_a\_7-18$	-0.087	递归模型	0.198	—	0.200
			非递归模型	0.192	0.008	0.200
ET_a_7-18	$\rightarrow ET_a\_7-18$	1	递归模型	—	—	—
			非递归模型		0.011	0.011
LE_7-18	$\rightarrow ET_a\_7-18$	0.671	递归模型	—	—	—
			非递归模型	0.043	—	0.043
$Soil\_45cm$	$\rightarrow LE\_7-18$	0.014	递归模型	0.034	0.061	0.084
			非递归模型	0.031	0.053	0.084
VPD_7-18	$\rightarrow LE\_7-18$	0.696	递归模型	0.444	0.164	0.608
			非递归模型	0.460	0.148	0.608
H	$\rightarrow LE\_7-18$	0.566	递归模型	0.412	0.043	0.457
			非递归模型	0.419	0.037	0.457
LAI	$\rightarrow LE\_7-18$	0.250	递归模型	0.070	0.125	0.194
			非递归模型	0.083	0.111	0.194
R_n_7-18	$\rightarrow LE\_7-18$	-0.339	递归模型	0.122	0.055	0.183
			非递归模型	0.133	0.050	0.183
ET_a_7-18	$\rightarrow LE\_7-18$	0.671	递归模型	0.276	—	0.278
			非递归模型	0.249	0.003	0.252
LE_7-18	$\rightarrow LE\_7-18$	1	递归模型	—	—	—
			非递归模型		0.011	0.011
多元回归方程的决定系数 R^2			递归模型	$\rightarrow ET_a$：0.582		$\rightarrow LE$：0.776
			非递归模型	$\rightarrow ET_a$：0.584		$\rightarrow LE$：0.731

　　从表 4.14 通径分析数据结果可见，对 ET_a_7-18 的通径分析中，依据通径系数大小，对其影响密切的指标依次为水汽饱和压差 VPD_7-18、叶面积指数 LAI、土壤含水率 $Soil\_45cm$，作物高度 H 和净辐射 R_n_7-18 稍小。对 LE_7-18 的通径分析中，影响密切的指标为水汽饱和压差 VPD_7-18、作物高度 H 和小区实际腾发量 ET_a_7-18，下垫

面土壤含水率对其影响最小。与全天时段数据相比，指标通过其他项对因变量的影响增大，间接效果数值成倍变大。递归模型与非递归模型中各个指标的通径系数一致；在对 LE_7-18 的通径分析中直接效果和间接效果略有不同，递归模型的间接效果数值要大于非递归模型。对 ET_a_7-18 的多元回归方程的决定系数 R^2 下降，对 LE_7-18 的决定系数 R^2 略有上升。

白天 7：00—18：00 时段各变量在回归方程中的决定系数和对回归方程 R^2 的贡献值见表 4.15。可见，在递归模型和非递归模型中，对 ET_a_7-18 的回归方程，除了误差项，决定系数较大的是水汽饱和压差 VPD_7-18 和叶面积指数 LAI，对回归方程 R^2 贡献最大也是这两项。对 LE_7-18 的回归方程中，决定系数最大和对回归方程 R^2 贡献最大的是水汽饱和压差 VPD_7-18 和植株高度 H。与 24h 数据相比，其主要决定因子净辐射 R_n_7-18 对 ET_a_7-18 和 LE_7-18 的影响减弱，白天的水汽饱和压差 VPD_7-18 影响比重最大；次之影响因子对 ET_a_7-18 而言是叶面积指数 LAI，对 LE_7-18 而言是植株高度 H。

4.2.4　讨论

由以上冬小麦返青后生育期内不同时段环境因子和作物生理生态指标对两个尺度作物腾发量的通径分析可知，不同计算时段作物腾发量的主要影响因子是不相同的。对小区作物实际腾发量 ET_a 来说，以全天 24h 的数据来分析，其主要影响因子是叶面积指数 LAI 和净辐射 R_n，而白天数据分析显示主要影响因子是空气饱和水汽压差 VPD_7-18 和叶面积指数 LAI。对区域水分通量 LE 来说，全天 24h 数据的主要影响因子是净辐射 R_n 和作物高度 H，白天时段数据的主要影响因子是 VPD_7-18 和作物高度 H。由此可见，以 24h 计算作物蒸腾蒸发，每日的净辐射是主要的影响因子；白天时段影响作物蒸腾发的主要因子是空气饱和水汽压差。以上结果表明，不同时间尺度和空间尺度下，作物蒸腾蒸发的影响因子不同，显示了其不同的时空尺度效应。

小面积的作物蒸腾发大小，对作物的叶面积指数变化敏感。叶面积指数 LAI 首先影响地表覆盖度，其次影响冠层蒸腾表面积，再其次是影响冠层的通风状况。叶面积的大小及其分布，直接影响着植被对光能的截获及利用，进而影响着植被生产力；LAI 已成为在植物光合作用、蒸腾作用、联合光合和蒸腾的关系、水分利用以及构成生产力基础等方面进行群体和群落生产分析时必不可少的一个重要参数。对小面积的植被来说，LAI 是影响作物蒸腾发的重要因子，也是能够直接进行空间尺度转换的关联参数。区域水分通量的大小，与下垫面植被高度的变化有关。饱和水汽压差 VPD 反映了一定温度下大气最大蒸发力，而 7：00—18：00 是作物腾发量最旺盛的时段，因此它对作物腾发量的大小影响很大。以上结果与相关文献计算结果一致。

数据分析中利用递归模型和非递归模型分别进行了统计分析，从结果可见，模型间统计数据基本一致而数值大小略有差异。在通径分析中，递归模型的各个因子的间接效果要大于非递归模型；非递归模型中 ET_a 与 LE 间上推的相关系数远远大于 LE 下推 ET_a 的相关系数。说明由小尺度的作物腾发量数据上推较大尺度数据可行性远大于面上数据下推小尺度数据。另外，由 5 个因子拟合的回归方程中误差项的决定系数较大，原因可能是存

表 4.15　冬小麦返青后白天（7:00—18:00）各变量的决定系数及其对回归方程 R^2 的贡献分析

递归模型

变量	决定系数 数值	决定系数 排序	对 R^2 的贡献 数值	对 R^2 的贡献 排序
$Soil\_45cm \rightarrow ET_a\_7\text{-}18$	0.045	5	0.017	4
$VPD\_7\text{-}18 \rightarrow ET_a\_7\text{-}18$	0.354	2	0.331	1
$H \rightarrow ET_a\_7\text{-}18$	0.023		0.047	3
$LAI \rightarrow ET_a\_7\text{-}18$	0.197	3	0.174	2
$R_n\_7\text{-}18 \rightarrow ET_a\_7\text{-}18$	0.040		−0.017	5
$VPD\_7\text{-}18+H \rightarrow ET_a\_7\text{-}18$	0.058	4		
$e_1 \rightarrow ET_a\_7\text{-}18$	0.418	1		
$Soil\_45cm \rightarrow LE\_7\text{-}18$	0.007		−0.001	5
$VPD\_7\text{-}18 \rightarrow LE\_7\text{-}18$	0.370	1	0.423	1
$H \rightarrow LE\_7\text{-}18$	0.209	3	0.259	2
$LAI \rightarrow LE\_7\text{-}18$	0.038		0.051	4
$R_n\_7\text{-}18 \rightarrow LE\_7\text{-}18$	0.033		−0.062	3
$VPD\_7\text{-}18+H \rightarrow LE\_7\text{-}18$	0.182	4		
$H+R_n\_7\text{-}18 \rightarrow LE\_7\text{-}18$	−0.131	5		
$e_2 \rightarrow LE\_7\text{-}18$	0.254	2		

非递归模型

变量	决定系数 数值	决定系数 排序	对 R^2 的贡献 数值	对 R^2 的贡献 排序
$Soil\_45cm \rightarrow ET_a\_7\text{-}18$	0.045		0.017	5
$VPD\_7\text{-}18 \rightarrow ET_a\_7\text{-}18$	0.354	2	0.331	1
$H \rightarrow ET_a\_7\text{-}18$	0.023		0.047	3
$LAI \rightarrow ET_a\_7\text{-}18$	0.197	3	0.174	2
$R_n\_7\text{-}18 \rightarrow ET_a\_7\text{-}18$	0.040		−0.017	6
$VPD\_7\text{-}18+H \rightarrow ET_a\_7\text{-}18$	0.058	4		
$VPD\_7\text{-}18+R_n\_7\text{-}18 \rightarrow ET_a\_7\text{-}18$	−0.031	5		
$ET_a\_7\text{-}18 \rightarrow ET_a\_7\text{-}18$	0.000		0.011	
$LE\_7\text{-}18 \rightarrow ET_a\_7\text{-}18$	0.002		0.029	4
$e_1 \rightarrow ET_a\_7\text{-}18$	0.416	1		
$Soil\_45cm \rightarrow LE\_7\text{-}18$	0.007		0.001	6
$VPD\_7\text{-}18 \rightarrow LE\_7\text{-}18$	0.370	1	0.423	1
$H \rightarrow LE\_7\text{-}18$	0.209	3	0.259	2
$LAI \rightarrow LE\_7\text{-}18$	0.038		0.049	5
$R_n\_7\text{-}18 \rightarrow LE\_7\text{-}18$	0.033		−0.062	4
$VPD\_7\text{-}18+H \rightarrow LE\_7\text{-}18$	0.182	4		
$H+R_n\_7\text{-}18 \rightarrow LE\_7\text{-}18$	−0.131	5		
$LE\_7\text{-}18 \rightarrow LE\_7\text{-}18$	0.000		0.011	6
$ET_a\_7\text{-}18 \rightarrow LE\_7\text{-}18$	0.064		0.169	3
$e_2 \rightarrow LE\_7\text{-}18$	0.269	2		

注　仅列出主要变量和排序前 5 位的变量。

在其他影响较强的因子没有考虑到，同时不排除田间试验误差的存在。在后续研究中将进一步加以探索。

4.3　冬小麦返青后作物腾发量的尺度效应及其转换研究

作物腾发量 *ET* 是开展水资源配置和灌溉规划中不可或缺的重要参量。从田间单株作物茎液流或叶面蒸腾的观测，到中间尺度涡度协方差系统的水分通量监测，以至到卫星遥感数据的地面反演，经历了从微观到中观乃至宏观的 *ET* 尺度变化过程；而不同尺度 *ET* 间的关联与转换，一直是研究的热点和难点。传统农田水利研究中的尺度效应概念比较淡漠，一般没有主动考虑尺度的作用及不同尺度间的联系和转换，小面积试验田的 *ET* 研究成果往往简单地不经转换地直接用于大面积区域灌溉规划设计，显然是将小尺度田间试验与大尺度"绿洲效应"不加区别（陈亚新等，2004），*ET* 尺度问题始终是客观存在（李远华等，2005）。

尺度转换的实质是试图将在一个特定尺度上获得的信息或开发的模型应用于另一个尺度层面的预测中（张娜，2007；孟宝等，2005），在灌溉农业生态系统设计与管理中成为研究的热点问题和难点问题（许迪，2006）。在现有尺度下推过程中，往往是结合遥感数据和 GIS 技术，或借助量纲分析、数学推导、分形理论等，将某区域内的水热通量进行时空尺度上的转换（刘炳军等，2007；佟玲等，2006；杨汉波等，2008）。基于现有观测手段和仪器设备，考虑将小尺度的信息推绎到大尺度上，即尺度上推。例如，根据单个叶片的光合速率与整个系统的初级生产力进行联系，利用单株作物的茎液流进而探究在类似土壤含水率下中尺度的群体作物蒸腾量。已有不少学者对不同尺度得到的 *ET* 观测数据进行对比分析，探求林木或者作物腾发量在不同尺度间的尺度转换效应（Rana 等，2000；Wilson 等，2001；Drexler 等，2004）。

冬小麦生长期间的耗水与 SPAC 系统中的各个影响因子密切相关，其生理状况和生长参量与田间小气候决定了作物腾发的强弱。本节根据冬小麦返青生育后观测的田间数据，分析微观尺度的叶面蒸腾 T_r、小区尺度的实际腾发量 ET_a 和中尺度的潜热水分通量 *LE* 的尺度效应，利用作物叶面指数 *LAI*、饱和水汽压差 *VPD* 和净辐射 R_n 等同期观测数据，基于多元线性回归方法，探讨冬小麦的 *ET* 尺度转换关系。

4.3.1　材料与方法

1. 试验材料

田间试验在中国水利水电科学研究院大兴节水灌溉试验基地进行。试验区属于温带季风性气候，位于东经 116°25′37″、北纬 39°37′16″，海拔约 30m。在 2007—2009 年开展连续 3 年的冬小麦田间试验，供试作物品种京黑 1 号。田间试验区共分 15 个小区，每个小区面积 5.5m×5.5m；称重式蒸渗仪和涡度协方差系统位于试验区中央。冬小麦播种期一般在头年 10 月中旬，返青时间约在来年 3 月 20 日左右，6 月 16 日左右为收割期。冬小麦田间 *ET* 观测主要集中在作物返青后，其间需要灌返青水以补墒追肥，根据实际降雨情况，还需灌扬花水和灌浆水各 1 次。

2. 田间试验观测与方法

采用涡度协方差系统（美国 Compbell 公司 CSAT3 LI－7500 型）进行中尺度（几百米）冬小麦潜热水分通量 LE 的观测，每 30min 记录 1 次数据；利用称重式蒸渗仪（西安理工大学研制）观测小区尺度（几米）的冬小麦实际腾发量 ET_a，测定间隔为 1h；使用光合作用仪（美国 LI－COR 公司 LI－6400 型）开展微观尺度（单株作物体）的冬小麦叶面蒸腾 T_r 观测，在晴好天气下从 7：30 开始到 16：30，在各试验小区选择中等长势的 3 株小麦典型旗叶叶片，每 2h 观测 1 次；借助邻近试验区的自动气象站（澳大利亚 Monitor 公司）观测太阳辐射、净辐射、空气温度、相对湿度、风速、降雨量等气象参数，每 30min 记录 1 次。

3. 田间数据整理

典型日内冬小麦第 i 个观测时段的叶面蒸腾 $T_{r_{leaf},i}$ ［mmol H_2O/(m^2 · s）；$i=8$：00，10：00，12：00，14：00，16：00］，采用时段内所有观测数据的平均值以减少观测误差和系统误差。利用同时期的叶面积指数 LAI 将其转换为农田单位面积上，记为 T_{r_i}（mm/h），以备与其他观测数据进行对比分析。数值转换的具体做法中，因观测位置选取在冬小麦蒸腾最强的旗叶位置，所以有效叶面积指数 LAI_{active} 按照 $0.25LAI$ 来计算（Allen 等，1999）。那么按照水分的物质的量和密度转换为每小时的蒸腾量 T_{r_i} 计算公式为（于婵等，2009）

$$T_{r_i} = 6.48 \times 10^{-2} \times T_{r_{leaf},i} \times LAI_{active} \tag{4.1}$$

$$LAI_{active} = 0.25 \times LAI \tag{4.2}$$

式中：6.48×10^{-2} 为单位间的转换系数。

结合自动气象站观测数据对涡度协方差系统数据进行能量闭合和数据甄别处理，3 年内试验期总的能量闭合率平均达到 78%。数据整理中剔除的非正常数据包括（徐自为等，2008）：①降水以及前后一小时的数据；②明显超出物理含义的数据；③传感器状态异常数据［超声风速仪（CSAT3）、CO_2/H_2O 分析仪（LI－7500）状态异常标志］；④夜间湍流混合较弱的数据；⑤根据 CO_2/H_2O 测量值剔除潜热通量存在的异常值。对每日称重式蒸渗仪数据进行原始数据校核，剔除了明显外界干扰因素造成的重量变化数据，并与气象站雨量观测数据进行比对和校核。

4. 多元线性回归统计

在土壤-作物-大气连续体（SPAC）系统中，作物的生长和蒸腾发状况是各种因素综合影响的结果。选取典型日观测时段对作物蒸腾发关系密切的参数主要包括：①作物生理生态指标叶面积指数 LAI；②反映空气水汽可容量大小的饱和水汽压差 VPD；③气象关键参数太阳净辐射 R_n。采用多元线性回归模型的统计分析方法，将其与不同尺度蒸腾发量进行关联分析。因此，在根据定性分析所作的随机变量 y 与变量 x_i 之间关系的假设时，需要对回归方程和回归系数进行统计检验；其中包括拟合优度（复相关系数 R）检验和显著性检验（方差分析，即 F 检验）（章文波等，2006；何晓群，1998）。

对以上所有观测数据的统计处理和回归拟合及其统计检验计算，均利用统计软件 SPSS v12.0 中的 Regression 模块进行。

4.3.2　*ET* 日数据的尺度效应

冬小麦叶面蒸腾 T_r 以人工观测为主，为与不同尺度下监测的腾发量进行对比，需对没有监测的时段进行数据插补。在根据 7：30—16：30 内监测的 T_r 数据拟合出一条二次曲线的基础上，根据该拟合方程估算中间时段的缺测数据。图 4.4 为 2007—2009 年内典型日的作物叶面蒸腾随时间变化的拟合曲线，返青后冬小麦日内叶面蒸腾量变化的规律一般是从早上开始增大，至 13：00 左右达到峰值后开始下降。观测时期内所拟合的 T_r 变化的二次曲线的决定系数 R^2 基本都在 0.95 以上，保证了缺测数据插补的合理性。

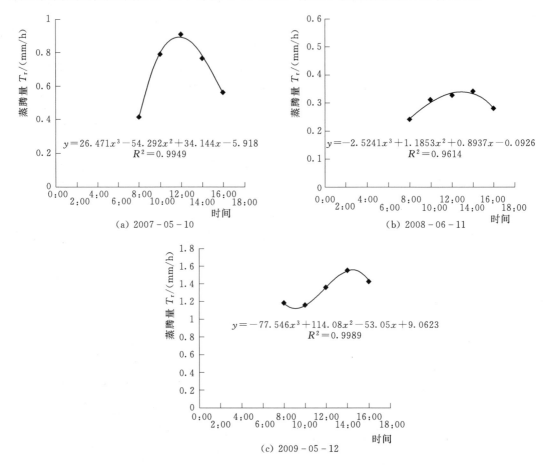

图 4.4　冬小麦叶面蒸腾 T_r 典型日内的变化过程拟合

图 4.5 是冬小麦 2007—2009 年返青后叶面蒸腾 T_r、作物实际腾发量 ET_a、水分通量 LE 的日内连续变化过程对比，以及日内蒸腾发最为强烈的 7：30—16：30 时段内的总腾发量对比图。图 4.5 的左半部分是日内 T_r、ET_a 和 LE 变化过程对比，可见微观尺度的叶面蒸腾 T_r 最大，小区尺度的实际腾发量 ET_a 次之，中尺度的潜热通量 LE 往往最小。这是因为中尺度涡度协方差系统观测的是面尺度上的综合蒸腾发，其中包含的不只是单一作物，还有裸地和草地及其他景观植物，因而 LE 偏小。而蒸渗仪所监测小区尺度的蒸散发量，以其称重量的变化为计算结果，是较为真实地反映试验小区面积上冬小麦的实际蒸

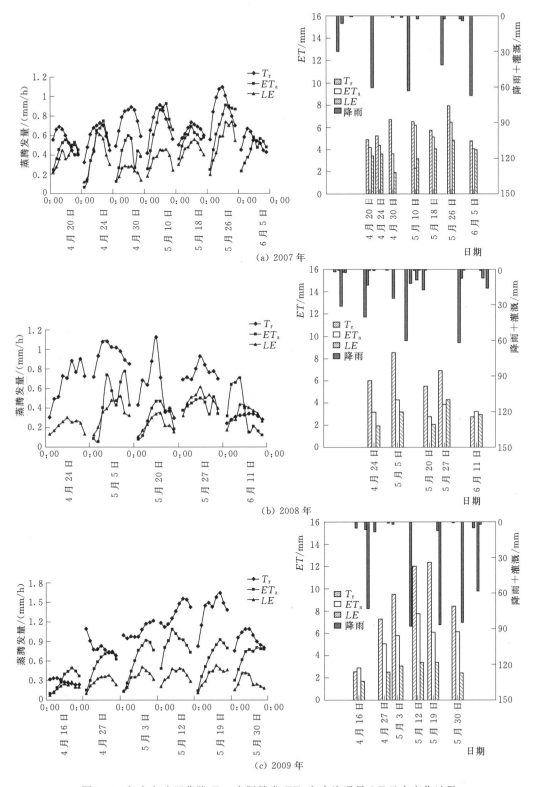

图 4.5 冬小麦叶面蒸腾 T_r、实际腾发 ET_a 和水汽通量 LE 日内变化过程

腾发 ET_a。如前面所述，T_r 的观测部位是植株蒸腾最强烈的旗叶，所折算到单位土地面积上的量时又考虑了有效叶面积指数来相乘，尽管考虑的只是 ET 中的蒸腾部分，相比 ET_a 和 LE 其值也是最大的。尤其是在作物蒸腾活动达到峰值的 13：00 之前，这个规律基本存在；而午后三者数值则稍微接近。在 5 月 30 日以后的冬小麦生育后期，T_r 则趋于较小的水平；此时作物叶片开始发黄、枯萎，光合作用能力大大下降，因而在 ET 中蒸腾所占比例开始减小。总体来说，在冬小麦返青后的作物生育旺盛期，微观尺度的叶片蒸腾数值最大，小区尺度的实际蒸腾发 ET_a 次之，中尺度的 LE 最小。不同尺度下的 ET 数据差异较为显著，反映了 ET 日数据的尺度效应。

对大兴气象站 1995—2009 年内冬小麦返青后至收获期（3 月 30 日—6 月 18 日）间的降雨数据进行频率分析可知，2007 年为偏干旱年（68.75％），2008 年处于丰水年（6.25％），2009 年处于偏平水年（37.5％）。图 4.5 的右半部分是观测期间 T_r、ET_a 和 LE 在 7：30—16：30 内总和的数据对比，以及冬小麦返青后灌水与降雨情况。由于 2009 年的灌水量和灌水次数较多（降雨量加灌溉水量为 428.2mm），蒸腾发较为强烈，出现 T_r 远远大于 LE 的情形；尽管 2008 年从降雨量来说是丰水年，但灌水量为 308.4mm，因而与 2009 年相比三者差异稍小。2007 年为偏干旱年，降雨和灌水量的总值为 280.8mm，故 T_r 与 LE 的差异不是很多。由此可见，在作物供水较为充分的时候，作物蒸腾发强度较大，ET_a、T_r 和 LE 间的差异较大，此时应在实际工作中更多关注 ET 的尺度效应问题。

4.3.3　*ET* 日数据的尺度转换

分别将冬小麦返青后典型日的叶面蒸腾量 T_r、实际腾发量 ET_a 和水分通量 LE 以及饱和水汽压差 VPD、净辐射 R_n、叶面积指数 LAI 等数据，利用多元线性回归方法，建立不同尺度 ET 间的相关关系，研究不同 ET 尺度间的转换关系。回归方程和回归系数的置信水平选择常用的 95％（$\alpha = 0.05$）；对回归方程和回归显著性的检验结果分别见表 4.16～表 4.19。

表 4.16　　　　　　　　　　　　　T_r 与 ET_a 的回归关系检验

自变量	回　归　关　系	R	F	置信度 α	回归系数检验：$\alpha \leqslant 0.05$ 自变量
$T_r/LAI/VPD/R_n$	$ET_a = 0.328T_r - 0.043LAI - 0.118VPD - 0.043R_n - 1.344$	0.897	13.367	0.000	T_r
$T_r/VPD/R_n$	$ET_a = 0.317T_r - 0.111VPD + 0.064R_n - 2.024$	0.896	18.950	0.000	T_r/R_n
$T_r/LAI/R_n$	$ET_a = 0.323T_r - 0.042LAI + 0.053R_n - 1.209$	0.896	19.084	0.000	T_r/R_n
$T_r/LAI/VPD$	$ET_a = 0.368T_r - 0.184LAI + 0.412VPD + 2.685$	0.864	13.696	0.000	$T_r/$常数项
T_r/R_n	$ET_a = 0.313T_r + 0.060R_n - 1.881$	0.895	30.304	0.000	T_r/R_n
T_r/VPD	$ET_a = 0.328T_r + 0.852VPD + 1.144$	0.830	16.604	0.000	T_r/VPD
T_r/LAI	$ET_a = 0.407T_r - 0.238LAI + 3.399$	0.854	20.289	0.000	$T_r/LAI/$常数项
T_r	$ET_a = 0.409T_r + 1.925$	0.769	23.084	0.000	$T_r/$常数项

注　1. F 统计量临界值 $F_\alpha(p, n-p-1)$：$F_{0.05}(6, 11) = 3.09$。
　　2. 复相关系数 R 在 95％置信水平上应大于 0.468。

表 4.17 ET_a 与 LE 的回归关系检验

自变量	回归关系	R	F	置信度 α	回归系数检验: $\alpha \leqslant 0.05$ 自变量
$ET_a/LAI/VPD/R_n$	$LE=-0.080ET_a+0.173LAI+1.246VPD$ $+0.023R_n-1.250$	0.820	6.663	0.004	VPD
$ET_a/VPD/R_n$	$LE=-0.019ET_a+1.265VPD-0.006R_n+1.653$	0.762	6.450	0.006	VPD
$ET_a/LAI/R_n$	$LE=-0.007ET_a+0.180LAI+0.065R_n-2.829$	0.632	3.105	0.061	R_n
$ET_a/LAI/VPD$	$LE=-0.016ET_a+0.125LAI+1.414VPD+0.208$	0.807	8.733	0.002	VPD
ET_a/R_n	$LE=0.059ET_a+0.035R_n+0.183$	0.547	3.198	0.070	
ET_a/LAI	$LE=0.271ET_a+0.007LAI+1.794$	0.432	1.722	0.212	
ET_a/VPD	$LE=-0.037ET_a+1.203VPD+1.405$	0.760	10.284	0.002	$VPD/ET_a/$常数项
ET_a	$LE=0.267ET_a+1.854$	0.432	3.667	0.074	常数项

注 1. F 统计量临界值 $F_\alpha(p, n-p-1)$：$F_{0.05}(6, 11)=3.09$。
2. 复相关系数 R 在 95% 置信水平上应大于 0.468。

表 4.18 T_r 与 LE 的回归关系检验

自变量	回归关系	R	F	置信度 α	回归系数检验: $\alpha \leqslant 0.05$ 自变量
$T_r/LAI/VPD/R_n$	$LE=-0.101T_r+0.218LAI+1.375VPD$ $+0.026R_n-1.611$	0.855	8.804	0.001	VPD/LAI
$T_r/VPD/R_n$	$LE=-0.048T_r+1.341VPD-0.006R_n+1.813$	0.773	6.917	0.004	VPD
$T_r/LAI/R_n$	$LE=-0.044T_r+0.205LAI+0.071R_n-3.184$	0.642	3.280	0.053	R_n
$T_r/LAI/VPD$	$LE=-0.083T_r+0.154LAI+1.615VPD+0.209$	0.836	10.841	0.001	VPD/LAI
T_r/LAI	$LE=0.069T_r-0.058LAI+3.003$	0.257	0.531	0.599	常数项
T_r/VPD	$LE=-0.049T_r+1.246VPD+1.501$	0.771	10.984	0.001	$VPD/$常数项
T_r/R_n	$LE=0.005T_r+0.040R_n+0.081$	0.543	3.131	0.073	R_n
T_r	$LE=0.069T_r+2.642$	0.210	0.740	0.402	常数项

注 1. F 统计量临界值 $F_\alpha(p, n-p-1)$：$F_{0.05}(6, 11)=3.09$。
2. 复相关系数 R 在 95% 置信水平上应大于 0.468。

表 4.19 T_r 和 ET_a 与 LE 的回归关系检验

自变量	关系式	R	F	置信度 α	回归系数检验: $\alpha \leqslant 0.05$ 自变量
$ET_a/T_r/LAI/VPD/R_n$	$LE=0.228ET_a-0.176T_r+0.228LAI$ $+1.402VPD+0.013R_n-1.304$	0.870	7.481	0.002	$T_r/VPD/LAI$
$ET_a/T_r/VPD/R_n$	$LE=0.175ET_a-0.104T_r+1.361VPD-$ $0.017R_n+2.168$	0.783	5.148	0.010	VPD
$ET_a/T_r/LAI/R_n$	$LE=0.174ET_a-0.100T_r+0.212LAI+$ $0.062R_n-2.973$	0.655	2.436	0.100	
$ET_a/T_r/LAI/VPD$	$LE=0.280ET_a-0.186T_r+0.206LAI+$ $1.499VPD-0.543$	0.867	9.814	0.001	$T_r/VPD/LAI$

续表

自变量	关　系　式	R	F	置信度 α	回归系数检验：$\alpha \leqslant 0.05$ 自变量
$ET_a/T_r/R_n$	$LE=0.126ET_a-0.035T_r+0.033R_n+0.318$	0.550	2.027	0.156	
$ET_a/T_r/VPD$	$LE=0.075ET_a-0.074T_r+1.182VPD+1.415$	0.774	6.966	0.004	常数项/VPD
$ET_a/T_r/LAI$	$LE=0.492ET_a-0.132T_r+0.059LAI+1.330$	0.487	1.452	0.270	
ET_a/T_r	$LE=0.408ET_a-0.098T_r+1.857$	0.472	2.148	0.151	常数项

注　1. F 统计量临界值 $F_a(p, n-p-1)$：$F_{0.05}(6, 11)=3.09$。

　　2. 复相关系数 R 在 95% 置信水平上应大于 0.468。

从表 4.16 可见，在 T_r 与 ET_a 的多元回归关系中，各方程的复相关系数 R 较高，在 0.769 以上；F 统计值在 13 以上，置信度 α 达到 0.000 的水平；以上 3 个统计指标强烈表明由 T_r 上推 ET_a 的回归关系极其显著。对回归系数的显著性检验表明，由 T_r 上推，或者 T_r 和 VPD、R_n、LAI 结合来进行上推 ET_a，其变量的回归系数也都达到了系统的显著性要求。尤其是由 T_r 和 LAI 来进行上推中，常数项也达到了显著性要求，说明本研究中的回归方程 $ET_a=0.407T_r-0.238LAI+3.399$ 可以直接用来进行尺度上推小区尺度的 ET_a。

综上回归分析结果，表明可以利用同时期的 LAI、R_n、VPD 将 T_r 上推 ET_a，其中以 LAI 为转换参数的结果最为显著，回归方程和回归系数也极其显著。

表 4.17 所示为 ET_a 上推 LE 的多元回归结果。其中，由 ET_a 和 VPD 外推 LE 时，回归方程的复相关系数 R、F 统计值满足 $\alpha \leqslant 0.05$ 的要求，回归方程自身的 α 为 0.002，方程具有极为显著性；在各变量的回归系数显著性检验中，ET_a、VPD 和常数项都达到了显著性要求，得到上推方程 $LE=-0.037ET_a+1.203VPD+1.405$，此方程可以用来直接外推 LE。而在利用 LAI 和 R_n 来进行 ET_a 的上推中，统计参数不能达到系统的显著性要求；在同时考虑 VPD、LAI、R_n 的情况下，尽管统计参数达到了系统要求，但是方程的回归系数显著性不强，因而不能用于尺度外推。可见，在小区蒸腾发尺度上推到中尺度 LE 的计算中，结果表明 VPD 是较好的一个转换参数。

将 T_r 跨尺度上推 LE，考虑所有自变量的回归分析的结果见表 4.18。可见，直接将 T_r 上推和考虑 LAI 进行上推的结果中 F 值非常小，说明回归方程非常不显著，没有可行性。其他考虑参数的上推中，各参量的回归系数显著性检验中，T_r 的回归系数总是没有达到系统要求，不能考虑将 T_r 上推。因此，在考虑叶片蒸腾 T_r 跨尺度的上推中，这里所考虑的参量都不显著，不适宜进行上推。

表 4.19 列出的检验结果是同时基于 T_r 和 ET_a 及其他变量上推中尺度的 LE。其中在 ET_a、T_r、LAI、VPD、R_n 等 5 个变量中，只有 T_r、VPD 和 LAI 的回归系数达显著性要求，故认为在同时考虑 ET_a 和 T_r 上推 LE 下的回归方程和回归系数都是不显著的，不能用于中尺度 LE 的上推。

4.3.4　结果讨论

不同尺度下的 ET 转换与下垫面植被的叶面积指数 LAI 和反映大气蒸发力的 VPD 密

切相关，为此可借助两者将小尺度的 ET 上推到大尺度，而太阳净辐射 R_n 却无法用于该目的。

基于微观尺度的叶面蒸腾可以直接上推小区尺度的 ET_a，回归方程和回归系数的显著性都是极为显著；但是借助同期的 VPD 和 LAI 数据，跨尺度上推中尺度的水分通量 LE 的结果不显著，无法直接上推。从小区尺度的实际腾发量 ET_a 上推中尺度的 LE，应利用同期的 VPD 和 LAI 数据进行上推或只考虑采用 VPD 数据。分析结果表明，从单株水平进行尺度上推，LAI 是较为关键的参量，而从 ET_a 到 LE 的尺度转换，可在缺少 LAI 数据时，利用同期的 VPD 和 ET_a 直接上推 LE。在同时考虑 ET_a 和 T_r 来上推 LE 时，尽管回归方程能达到显著性要求，但 T_r 和 ET_a 的回归系数在 $\alpha \leqslant 0.05$ 水平下均不显著，上推不可行。

从定性角度而言，ET 数据尺度上推过程中的普适性变量 LAI 和 VPD 是重要的参数，可用来上推较大尺度上的作物 ET 值，比如遥感数据的地面反演和大口径闪烁仪（LAS）观测的水分通量的地面验证等。从定量关系上来说，本书获得的相关方程可作为不同空间尺度 ET 数据上推的参考依据，当然其适用性还有待基于更多观测数据的检验和验证。

综上计算与分析可见，从微观植株蒸腾到涡度相关系统监测的几百米尺度下，农田作物 ET 的不同尺度间呈现尺度效应，在下垫面供水充分的情况下尤为明显。在单株蒸腾向小区尺度进行 ET 上推时，可以直接用叶面蒸腾 T_r 上推；叶面积指数 LAI 是重要的联结参数，可以用来进行 ET 的尺度转换。在小区尺度进行中尺度水分通量的转换中，饱和水汽压差 VPD 是重要的联结参数，可以用来进行 ET 的尺度上推。

4.4　本章小结

通过冬小麦翔实的田间灌溉试验，利用通径分析原理和多元回归方法，可知以下几点：

（1）在影响干物质产量的土壤水分含量、叶面蒸腾、光合有效辐射、光合作用速率、气孔导度和叶温等因素中，敏感性较大的指标首先是叶面蒸腾，其次是光合有效辐射和叶温；在考虑叶片水平 WUE 最高的前提下，对适宜的灌溉处理而言，影响 WUE 的主要因素不是太阳辐射、光合有效辐射、空气水汽压差、气孔导度和叶温，而是土壤水分状况，但对作物受旱处理来说，影响 WUE 的主要因子却是光合有效辐射和叶面温度。当考虑作物干物质产量和作物水分利用效率均为最优的目标下，应优先关注叶面蒸腾、光合有效辐射、叶面温度和土壤水分变化带来的影响作用。基于此进行多指标精量控制灌溉决策。

（2）冬小麦返青后生育期内不同时段内环境因子和作物生理生态指标的对作物实际腾发量 ET 的通径分析表明，在不同时空尺度下，作物蒸腾蒸发的影响因子不同，并显示了其不同的时空尺度效应。对小区作物实际腾发量 ET_a 来说，以全日 24h 的数据来分析，其主要影响因子是叶面积指数 LAI 和净辐射 R_n，而白日时段（7：00—18：00）分析显示主要影响因子是空气饱和水汽压差 VPD_7-18 和叶面积指数 LAI。对区域水分通量 LE 来说，全日 24h 数据的主要影响因子是净辐射 R_n 和作物高度 H，白日时段数据的主要影响因子是饱和水汽压差 VPD_7-18 和作物高度 H。冬小麦返青后的时间尺度效应表现是 24h 作物 ET 的主要影响因子是净辐射，而白天时段影响 ET 的主要因子是空气饱和水汽压差。空间尺度效应表现是小面积的作物 ET 大小对作物的叶面积指数变化敏感，区域水分通量的大小与下垫面植被高度的变化有关。

（3）运用多元回归方法，在考虑作物生长影响因子和反映尺度特征的 LAI、VPD、R_n 等变量下，建立起中尺度以下叶面蒸腾 T_r、实际腾发 ET_a、水分通量 LE 间的多元回归关系，得到基于小尺度观测数据上推大尺度 ET 的转换关系。分析结果表明，在充分供水条件下作物的 ET 尺度效应较为明显；作物叶面指数 LAI 和空气饱和水汽压差 VPD 是实现 ET 尺度转换的关键参量。基于 T_r 和 LAI 数值可尺度上推 ET_a，利用 ET_a 和 VPD 能尺度上推 LE，回归方程和各个参量的回归系数具有很强的显著性。但依据 T_r 和 ET_a 及同时段的 LAI、VPD 和 R_n 尺度上推 LE 的方法却不具备可行性。

参 考 文 献

陈亚新，魏占民，史海滨，等，2004.21 世纪灌溉原理与实践学科前沿关注的问题 ［J］. 灌溉排水学报，23（4）：1-5.

程新意，李少疆，1990. 通径分析的数学模型 ［J］. 工程科学，6（4）：99-105.

崔党群，1994. 通径分析的矩阵算法 ［J］. 生物数学学报，9（1）：71-76.

何晓群，1998. 现代统计分析方法与应用 ［M］. 北京：中国人民大学出版社.

李远华，董斌，崔远来，2005. 尺度效应及其节水灌溉策略 ［J］. 世界科技研究与发展，27（6）：31-35.

刘丙军，邵东国，沈新平，2007. 参考作物腾发量空间分形特征初探 ［J］. 水利学报，38（3）：337-341.

孟宝，张勃，丁文辉，等，2005. 地理尺度问题中不确定性原理的假设探讨 ［J］. 地理与地理信息科学，21（6）：29-32.

明道绪，1986a. 通径分析的原理与方法 ［J］. 农业科学导报，1（1）：39-43.

明道绪，1986b. 通径分析的原理与方法-通径系数与相关系数的关系 ［J］. 农业科学导报，1（2）：43-48.

明道绪，1986c. 通径分析的原理与方法-性状相关的通径分析 ［J］. 农业科学导报，1（3）：43-48.

明道绪，1986d. 通径分析的原理与方法-通径分析的显著性检验 ［J］. 农业科学导报，1（4）：40-45.

佟玲，康绍忠，杨秀英，2006. 西北旱区石羊河流域作物耗水点面尺度转换方法的研究 ［J］. 农业工程学报，22（10）：45-51.

谢仲伦，1996. 相关性通径分析问题剖析. 农业系统科学与综合研究，12（3）：161-167.

徐自为，刘绍民，宫丽娟，等，2008. 涡度相关仪观测数据的处理与质量评价研究 ［J］. 地球科学进展，23（4）：357-370.

许迪，2006. 灌溉水文学尺度转换问题综述 ［J］. 水利学报，37（2）：141-149.

杨汉波，杨大文，雷志栋，等，2008. 任意时间尺度上的流域水热耦合平衡方程的推导及验证 ［J］. 水利学报，39（5）：610-617.

于婵，朝伦巴根，高瑞忠，等，2009. 作物需水量模拟计算结果有效性检验 ［J］. 农业工程学报，25（12）：13-21.

张明年，1986. 回归分析及其试验设计-通径分析 ［J］. 新疆农业科学，（3）：33-36.

张娜，2007. 生态学中的尺度问题-尺度上推 ［J］. 生态学报，27（10）：4252-4266.

张全德，1981. 通径系数及其在农业研究中的应用［J］. 浙江农业大学学报，7（3）：17－26.

章文波，陈红艳，2006. 实用数据统计分析及 SPSS12.0 应用［M］. 北京：人民邮电出版社.

ALLEN R G，PEREIRA L S，RAES D，et al，1998. Crop Evapotranspiration：Guidelines for Computing Crop Water Requirements. United Nations Food and Agriculture Organization，Irrigation and Drainage Paper 56［M］. Rome，Italy.

DREXLER J Z，SNYDER R L，SPANO D，et al，2004. A review of models and micrometeorological methods used to estimate wetland evapotranspiration［J］. Hydrological Processes，18：2071－2101.

RANA G，KATERJI N，2000. Measurement and estimation of actual evapotranspiration in the field under Mediterranean climate：a review［J］. European Journal of Agronomy，（13）：125－153.

WILSON K B，HANSON P J，MULHOLLAND P J，et al，2001. A comparison of methods for determining forest evapotranspiration and its components：sap flow，soil water budget，eddy covariance and catchment water balance［J］. Agricultural and Forest Meteorology，106：153－168.

第 5 章

区域农田信息监测与实时采集

由于全球气候变暖和降雨时空分布不均的影响，我国北方地区干旱频发、旱情加剧，甚至在南方部分地区也出现了极端干旱的情况，未来农业灌区面临干旱的风险加剧。因此，迅速、准确地监测和评估干旱情况，不仅可为灌区配水提供科学依据，而且有利于抗旱工作的开展，对提高灌区管理水平、保障国家粮食安全发挥重要作用。考虑到区域大面积农田作物在田间监测的特点和技术需求，以及野外操作和系统实施运行的局限性，所设计的墒情监测仪至少需要保证实现如下功能：①低功耗经济型，以便定点长期观测；②快速安装，并可以实现作物根区多层数据监测；③维护简单，便于防护、防盗；④数据采集和传输方便快捷，体积小、容量大，符合灌区墒情监测实际需求。本章对灌区墒情实时采集系统和农田多参数观测系统进行介绍，并对其田间实际运行情况进行了分析。

5.1 低功耗经济型区域墒情实时监测系统

灌区水管理部门旱情监测的手段是直接取土烘干计算土壤墒情，随着信息技术的发展，可以利用手机短信息进行墒情监测信息的传递和处理分析（张英骏，2014），但是烘土法往往历时较长且主观误差较大。采用基于时域或频域反射原理的传感器可以快速测定土壤墒情，能够对田间土壤水分状况进行实时监测，国内外已有不少研究，如基于无线传感器网络和 WebGIS，将便携式土壤墒情检测仪数据进行传输和分析（支孝勤等，2012），墒情监测不是固定点长期监测；或者利用太阳能供电和大功率 ZigBee 无线传输模块，在田间或者温室大棚来组建稳定实时墒情监测网络（靳广超等，2008；胡培金等，2011；李楠等，2010）；也有利用 GSM（global system for mobile communication，全球移动通信系统）短消息技术和太阳能供电并配合 EC－5 型土壤水分传感器，组建低功耗微控制器的测量平台和农田墒情监测系统（陈天华、唐海涛，2012；唐立军等，2011；孙刚等，2009；杨绍辉等，2010），等等。Fisher 等利用微处理器、4 节 AA 干电池和土壤水分传感器、红外温度传感器等构建了一个低成本田间水分/温度监控系统（Daniel 等，2010），但是数据采集和传输只能是本地进行。利用太阳能面板、土壤水分/电导率/温度传感器，可以设计一种放置田间自动监测墒情的传感器系统（Sun 等，2009；Sheng 等，2011），但是由于传感器探头长度和太阳能面板的要求，这种系统只适宜于蔬菜等较矮作物应用。

而在灌区进行区域墒情实时监测和监测点布设，不仅要考虑数据采集和传输的稳定性和精准性，更需要考虑野外实际操作的主要特点和基本要求，如监测系统经济实用、低功耗、能远距离数据采集和传输、能够长系列长时间采集、数据精度高以及防水防盗等。基于区域墒情监测的发展需求和技术要求，利用现代传感和数据传输技术设计了一种微功耗、干电池供电的数据采集设备，能够实现自动对田间作物根区剖面多层土壤的温度、水分和水势自动定时测量、存储和进行 GPRS 数据发送，通过网络进行远程监控。并将本系统在灌区进行了实际布设和应用，从而实现对区域农田墒情的实时监测。

5.1.1 区域墒情实时监测系统设计

1. 主体结构设计

根据设计思路和工作原理，研制的实物图如图 5.1（b）所示，实时墒情监测仪带有 4 层土壤水分/温度和 1 层土壤水势传感器，可以根据观测需要将其埋设在作物根区设计深

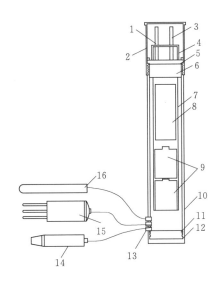

（a）剖面图结构示意图　　　　　　（b）安装实物图

图 5.1　实时墒情监测仪整体剖面示意图和实物图

1—433MHz 天线；2—天线罩；3—900MHz 天线；4—拉手；5—密封 O 形圈；6—上端盖；7—固定底板；
8—电路板；9—干电池；10—PVC 外壳；11—下端盖；12—密封 O 形圈；13—防水电缆锁紧头；
14—水势传感器；15—水分传感器；16—温度传感器

度。实时墒情监测仪主体分为三大部分，包括 PVC（聚氯乙烯）圆筒壳体、多层监测传感器和数据采集/存储/发送系统，剖面结构如图 5.1（a）所示。根据设计思路和工作原理，研制的实物图如图 5.1（b）所示，实时墒情监测仪带有 4 层土壤水分/温度和 1 层土壤水势传感器，可以根据观测需要将其埋设在作物根区设计深度。其中核心部分是数据采集/存储/发送系统，所有组件安装在固定底板上，包括电池、电路板、微处理器和 SIM 卡等。固定板上部与 PVC 圆筒外壳上端盖连在一起，其上安装有拉手线、900MHz 天线和 433MHz 天线；上述部件固定在一起形成一个组件，插入到 PVC 外壳中，通过 O 形密封圈防密封，防止水气进入到壳体内。

PVC 圆筒壳体下端盖上安装有 O 形密封圈，通过螺纹与 PVC 外壳装配置，其作用是进行电缆连接和检查维护使用。PVC 外壳的下端安装有电缆防水锁紧头，多层监测传感器（温度传感器、水分传感器、水势传感器）的电缆线通过锁紧头引入到 PVC 外壳内，与电路板数据采集/存储/发送系统进行连接。本系统所采用的多层监测传感器采用基于频域反射原理的土壤水分温度传感器，是基于土壤水的介电理论并运用信号频率、幅度自动稳定技术研发而成的数字化传感器，结合微电脑芯片控制技术，进行测量、线性拟合和数字化总线输出。

其中微功耗数据采集器以微处理器为核心，采用两节 1.5V 干电池供电或一节 3.6V 锂离子电池供电。通过微处理器管理电源，电池的电压采用升压的方式将 3V 或 3.6V 电压提升到 GPRS 模块所需要的电压范围和外接传感器所需要的电压范围。系统的各部分用电均采用按需要供应方式，即系统工作时控制加电，完成后立即切断电源。微控制器始终接通电源，其在定时完成工作后也进入到休眠状态。通过设置实现土壤温度、水分和水势的定时测量/存储，以及通过 GPRS 网络将数据发送到数据服务器。

2. 主板采集/控制器电路结构设计

实时墒情监测仪的控制核心是数据采集/存储/发送电路板，主要由微处理器、电池组、DC/DC 升压电路、GPRS 模块、SIM 卡、FLASH 存储器、433MHz 高频回路、天线、GPS 模块、水平开关、传感器、多路选择开关、模/数转换电路组成。图 5.2 是电路结构示意图。如图 5.2 所示，数据采集器微处理器内置有电池供电电压采集的硬件和软件，当电池供电电压低于设定值时，向指定的手机以短信息方式发送报警信息，提醒用户更换电池。微处理器内置有实时时钟程序，形成定时时钟信号，可以定时启动连接到采集器的传感器的采集和存储，定时周期启动 GPRS 模块向服务器发送数据。

当微处理器程序配置好一个测量间隔时间，实时时钟子程序开始运行，到达定时时间后，启动 DCDC 升压模块 1 向传感器供电，通过控制多路选择开关分别将各路传感器信号逐个连接到模/数转换电路，微处理器分别对每个传感器进行数字化转换和计算，然后将测量结果存储在 FLASH 数据存储器中。完成该工作后，关闭 DCDC 升压模块，系统进入休眠状态，如此循环工作。

当微处理器程序配置好一个 GPRS 数据发送间隔时间，定时时间到达后，启动 DCDC 升压模块 2，向 GPRS 模块供电，控制 GPRS 连接到网络；按域名解析目标服务器地址，连接到服务器检查服务器状态并建立连接，发送本时间段期间 FLASH 内存储的数据。数据发送完成后，关闭 DCDC 升压电路 2，系统进入休眠状态。

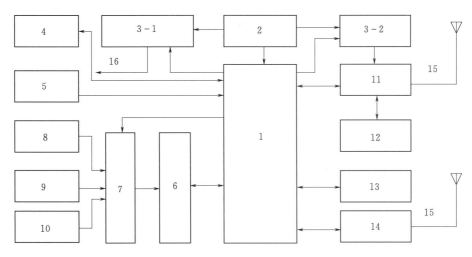

图 5.2 实时墒情监测仪采集器电路结构示意图

1—微处理器；2—3V 干电池组；3—DC/DC 升压模块；4—GPS 模块；5—倾斜开关；

6—模/数转换电路；7—多路选择开关；8—土壤水分传感器；9—土壤温度传感器；

10—土壤水势传感器；11—GPRS 模块；12—SIM 卡；13—数据存储器；

14—433 高频回路；15—天线

采集器带有 433MHz 本地无线通信电路，以实现与本地计算机的通信。为了降低功耗，微处理器程序采用 433 高频发射电路，每 5s 唤醒发送一次带地址信标，进行短暂时间的接收等待，然后进入低功耗状态。利用本地计算机上无线接收器实时接收各采集器的信标；当需要与某个采集器进行连接时，在其发送信标后瞬间向其发送控制命令，完成后即释放对其控制。该方法极大程度地节约了用电，保证数据采集系统处于低功耗状态。

如图 5.2 所示，数据采集器微处理器还连接有一个倾斜开关和一个 GPS 模块，当倾斜开关处于非水平状态一定角度后，即触发微处理器采集 GPS 数据，从而周期性地向指定的手机以短信息方式发送经纬度数据，以提醒用户采集器被移动，以便于用户及时处理。本设计能够快速了解墒情监测仪是否被移动或破坏，以便工作人员尽快处理。

5.1.2 区域墒情实时监测系统架构与工作流程

1. 整体架构设计

区域土壤墒情实时监测网络包括分布于灌域的数据监测点的多个墒情监测仪和数据传输/发布服务器组成。通过微功耗数据采集器、干电池供电、自动测量土壤温度、水分和水势等数据，定时通过 GPRS 方式将数据发送到指定的服务器；服务器对数据进行分析，并可以通过 E-mail 发送给用户，用户也可以登录网站直接查看和下载这些数据。整体构架包含了数据监测、存储、发送、分析和发布等几部分，组织网络结构如图 5.3 所示。

区域土壤墒情实时监测网络的远程数据传输链路，是由数据采集器、公网的基站、GPRS 业务网、互联网、公网 DNS 服务器、数据服务器和用户端计算机组成。数据采集器定时开启 GPRS 数据传输功能，通过公网 GSM 基站，使用 GPRS 数据分组业务，连接到互联网，通过 DNS 进行域名解析，将连接指向数据服务器地址，与数据服务器建立连接并交换数据。数据服务器完成卫星地面墒情数据的输入、地面点墒情输入，并且通过内

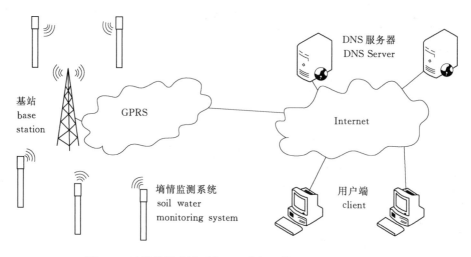

图 5.3　区域墒情监测系统远程数据通信和服务结构示意图

建模型计算，将结果通过 WEB 方式发布。

2. 工作流程与特点

根据以上墒情监测仪和区域土壤墒情实时监测网络的设计和构建，区域墒情实时监测整体工作流程总结如下：①根据研究或者工作需要，设计区域监测点合理布设方案，确定监测点数目，设计数据采集方案和传感器；②田间测点定点安装墒情实时监测仪，根据研究需要将传感器布置在作物根区不同深度；③传感器监测和数据采集/传送本地设置；④通过网络服务器远程接收/分析监测数据，并发送给用户；⑤评估区域墒情状况并发布。

从以上设计可见，本系统具有以下特点和优点：①采用干电池或锂离子电池供电，体积小而便于在田间布设，不影响农田耕作，方便经济；②微处理器内部有升压电路，管理各部件按需供电，最大程度降低功耗，所设计两节 1 号干电池最低可以连续工作 1 年以上；③数据采集器采用微功耗混合微处理器，自带无线通信功能，无须打开布设在田间采集器的外壳，即可使用计算机和无线接收器本地 100m 内对采集器进行通信控制；④采用 GPRS 定期发送数据到网络服务器，用户可以通过互联网注册、登录和查询数据，远程修改数据采集器的配置；⑤可以通过网端服务器查看区域监测点实时数据，以进行整个区域墒情状况分析和判断；⑥所连接的土壤墒情监测传感器，可以根据用户需要设置多个传感器分布不同深度，以对作物根区土壤进行全面监测和分析。

5.1.3　区域墒情实时监测系统应用

1. 布点设计

根据以上技术方案和设计，共研制了 10 套实时墒情监测仪，每套监测仪带有 4 层监测传感器，可以实时监测土壤水分、温度、水势参数。根据研究需要，2014 年将这 10 套监测仪安装在了内蒙古河套灌区解放闸灌域。按照解放闸灌域的大致种植结构进行布点设计（G1～G10），相对地理位置如图 5.4 所示。其中 G1～G3 为加密布设以配合南小召支渠研究的需要，其余 7 个按照空间位置和作物种类，分布在解放闸灌域。10 个监测点作物监测情况包括向日葵（G1、G2、G6、G7、G8）、玉米（G3、G5、G10）、小麦（G4）、甜椒（G9）等。图5.5是区域墒情监测系统田间实际埋设情况。

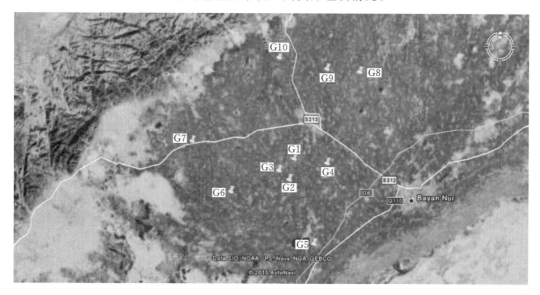

图5.4 实时墒情监测仪在解放闸灌域的空间布点

（向日葵地：G1、G2、G6、G7、G8；玉米地：G3、G5、G10；小麦地：G4；蔬菜地：G9）

图5.5 实时墒情监测仪在解放闸灌域主要作物田间实际埋设情况

实时墒情监测仪按照每小时一次的频率进行数据采集，每日通过 SIM 卡利用 GPRS 将数据发送至服务器。整个试验季系统运行良好，至作物秋浇前仪器撤回时两节 1 号干电池仍能够正常供电，显示了本系统设计的微处理器的强大节能优势。

2. 监测数据分析

图 5.6 是 2014 年生长季节河套灌区解放闸灌域 10 个监测点实时墒情监测情况，即

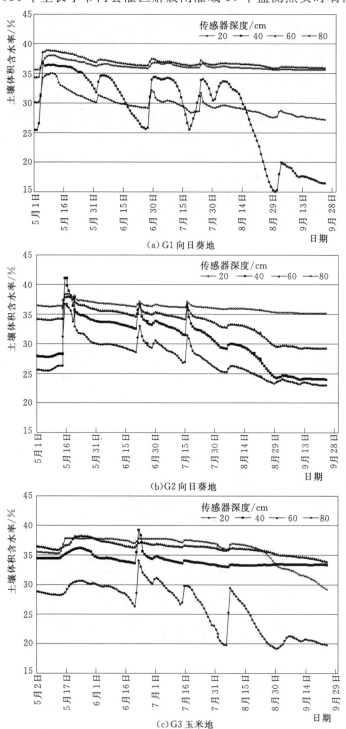

图 5.6（一） 2014 年灌区作物生长期内监测点每日土壤墒情变化情况

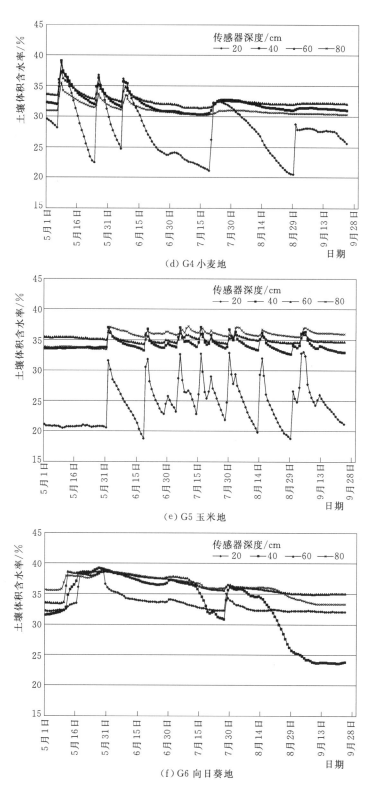

(d) G4 小麦地

(e) G5 玉米地

(f) G6 向日葵地

图 5.6（二）　2014 年灌区作物生长期内监测点每日土壤墒情变化情况

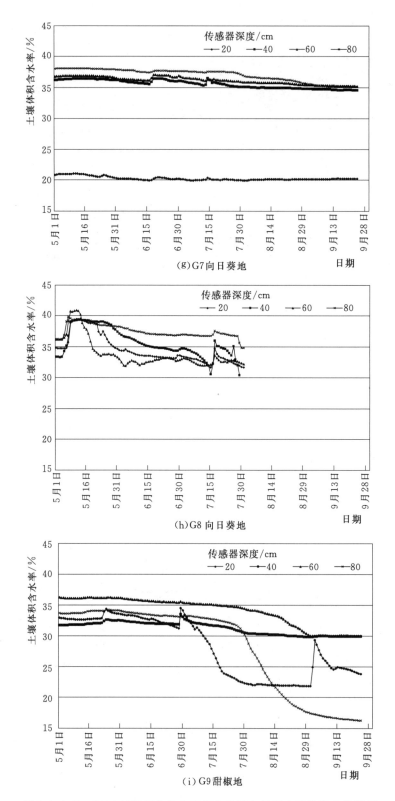

图 5.6（三）　2014 年灌区作物生长期内监测点每日土壤墒情变化情况

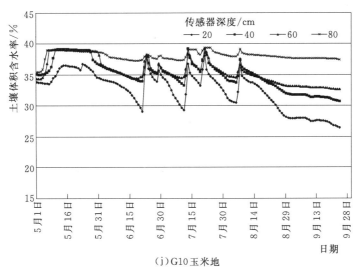

(j)G10玉米地

图 5.6（四）　2014 年灌区作物生长期内监测点每日土壤墒情变化情况

2015 年 5 月 1 日—9 月 25 日期间约 5 个月时间作物根区 20～80cm 土壤含水量变化。其中 G8 点因 8 月初被人为破坏致使数据中断，仅有 3 个月数据。从 10 个不同作物田区的监测结果可以看到生育期内田间墒情的变化状况，能够非常明显地反映出灌溉次数和灌溉量，尤其是以作物根系活动活跃层的 20cm 和 40cm 处变化最为明显。如 G2 向日葵地，在此期间灌水 3 次。

另外，本系统所附带的 40cm 土壤水分负压数据和 10 个监测点各层土壤温度变化也非常清晰，每日 20～80cm 温度由表向里呈降低趋势（限于篇幅本书未列出）。由此可见，灌区所安装的 10 个固定点墒情监测仪及其数据采集/存储/传输/分析系统，能够非常快捷、明细地反映当地作物根区土壤墒情状况。

5.2　基于冠层温度和土壤墒情的实时监测与灌溉决策系统

随着水资源短缺和降雨空间分布不均的日益严重，以及劳动力成本的上升和生态环境压力的剧增，灌区农田灌溉和管理必须向集约化、自动化和精量化的方向发展，以可持续的发展方式以及人水和谐的生产方式为保障，实现节水型灌区的信息采集实时化、灌溉管理智能化、灌溉决策智慧化。作物冠层红外温度可以反映农田作物蒸腾蒸发情况和水分亏缺状况，利用冠层－空气温度差（冠气温差，$T_c - T_a$）这一指标能够直观进行缺水诊断。利用作物冠层红外温度和土壤墒情进行综合灌溉决策，既能考虑作物对水分亏缺的直观反应，又能准确计算出补充灌溉量；是现代灌区灌溉管理中能够达到节水、精量的一个重要的简捷方便和实用的方法。

在实际观测中，田间作物冠层红外温度和环境参数往往是利用手持红外探测仪、气象站、土壤水分传感器分别来获取。由于田间观测手段的差异和不同步，可能造成数据采集不连续、因观测人员不同引起主观数据误差等问题，因此不能及时、准确地进行灌溉管理和数据处理。另外，有不少学者也研发了很多监测作物水分信息的观测系统，如基于无线传感网络声发射来检测作物水分胁迫，基于茎直径变差来进行精量灌溉决策等。以上指标日内变幅非常大，在实际应用中可能会导致出现观测误差和系统误差，有较多人为因素对数据采集过程产生影响。

现代工业技术的高速发展，为农田试验观测提供了较高精度的测量设备和传感器，如医疗级的红外探头常温下的测量精度可以达到 $\pm 0.1℃$、时域反射仪 TDR 的土壤水分测量精度可达 1%。针对上述情况，借助已经发展成熟的、有较高测量精度的传感器，本文设计一种能够自动、连续采集田间作物冠层温度、环境信息和土壤墒情的监测系统，利用太阳能板供电和微处理器管理，从而实现基于冠层温度和土壤墒情的实时监测与灌溉决策，为农田综合灌溉决策提供及时、准确的数据。

5.2.1　冠层温度和土壤墒情的实时监测系统设计

1. 整体结构与工作流程

考虑到农田土壤墒情和作物水分信息采集所用传感器的功耗大小、监测系统的野外使用方便性、灵活性以及数据采集的准确性，本系统设计时采用太阳能供电、微功耗处理器控制、监测部件快速升降装置和摇臂式多点数据采集的思路进行设计。

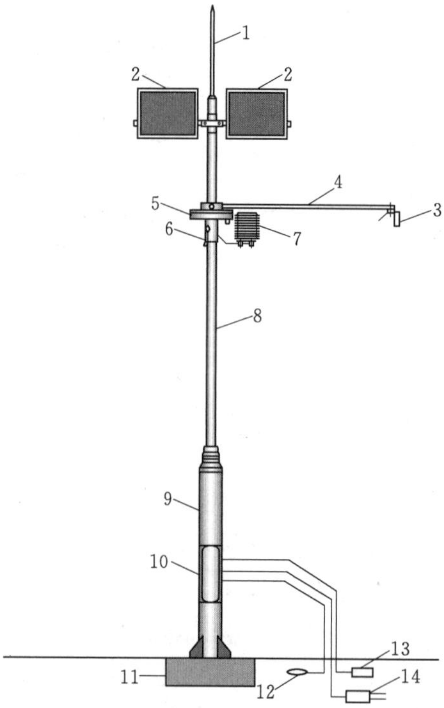

图 5.7 是本系统的整体结构示意图。可见，本系统主体结构采用一个不锈钢立杆固定在基座上，将太阳能电池板、冠层红外温度传感器、空气温/湿度传感器、供电设备箱和蓄电池箱固定；从底部处理器部分引出电缆，连接土壤水分、水势和温度传感器，将其分层埋设在立杆附近作物生长区域的土壤中。红外温度传感器安装在旋转臂上，可以通过电动空心旋转装置定时旋转、巡测，并且通过锁紧装置可以快速调节旋转臂高度，以适应下垫面作物的实际生长情况。

图 5.8 是本系统的功能结构流程图。如图所示，整个系统包含 8 个部分，分别为电源管理单元、微处理器、多路复用开关、数据采集单元、模数转换器、数据存储单元、人机交互单元和通信单元。其中，电源管理单元为微处理器和数据采集单元供电。微处理器通过多路复用开关与数据采集单元连接，数据采集单元将采集到的作物冠层温度、空气温度和湿度以及土壤的水分、温度和水势等模拟信号通过多路复用开关传输至模数转换器；模数转换器将接收到的模拟信号转换成数字信号后传输至微

图 5.7　冠层温度和土壤墒情实时监测系统整体结构示意图

1—避雷针；2—太阳能板；3—红外传感器；4—旋转臂；5—电动空心旋转装置；6—锁紧装置；7—空气温/湿度传感器；8—不锈钢立杆；9—防护机箱；10—数据处理箱；11—固定基座；12—水势传感器；13—温度传感器；14—水分传感器

处理器。微处理器将接收到的数字信号转换为带工程单位的数据后分别传输至数据存储单元和人机交互单元进行存储和显示。通过人机交互单元向微处理器输入运行配置参数，微处理器的运行状态通过人机交互单元进行显示。微处理器控制数据存储单元将存储的带工程单位的数据通过通信单元传输至服务器（图中未示出），并通过通信单元接收服务器发出的测量控制信号。

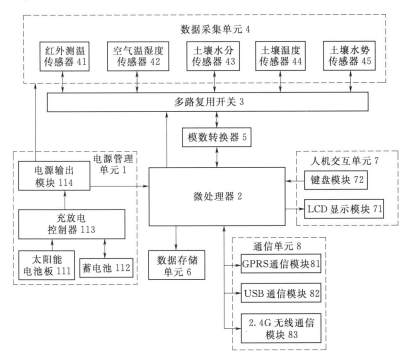

图 5.8 冠层温度和土壤墒情实时监测系统功能结构流程图

根据以上各个功能单元结构，作物冠层温度和土壤墒情数据监测系统的实际工作流程如下：

（1）电源管理单元给微处理器供电后，微处理器首先对是否通过通信单元接收到服务器的测量控制信号进行判断；如接收到服务器的测量控制信号，则执行步骤（2），否则，对是否定时控制数据采集单元采集相应信号进行判断。如果开始定时控制数据采集单元采集相应信号，则执行步骤（2），否则，继续对是否通过通信单元接收到服务器的测量控制信号进行判断。

（2）微处理器通过多路复用开关控制数据采集单元中红外测温传感器、空气温湿度传感器、土壤水分传感器、土壤温度传感器和土壤水势传感器，分别对作物冠层温度、空气温度和湿度以及土壤剖面的水分、温度和水势信号进行采集。

（3）数据采集单元采集到的模拟信号通过多路复用开关传输至模数转换器后转换成数字信号，并传输至微处理器。微处理器将接收到的数字信号转换为带工程单位的数据后传输至数据存储单元进行存储，并通过通信单元传输至服务器。

（4）微处理器进入低功耗模式，并控制数据采集单元停止采集相应信号。

2. 旋转臂运行方法设计

本系统采用一种智能化的摇臂式多点作物冠层红外温度检测系统及检测方法，实现对作物冠层红外温度的监测，能够根据田间作物生长高度而快速、自动地进行位置调节。图 5.9 是冠层温度和土壤墒情实时监测系统的旋转臂结构示意图。通过旋转臂转动红外传感器检测数据，系统能够检测的数据量更大、数据的准确度更高。如图 5.9 所示，锁紧机构与电动空芯旋转装置固定连接，电动空芯旋转装置通过锁紧机构设置在圆柱形立杆上，锁紧机构对电动空芯旋转装置起承载、固定作用。通过锁紧机构调节电动空芯旋转装置在圆柱形立杆上的位置。旋转式红外测温装置连接在电动空芯旋转装置上，通过电动空芯旋转装置调节旋转式红外测温装置在水平方向的旋转角度，旋转式红外测温装置对作物冠层温度进行检测，并将检测到的作物冠层温度信号传输至电动空芯旋转装置进行处理，电动空芯旋转装置将处理得到的作物冠层温度平均值传输至上位机（图中未示出）。

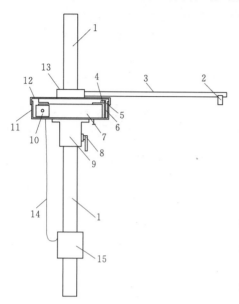

图 5.9　冠层温度和土壤墒情的实时监测系统的旋转臂结构示意图

1—立杆；2—红外传感器；3—旋转臂；4—转盘；5—霍尔位置传感器；6—电路板；7—电动空芯旋转装置；8—锁紧手柄；9—锁紧机构；10—步进电动机；11—下防护壳；12—上防护壳；13—旋转连接头；14—电缆线；15—接线盒

其中的锁紧机构用于快速调节旋转臂高度，以适应下方作物生长高度。它包括一个空芯壳体、两压块、螺杆、锁紧手柄和弹簧。使用锁紧机构时，将空芯壳体活动套设在圆柱形立杆上。在空芯壳体凸出端内的两侧分别设置一压块，螺杆一端紧固连接在一压块上；螺杆另一端贯穿另一压块，并紧固连接位于空芯壳体凸出端外的锁紧手柄。弹簧套设在两压块之间的螺杆上。

旋转式红外测温装置包括旋转连接头、旋转臂和红外测温传感器。其中，旋转连接头与转盘固定连接，且与霍尔位置传感器处于同一竖直平面内，旋转臂通过旋转连接头与转盘连接，红外测温传感器设置在旋转臂末端，红外测温传感器将检测到的作物冠层的红外温度信号通过数据线传输至信号处理模块。转盘通过旋转连接头和旋转臂带动红外测温传感器在某一高度内的水平面上转动，红外测温传感器完成对某一高度内作物冠层温度的检测。

3. 数据处理与综合灌溉决策模块

（1）作物冠层温度和土壤墒情监测系统将采集到的作物冠层温度、空气温度和湿度，以及包含土壤剖面水分、温度和水势信息的土壤墒情数据传输至服务器，经过模糊逻辑计算后可以用于田间作物精量灌溉决策。数据采集包括 3 部分内容。

1）作物冠层红外温度：红外测温传感器将采集到的 n 个点的作物冠层温度模拟信号依次通过多路复用开关和模数转换器转换成数字信号，并将数字信号传输至微处理器进行处理。微处理器采用预设程序自动剔除其中的最大值和最小值后，存储剩余 $n-2$ 个作物冠层温度数据和这 $n-2$ 个作物冠层温度数据的平均值，并将 $n-2$ 个作物冠层温度数据及其平均值同时传输至服务器进行处理。

2）土壤水分信息：土壤水分/温度/水势传感器分别将采集的各层土壤剖面的含水率、温度和水势的模拟信号依次通过多路复用开关和模数转换器转换成数字信号，并将数字信号传输至微处理器进行处理。微处理器直接存储接收到的数字信号，并采用预设程序计算土壤表层至根层 1m 内的平均土壤含水率，计算结果传输至服务器。

3）空气温/湿度：空气温/湿度传感器与红外测温传感器同步采集空气温度和湿度数据，并传输至微处理器进行存储，同时传输至服务器。

（2）根据所设传感器采集的作物冠层温度、空气温度和湿度以及土壤剖面的水分、温度和水势信息，服务器计算作物冠气温差和作物根层平均土壤含水率，然后进行综合灌溉决策参照文献（蔡甲冰等，2010；Wanjura 等，2004）。其具体过程如下：

1）通过调用 MATLAB 程序的 Fuzzy Logic 工具箱 GUI（graphical user interface，图形用户接口），服务器根据预设模糊规则的 *.fis 文件对作物冠气温差和作物根层平均土壤含水率进行模糊计算。

2）根据所选择的作物类型、计算得到的作物冠气温差值和根层土壤平均含水率以及预设的权重值，在服务器中唯一确定多指标模糊决策模型。

3）服务器根据多指标模糊决策模型对干旱情况（湿润、轻旱、干旱）进行判断，并根据根层土壤平均含水率对需灌水量进行计算，实现对目标区域的灌溉预报。

5.2.2 系统应用与数据分析

1. 系统安装与应用

所研发的冠层温度和土壤墒情的实时监测系统于 2014 年 9 月安装在国家节水灌溉北京工程技术研究中心大兴节水灌溉试验基地内，图 5.10 是本系统在玉米田和小麦田实际运行情况。其中旋转臂在立杆上的位置，利用所设计的快速锁紧装置，根据下垫面作物生

（a）夏玉米种植区域　　　　　　　　（b）冬小麦种植区域

图 5.10　冠层温度和土壤墒情的实时监测系统在田间的监测情况

长高度实际情况进行了适应性调节。

系统自 2014 年安装以来运行状况良好，红外探头在横臂上以 45°下倾角安装，每小时旋转一周并监测下垫面 10 个位置的作物冠层温度数据。旋转装置上同时装载空气温/湿度传感器，作物根区埋设 4 层土壤水分/温度和水势传感器，与冠层红外温度相同的时间间隔进行观测。所监测的数据存储在本地，可以利用无线或者有线的方式下载进入客户端计算机，以进一步分析和处理。

2. 监测数据分析

本系统当前运行期间设定监测时间间隔是 1h，检测数据主要有作物冠层红外温度（每次旋转监测下垫面 10 个点数据进行平均）、空气温度、相对湿度，作物根区 20cm、30cm、40cm 深度处的土壤含水率和土壤水势等。图 5.11 是系统运行期间冬小麦和夏玉米生育期内数据监测的部分处理结果，包括典型日内冠层温度和空气温/湿度变化、典型时段内（有降雨或者灌溉）作物冠层温度变化和对应土壤水分变化情况。

从作物冠层温度日变化图中［图 5.11 的（a）、（e）］可见，夜晚空气温度高于作物冠层温度，在 7：00 左右二者交叉相等；随后冠层温度高于空气温度，在中午时达到日最高值，然后开始下降，至 16：00 左右二者又开始接近；冠层温度下降幅度较快，随后又低于空气温度。其中在夏玉米日内变化图中，午间时段还可以观察到明显的双峰午休现象。7：00—16：00 是作物蒸散发较为强烈的时段，期间冬小麦冠层与空气温度差值要比夏玉米大得多。从当天土壤水分变化情况［图 5.11 的（b）、（f）］可见，冬小麦土壤含水率要低于夏玉米，受到的土壤水分胁迫要大一些。日内空气相对湿度能够反映田间大气蒸发力的大小，其变化与温度变化正好相反，与冠层温度和空气温度变化状况所指示的作物蒸散发情况一致。

在 2015 年 3 月 30 日—4 月 6 日时段内有少量降雨，并在 4 月 5 日进行了灌溉，时段内冬小麦土壤水分和水势图上能够清晰地反映出这些变化，有明显的拐点［图 5.11 的（d）］。因而反映在冠层温度和空气温/湿度图上，可以看到小雨时空气湿度加大，空气温度要高于作物冠层温度，作物没有受旱，随后又恢复为白天空气温度低于作物冠层温度的状态。4 月 5 日下午进行灌溉后，两者很快就变为数值几乎相等的状态，处于不受旱的状态，但是白天蒸散发强烈时作物冠层温度又开始比空气温度要高，此时空气相对湿度很小，说明处于大气蒸发力的时段［图 5.11 的（c）］。而此时单独观察土壤水分变化，仍然是高含水率、供水充分的情况。

夏玉米在 2015 年 9 月 4—8 日期间，因时有降雨，空气湿度较大，土壤供水充分，因此空气温度高于作物冠层温度，两者数值非常接近，作物蒸散发非常强烈［图 5.11 的（g）、（h）］。此时的数据能够详细刻画作物土壤充分供水时作物需水信息、田间小气候变化情况，可以为作物生长和灌溉决策机理研究提供有力支撑。

因此，从以上数据分析来看，以土壤水分变化来判断农田旱情信息是不够的，其往往处于滞后状态；需要对田间作物、气象和土壤供水等信息进行综合判断，才能提供精确和合理的灌溉决策和管理。

3. 实时灌溉决策

本系统所设计的灌溉决策模块，是基于实时采集数据计算作物冠层平均温度和根区土

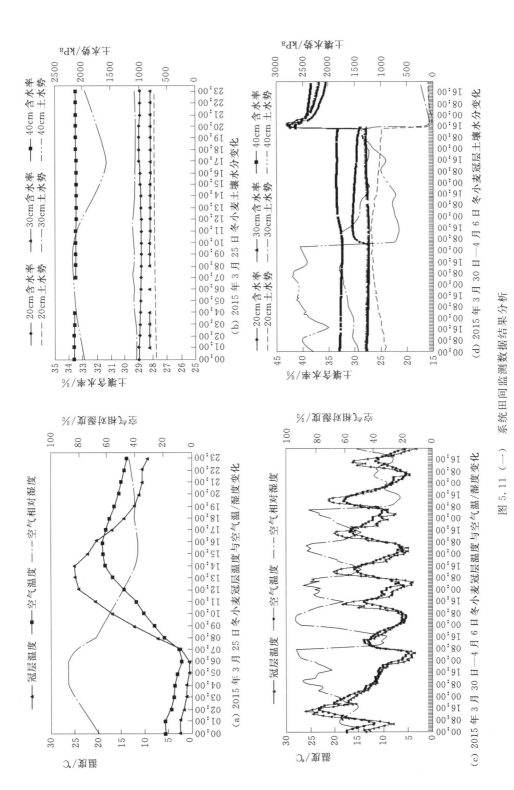

图 5.11（一） 系统田间监测数据结果分析

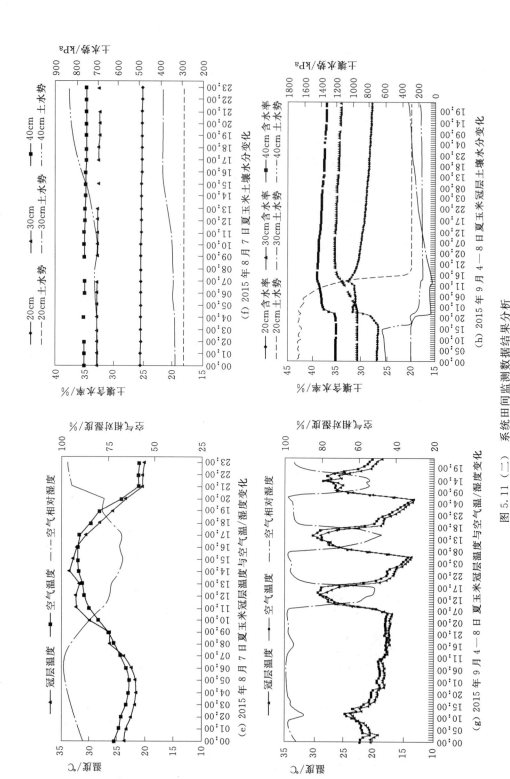

图 5.11（二） 系统田间监测数据结果分析

壤墒情，然后根据模糊逻辑算法确定干旱程度并提供需灌水量。在 2015 年度的实际运行中，考虑到灌溉管理的方便，系统设计每日 8：00 数据进行决策；从结果来看，这个决策时刻是否适宜需要商榷。因数据处理和下载的滞后原因，这里没能实时显示和应用。

因此，实时灌溉决策原则不仅要考虑作物种类对阈值的影响，还要考虑适宜的决策时段和时刻，才能达到灌溉管理中的合理应用。另外，设置并连接相应的轻便 LED 显示屏，及时显示和提醒决策结果，将能更好地达到本系统的便捷应用。这将在后面对系统的进一步优化和改进中，是重点加强研究的方向和内容。

5.3 本章小结

通过设计低功耗经济型土壤墒情监测仪，构建了基于 GPRS 和网络服务器的区域墒情监测系统；本系统在河套灌区进行实地安装，通过 1 年作物生育期内的数据监测和结果分析，可知运行状况良好。可见以下几点：

（1）低功耗经济型土壤墒情监测仪结构精巧、经济适用，系统运行功耗低，非常适宜于大面积野外布设，能够为区域墒情监测和区域灌溉管理提供很好的支撑。

（2）系统所带 5 层传感器，可以根据监测和管理要求分别布设在作物根区不同深度，从而能够更精准地获取田间作物生长环境信息和土壤墒情。

（3）通过一年系统运行发现，因北方灌区田间大水漫灌的特点，对墒情监测仪的防水和防护功能提出了更高的要求；另外墒情监测点对作物根区监测深度可能要求不同，因此能够快速便捷缩减或者扩展每套监测仪所能附带的传感器数目也将是下一步改进的重点。

（4）区域墒情监测点的合理点数和布设方案，并结合大尺度的遥感监测的反演数据，进行作物腾发量和灌溉需水量的实时预报，是新的方向和难点。

通过设计一个可以在线连续监测田间作物冠层温度、环境信息和土壤墒情的实时灌溉决策系统，并将其安装于农田进行了 1 年实际运行和观测。本系统采用太阳能供电和微处理器进行数据采集和管理，为系统在野外的实际应用提供了保障。系统配置了红外温度、空气温湿度、土壤水分/水势等传感器，能够及时采集田间全面的同步数据，排除了异地观测所形成的数据误差。所采用的悬臂式多点采集下垫面红外温度的检测方法，可以快速采集更多和更高精度的数据，避免单点测量的人为误差。本系统配备的快速锁紧装置，能够根据下垫面作物的生长情况进行传感器位置高度调节，使检测数据更符合田间实际情况。通过运行管理和监测数据分析可见，所监测数据能够很精细地刻画作物实际生长状况，可以用于灌区综合灌溉决策，实现田间精量灌溉管理和控制，为灌溉管理的精量化和智能化提供数据支持。

参 考 文 献

蔡甲冰，刘钰，李新，等，2010. 在线式作物冠气温差监测与灌溉决策系统研制 ［J］. 中国农村水利水电，（2）：64-66.

蔡甲冰，2006. 参照腾发量实时预报与冬小麦多指标综合的精量灌溉决策研究 ［D］. 北京：中国农业大学博士学位论文.

陈天华, 唐海涛, 2012. 基于 ARM 和 GPRS 的远程土壤墒情监测预报系统 [J]. 农业工程学报, 28 (3): 162 - 166.

胡培金, 江挺, 赵燕东, 2011. 基于 ZigBee 无线网络的土壤墒情监控系统 [J]. 农业工程学报, 27 (4): 230 - 234.

靳广超, 彭承琳, 赵德春, 等, 2008. 基于 Zig Bee 的土壤墒情监测系统 [J]. 传感器与微系统, 27 (10): 92 - 94.

康立军, 张仁陟, 吴丽丽, 等, 2011. 节水灌溉联动控制系统 [J]. 农业工程学报, 27 (8): 231 - 236.

李楠, 刘成良, 李彦明, 等, 2010. 基于 3S 技术联合的农田墒情远程监测系统开发 [J]. 农业工程学报, 26 (4): 169 - 174.

孙刚, 王玉梅, 郑文刚, 等, 2009. 基于短消息的农田墒情监测系统研究 [J]. 微计算机信息 (测控自动化), 25 (3 - 1): 313 - 314.

杨绍辉, 杨卫中, 王一鸣, 2010. 土壤墒情信息采集与远程监测系统 [J]. 农业机械学报, (9): 173 - 177.

张英骏, 2014. 基于手机短信的土壤墒情监测信息计算机收发平台 [J]. 水利科技与经济, 20 (12): 158 - 160.

支孝勤, 马中文, 江朝晖, 等, 2012. 基于无线传感器网络和 WebGIS 的墒情监测系统 [J]. 中国农学通报, 28 (32): 306 - 311.

ALLEN R G, PEREIRA L S, RAES D, et al, 1998. Crop Evapotranspiration: Guidelines for Computing Crop Water Requirements. United Nations Food and Agriculture Organization, Irrigation and Drainage Paper 56 [M]. Rome, Italy.

FISHERA D K, KEBEDE H, 2010. A low - cost microcontroller—based system to monitor crop temperature and water status [J]. Computers and Electronics in Agriculture, 74: 168 - 173.

SHENG W, SUN Y, SCHULZE LAMMERS P, et al, 2011. Observing soil water dynamics under two field conditions by a novel sensor system [J]. Journal of Hydrology, 409: 555 - 560.

WANJURA D F, MAAS S J, WINSLOW J C, et al, 2004. Scanned and spot measured canopy temperatures of cotton and corn [J]. Computers and Electronics in Agriculture, 44: 33 - 48.

SUN Y, LIL, SCHULZE LAMMERS P, et al, 2009. A solar - powered wireless cell for dynamically monitoring soil water content [J]. Computers and Electronics in Agriculture, 69: 19 - 23.

第6章

灌区农田作物冠层温度变化和
地表温度遥感反演

　　作物冠层温度是表征作物生理生态过程及能量平衡状况的重要参数之一，是用于诊断作物水分状况的重要指示。研究作物冠层温度空间变化特征，可以反映作物真实生长情况，是进行区域干旱监测和灌溉决策的基础。在现代农业规模化种植中，灌溉需要精准化信息技术支撑。农田作物冠层温度高低能够直观、及时地反映作物受旱情况，从20世纪60、70年代相关学者已经开始了大量基于作物冠层温度研究以指导灌溉，并提出了诸如作物水分胁迫指数（crop water stress index，CWSI）、日胁迫度（stress degree day，SDD）、日温度胁迫（temperature stress day，TSD）、日胁迫指数（stress day index，SDI）、冠层温度变量（canopy temperature variability，CTV）等指标（Jackson等，1981；Clawson等，1988；Lebourgeois等，2010；Andersona等，2013；DeJongea等，2015）。作物冠层温度的田间观测，也逐步从人工手持式红外枪间隔观测，发展到在线式连续观测，能够及时获取作物冠层温度的实际变化情况（蔡甲冰等，2015）。遥感技术在获取大尺度陆表参数方面具有独特的优势，也可直接获得重要的生态学特征和生物生长参数。如流域尺度蒸散发和全国地表缺水分区方面有较好的效果（周剑等，2009；黄耀欢等，2009）。将田间实时观测数据与遥感反演准实时数据结合起来，进行区域农田作物灌溉决策，则能够充分利用两者的优点，从而实现灌区灌溉管理的精量、实时和自动化。尤其是对于我国北方大型农业灌区，农田连片，基于遥感影像获取地表温度，能够为区域灌溉管理提供新途径。

　　本章通过2016年定期观测玉米田块和向日葵田块四周位置和中间位置的冠层温度和土壤水分，分析冠层温度在水平方向的变化规律，研究作物冠层温度在遥感像元内变化差异，同时观测农田的空气温度、0cm土壤温度和20cm土壤温度的变化，分析垂直方向上农田温度变化规律，探求农田作物冠层温度的空间差异性及变化特征，为遥感反演农田地表温度与作物冠层温度一致性假设提供理论依据。同时对比分析遥感反演地表温度的方法。

6.1　农田作物冠层温度空间变化特征

6.1.1　农田冠层温度观测

本研究在内蒙古河套灌区展开，试验点属于干旱半干旱区域，位于内蒙古自治区河套灌区解放闸灌域沙壕渠试验站（107°09′44″E，40°25′22″N）。本区域年平均降雨151.3mm，多年平均气温为9℃，水面蒸发2300mm，试验区域面积约为15hm²，农作物主要包括春玉米、向日葵和春小麦。

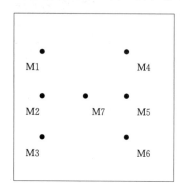

图 6.1　田块观测位置点示意图

利用 CTMS‐On line 型作物冠层温度及环境因子测量系统监测试验点作物冠层温度，高精度热红外传感器安装在距地面3.3m的悬臂上，与悬臂呈下45°夹角，通过旋转云台转动进行作物冠层温度扫描，系统数据采集时间间隔为1h。在作物生育初期，植被覆盖度较低，此时的地表温度与空气温度差值较大，但最大冠气温差不超过20℃；随着作物不断地生长，植被覆盖度不断增加，此时的冠气温差较小，一般在－5～5℃。

2016 年利用 Raytek ST6 手持红外测温仪分别对玉米田块和向日葵田块四周及中间位置进行作物冠层温度观测，10：00—15：00 每小时观测一次，每5～7d观测一次。田块观测位置示意图如图 6.1 所示。其中玉米田块和向日葵田块大小分别为110m×50m 和 100m×50m。

6.1.2　农田水平方向上冠层温度变化

1. 玉米田块水平方向上冠层温度变化

图 6.2 为玉米生育期内 10：00—15：00 水平方向上各观测点冠层温度的变化。在出苗—灌浆期，玉米田块水平方向上冠层温度变化差异很小，而灌浆—收获期，玉米田块水平方向上冠层温度变化差异相对较大，特别是观测点 M7 的冠层温度比其他观测点 M1、M2 和 M3 的冠层温度稍高，是因为在观测点 M7 附近的玉米长势比其他观测点稍差，导致其冠层温度较高。

表 6.1 给出了玉米生育期内 10：00—15：00 时段内水平方向上冠层温度的变异系数。在出苗—拔节期、拔节—抽穗期、抽穗—灌浆期和灌浆—收获期，变异系数的变化范围分别为 0.13％～2.93％、0.57％～2.49％、0.57％～2.92％ 和 0.48％～4.92％。在灌浆—收获期，由于玉米已经进入成熟期，部分叶片开始枯死，玉米的冠层温度变化差异较大，导致变异系数的变化范围相对较大；此时土壤含水量降低，也会对各观测点的冠层温度有一定的影响。在生育期内，10：00—15：00 各时刻变异系数的变化范围较小，且变异系数均小于 5％，说明生育期内玉米田块水平方向上冠层温度变化差异很小。在生育期内，玉米田块每天 10：00—15：00 各个时刻之间的变异系数差异较小，各时刻之间的整个生育期平均变异系数差异也较小。

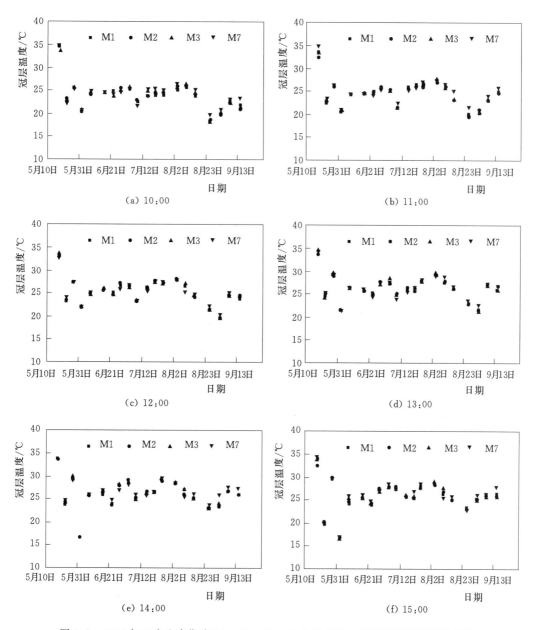

图 6.2　2016 年玉米生育期内 10：00—15：00 水平方向上各观测点冠层温度变化

在玉米生育期内，选取 5 月 18 日、6 月 23 日、7 月 16 日、8 月 4 日和 8 月 26 日为典型日，典型日内 10：00—15：00 水平方向上玉米冠层温度变化如图 6.3 所示。在典型日内，玉米田块水平方向不同取样点的冠层温度大小存在差异。其中典型日内各取样点在不同时刻的冠层温度的最大值与最小值之差大部分在 1.0℃ 以内，差值的平均值为 0.78℃，且最大的差值为 1.21℃，说明在水平方向上玉米田块的冠层温度变化较小。

表 6.1　2016 年玉米不同生育期 10：00—15：00 水平方向冠层温度的变异系数

生育期	日期	变　异　系　数/%					
		10：00	11：00	12：00	13：00	14：00	15：00
出苗—拔节	5 月 18 日	1.81	2.87	1.10	1.22	1.63	2.46
	5 月 23 日	1.74	1.88	1.51	1.98	2.08	1.13
	5 月 28 日	0.48	1.02	0.30	0.81	1.25	0.73
	6 月 2 日	0.98	1.28	0.67	0.33	1.43	1.43
	6 月 8 日	1.60	0.13	1.12	0.59	0.37	2.93
	6 月 17 日	0.47	0.36	0.64	0.97	1.48	1.46
拔节—抽穗	6 月 23 日	2.09	1.34	1.40	1.10	2.48	1.53
	6 月 28 日	1.56	0.92	1.79	1.04	1.63	1.30
	7 月 4 日	0.89	0.57	0.90	2.00	1.18	1.39
	7 月 9 日	2.19	2.49	0.72	1.73	2.36	1.08
抽穗—灌浆	7 月 16 日	2.92	1.07	1.45	1.37	1.20	0.57
	7 月 21 日	2.67	1.40	0.65	1.62	0.72	2.53
	7 月 26 日	2.32	2.03	0.80	1.06	0.69	1.52
灌浆—收获	8 月 4 日	2.51	0.85	0.80	1.40	0.66	0.74
	8 月 10 日	0.94	1.68	3.00	2.54	2.97	3.16
	8 月 16 日	2.50	3.87	1.37	1.26	2.03	2.09
	8 月 26 日	3.68	4.67	1.80	1.66	1.86	1.17
	9 月 2 日	2.65	1.52	2.16	3.14	4.83	2.44
	9 月 8 日	2.04	2.30	1.53	0.48	1.45	1.17
	9 月 15 日	4.92	2.00	1.48	2.24	2.67	3.69
平均值		2.05	1.71	1.26	1.43	1.75	1.73

2. 向日葵田块水平方向上冠层温度变化

图 6.4 为向日葵生育期内 10：00—15：00 水平方向上各观测点冠层温度变化。由图 6.4 可以看出，不同观测点之间的冠层温度分布比较集中，说明向日葵生育期内 10：00—15：00 水平方向上各观测点之间的冠层温度变化差异较小。

向日葵生育期内 10：00—15：00 各时刻水平方向上冠层温度的变异系数见表 6.2。在出苗—现蕾期、现蕾—开花期和灌浆—收获期，变异系数的变化范围分别为 0.61%～3.67%、0.88%～3.07% 和 0.90%～4.47%。其中灌浆—收获期的变异系数变化范围最大，是因为向日葵进入成熟期后，部分叶片开始枯死，从而导致向日葵的冠层温度变化差异较大。在向日葵生育期内，10：00—15：00 各时刻变异系数的变化范围较小，且变异系数均小于 5%，说明生育期内向日葵田块水平方向上冠层温度变化差异很小。在生育期

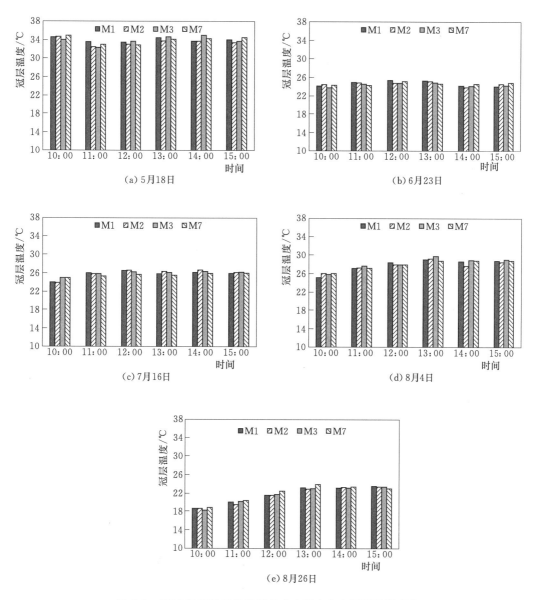

图 6.3　2016 年玉米田块典型日内水平方向上冠层温度变化

内，向日葵田块每天 10：00—15：00 各个时刻之间水平方向上的冠层温度变化差异较小，各时刻之间的整个生育期平均变异系数差异也较小。

在向日葵生育期内，选取 6 月 28 日、7 月 21 日、8 月 10 日和 8 月 26 日为典型日，典型日内 10：00—15：00 水平方向上向日葵冠层温度变化如图 6.5 所示。在典型日内，向日葵田块水平方向上不同取样点的冠层温度大小存在差异，比玉米田块变化差异稍大。其中典型日内各取样点在不同时刻的冠层温度的最大值与最小值之差大部分在 1.0℃ 以内，差值的平均值为 0.94℃，且最大的差值为 1.38℃，说明在水平方向上向日葵田块冠层温度变化较小。

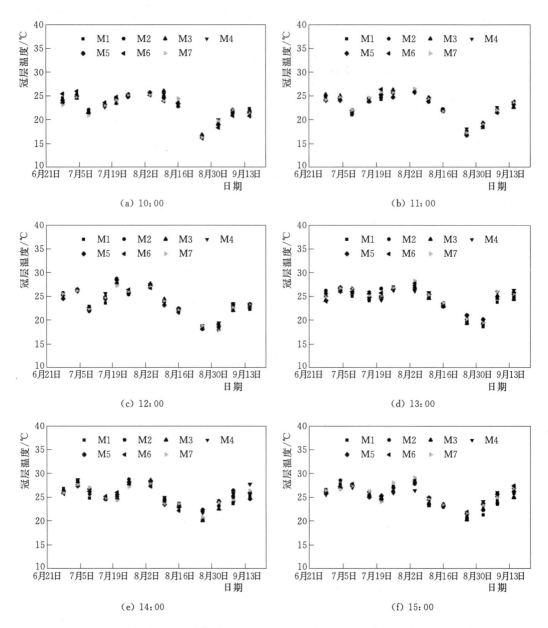

图 6.4　2016 年向日葵生育期内 10：00—15：00 水平方向上各观测点冠层温度变化

表 6.2　　2016 年向日葵不同生育期 10：00—15：00 水平方向冠层温度的变异系数

生育期	日期	变 异 系 数 /%					
		10：00	11：00	12：00	13：00	14：00	15：00
出苗—现蕾	6 月 28 日	3.16	1.97	1.60	3.49	1.44	1.45
	7 月 4 日	1.92	1.63	0.61	1.30	1.89	2.37
	7 月 9 日	1.74	1.75	1.60	2.24	2.92	0.96
	7 月 16 日	1.30	1.20	2.48	2.93	0.99	1.82

续表

生育期	日期	变 异 系 数/%					
		10：00	11：00	12：00	13：00	14：00	15：00
出苗—现蕾	7月21日	1.71	2.85	1.93	3.67	2.25	2.01
现蕾—开花	7月26日	0.93	1.84	1.39	0.98	1.75	2.93
	8月4日	0.88	1.05	1.23	2.91	1.59	3.04
	8月10日	3.07	1.45	1.52	1.63	2.48	2.91
开花—收获	8月16日	2.38	0.96	1.31	1.37	2.21	0.90
	8月26日	1.52	2.60	1.61	3.04	4.47	3.26
	9月2日	2.88	2.00	3.06	2.82	2.62	4.27
	9月8日	2.16	2.00	2.11	3.08	3.97	3.73
	9月15日	2.35	1.66	1.95	2.58	3.68	3.57
平均值		2.00	1.77	1.72	2.47	2.48	2.55

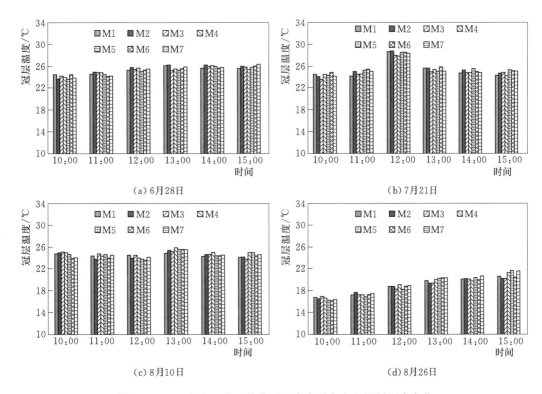

图 6.5　2016 年向日葵田块典型日内水平方向上冠层温度变化

6.1.3　农田垂直方向上冠层温度变化

1. 玉米田块垂直方向上农田温度变化

在生育期内，玉米田块垂直方向上 10：00—15：00 各时刻的空气温度（T_a）、冠层温度（T_c）、0cm 土壤温度（T_{s-0}）和 20cm 土壤温度（T_{s-20}）的变化如图 6.6 所示。在出苗—抽穗期，T_{s-0} 明显高于 T_a、T_c 和 T_{s-20}，T_c 稍高于 T_a，T_{s-20} 最小。在出苗—抽穗期，由于玉米叶面积指数较小，T_{s-0} 受太阳辐射的影响比较大，导致 T_{s-0} 的值较高。同时由于 T_{s-0} 的值较高，也会对玉米冠层温度产生一定的影响。在抽穗—收获期，T_{s-0}、T_a 和 T_c 之间相差较小，但与 T_{s-20} 相差较大，垂直方向农田温度变化基本上是 $T_a > T_c > T_{s-0} > T_{s-20}$。在玉米生育期内，10:00—15:00 各时刻之间垂直方向上的农田温度 T_a、T_c、T_{s-0} 和 T_{s-20} 变化规律基本一致。

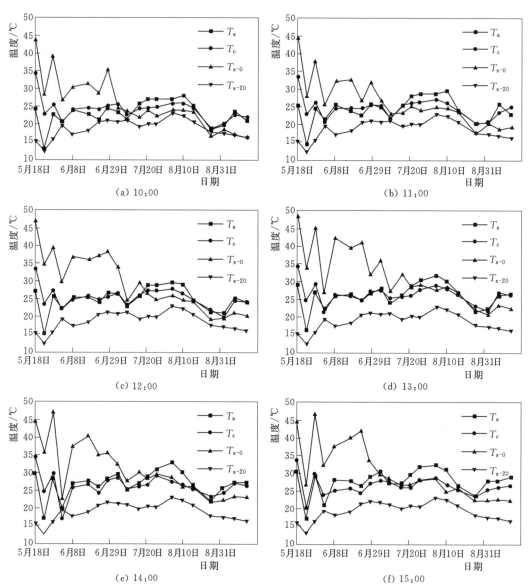

图 6.6　2016 年玉米生育期内 10:00—15:00 垂直方向上农田温度变化

2. 向日葵田块垂直方向上农田温度变化

图 6.7 为向日葵生育期内 10:00—15:00 各时刻垂直方向上的农田温度 T_a、T_c、

T_{s-0} 和 T_{s-20} 的变化。在出苗—现蕾期，向日葵垂直方向上的农田温度 T_a、T_c、T_{s-0} 和 T_{s-20} 的变化与玉米的出苗—抽穗期变化类似，T_{s-0} 明显高于 T_a、T_c 和 T_{s-20}，T_a 和 T_c 两者相差较小且高于 T_{s-20}。同时在出苗—抽穗期，向日葵 T_{s-0} 变化也较大，也是由于向日葵叶面积指数较小，T_{s-0} 受太阳辐射的影响比较大，导致 T_{s-0} 的值较高。在现蕾—开花期，T_a、T_c、T_{s-0} 和 T_{s-20} 垂直方向上的变化基本上是 $T_a > T_{s-0} > T_c > T_{s-20}$。在开花—收获期，$T_a$、$T_c$、$T_{s-0}$ 和 T_{s-20} 的变化与玉米抽穗—收获期的变化类似，基本上是 $T_a > T_c > T_{s-0} > T_{s-20}$。在向日葵生育期内，10：00—15：00 各时刻之间垂直方向上的农田温度 T_a、T_c、T_{s-0} 和 T_{s-20} 变化规律基本一致。

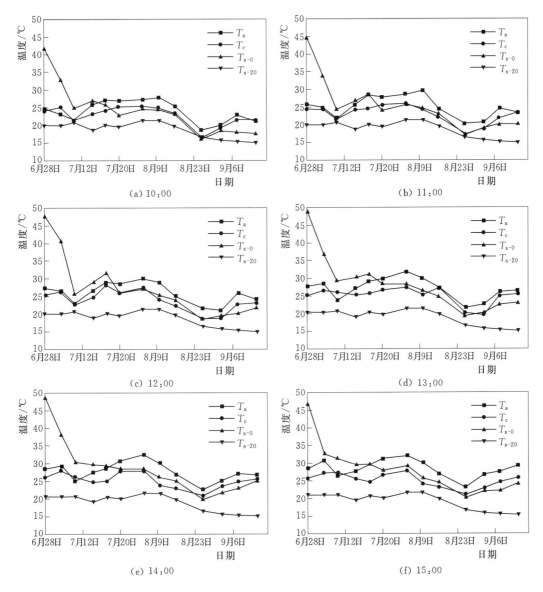

图 6.7　2016 年向日葵生育期内 10：00—15：00 垂直方向上农田温度变化

6.1.4　总结

以上通过观测玉米田块和向日葵田块田间的作物冠层温度、空气温度、土壤温度、土壤水分等数据，分析了作物冠层温度在水平方向的变化规律以及垂直方向上农田温度变化规律，主要结论如下。

（1）在生育期内，田块水平方向上各取样点 0～100cm 平均土壤含水量变化差异较小；在垂直方向上，田块在 0～40cm 深度的土壤含水量变化差异较大，而 40～100cm 深度的土壤含水量变化差异较小，且前者土壤含水量的值小于后者。

（2）玉米和向日葵生育期内 10：00—15：00 各时刻水平方向上冠层温度的变异系数均小于 5%，说明生育期内两种作物水平方向上冠层温度变化差异很小。在典型日内，玉米田块和向日葵田块水平方向上不同取样点的冠层温度之间的差异也较小，基本上都在 1.0℃ 以内。

（3）在玉米和向日葵整个生育期内，垂直方向上的 T_a、T_c、T_{s-0} 和 T_{s-20} 有着明显的梯度变化规律。在作物生育前期，垂直方向上农田温度变化基本上是 $T_{s-0} > T_a > T_c > T_{s-20}$；在作物生育中期和后期，垂直方向上农田温度变化基本上是 $T_a > T_c > T_{s-0} > T_{s-20}$。

6.2　灌区地表温度遥感反演及其作物冠层红外温度验证

利用星载或机载传感器收集和记录地物在热红外波段范围之内的热红外信息，可以用来识别地物和反演地表参数如温度、湿度和热惯量等（Gert 等，2006）。陆地卫星遥感反演地表温度通常是根据热辐射传输方程，采用大气校正法、单窗算法、单通道算法或者分裂窗算法等方法，其中关键参数包括大气剖面参数估计和地表比辐射率计算（覃志豪等，2003，2004）。热红外遥感反演地表温度研究，在数据批量实际应用的要求下，也逐步从单纯数据计算到加强温度尺度效应和时空尺度转换、数据同化技术等方面转变（徐永明等，2011；周义等，2014）。

在灌溉频繁、植被覆盖度较高的农业灌区，地表温度与作物冠层温度吻合性很高（徐永明等，2011；赵春江，2014；热伊莱·卡得尔等，2016）。作物长势和外界的辐射、土壤水分状况等因素，综合影响了农田地表温度，而土壤墒情和作物冠层温度是紧密结合在一起的，因此利用遥感的地表温度数据可进行区域上作物的水分胁迫和干旱监测（Kustas 等，2009），从而使灌区灌溉管理能够简单快捷。然而在实际应用与管理中，地面验证与校核对于遥感数据反演精度的提升，是非常重要的一步；而地面同步数据的实时采集，是地面验证的关键点和最大难点（杨贵军等，2015；夏浪等，2014）。

本节以内蒙古河套灌区解放闸灌域和北京市大兴区田间试验观测数据为例，基于大气校正法，利用 Landsat7 ETM+ 和 Landsat8 TIRS 反演对应区域地表温度；利用定点连续观测系统获取了试验区域作物冠层温度及田间作物生长环境因子数据。在此基础上对比分析了遥感反演数据与地面观测的作物冠层温度的差异，对遥感反演结果的地面验证精度和面积大小进行探讨，为进一步的灌区干旱监测研究和区域灌溉管理提供依据。

6.2.1 材料与方法

1. 研究区域与地面数据监测

本研究在内蒙古河套灌区和北京市大兴区 2 个地方展开，河套灌区解放闸灌域沙壕渠试验站（107°09′44″E，40°25′22″N）和北京市大兴区中国水科院节水灌溉试验站（116°25′31″E，39°37′15″N）。内蒙古自治区试验点情况如前所述；大兴区试验点属于半湿润半干旱类型，面积大小为 2.67hm²，以冬小麦、夏玉米连作模式种植，多年平均降雨量为 540mm，平均温度为 12.1℃，水面蒸发 1800mm。

试验点地面数据实时采集主要是利用中国水科院自主研发的 CTMS-On line 型作物冠层温度及环境因子测量系统来进行。该系统利用太阳能供电，主要组成部分包括旋转云台、红外冠层温度传感器、气象因子传感器、数据采集器等，可以在野外田间长期工作。CTMS-On line 系统的工作原理是在田间竖杆上通过旋转平台安装 1 个悬臂，悬臂末端安装红外测温探头；进而通过控制旋转平台来实现对下垫面作物冠层不同采集位置点的扫描。气象因子和环境参数监测传感器安装在同高度的附加悬臂上，以相同时间间隔进行数据采集。系统采集时间间隔是 1h，主要参数有作物冠层温度、空气温度/湿度、风速、太阳辐射、光合有效辐射、大气压强、作物根区 3 个深度土壤温度/湿度等。

高精度热红外冠层温度传感器安装在距地面 3.5m 的悬臂上，与悬臂呈下 45°夹角进行冠层温度扫描，观测下垫面作物面积大约 60m²。在内蒙古安装 3 套数据采集系统，分别布置在主要农作物春玉米、向日葵和春小麦的种植区域中间；北京大兴区试验站内安装 1 套，监测冬小麦/夏玉米生长情况。图 6.8 是 4 套监测系统在田间布设情况。

（a）解放闸灌域玉米地　　（b）解放闸灌域小麦地　　　（c）解放闸灌域葵花地　　　（d）大兴试验站冬
　　　　　　　　　　　　　　　　　　　　　　　　　　　　　　　　　　　　　　　小麦夏玉米连作

图 6.8　4 个地面试验点观测仪器安装情况

2. 地表温度遥感影像反演

热红外传感器装载于很多卫星上，如 ASTER、AVHRR、MODIS、TM/ETM＋/TIRS等。Landsat 系列最新卫星 Landsat8 于 2013 年 2 月 11 日发射成功，携带有 OLI 陆地成像仪和 TIRS 热红外传感器。本实例采用大气校正法，利用 Landsat7 ETM＋和 LandSat8 TIRS 遥感影像反演地表温度。大气校正法是先估计大气对地表辐射能量的影响，然后从卫星传感器所观测到的热辐射总量中减去这部分大气影响来得到地表热辐射能量，进而反演地表的真实温度（ENVI-IDL 中国技术组，2015）。

此类算法需要 2 个参数：大气剖面参数和地表比辐射率 ε。只有 1 个热红外波段的数据，如 Landsat TM/ETM＋，其大气剖面参数可在 NASA 提供的网站中通过输入成影时间以及中心经纬度获取（NASA，2013）。现有针对 Landsat 8 提出的地表温度劈窗算法的反演精度并不理想，并且由于 TIRS 11 热红外波段的定标参数仍不理想，因此已提出的 2 个劈窗算法的误差都较大（徐涵秋，2015）。本例采用 TM/ETM＋相同的地表比辐射率计算方法，仅对其 TIRS 10 热红外波段进行定标处理，采用大气校正法进行遥感反演。为对比计算效果，这里采用 2 种方法计算地表比辐射率 ε。

（1）Sobrino 提出的归一化植被指数 NDVI 阈值法计算地表比辐射率（以下简称 Sobrino 法）。

$$\varepsilon = 0.004 P_v + 0.986 \tag{6.1}$$

其中，P_v 是植被覆盖度，$P_v = [(NDVI - NDVI_{Soil})/(NDVI_{Veg} - NDVI_{Soil})]$，$NDVI_{Soil}$ 为完全是裸土或无植被覆盖区域的 NDVI 值，$NDVI_{Veg}$ 则代表完全被植被所覆盖的纯植被像元的 NDVI 值。$NDVI_{Veg}$ 和 $NDVI_{Soil}$ 经验值根据作物生长关键期影像（如 6 月 5 日，此时小麦生长旺盛，玉米出苗，向日葵刚播种；7 月 23 日小麦收割，玉米和向日葵生长旺盛）像元 NDVI，取一定置信度范围内最小值（2%）和最大值（98%）。将所取得的 $NDVI_{Soil}$ 和 $NDVI_{Veg}$ 作为全覆盖 NDVI 最大值和 NDVI 最小值。本文综合 Sobrino 等（2001，2004）的研究，取经验值 $NDVI_{Veg} = 0.50$ 和 $NDVI_{Soil} = 0.20$，表示当某个像元的 NDVI 大于 0.50 时，P_v 取值为 1；当 NDVI 小于 0.20，P_v 取值为 0。

（2）覃志豪等提出先将地表分成水体、自然表面和城镇区，可以得到更精确的地表比辐射率数据；针对 3 种地表类型计算地表比辐射率如下（以下简称覃志豪法）（覃志豪等，2004）：

$$\varepsilon_{water} = 0.995 \tag{6.2}$$
$$\varepsilon_{surface} = 0.9625 + 0.0614 P_v - 0.0461 P_v^2 \tag{6.3}$$
$$\varepsilon_{building} = 0.9589 + 0.086 P_v - 0.0671 P_v^2 \tag{6.4}$$

其中，ε_{water} 是水体像元比辐射率，$\varepsilon_{surface}$ 是自然表面像元比辐射率，$\varepsilon_{building}$ 是城镇区像元比辐射率。P_v 计算过程同上。

根据地面试验点的大小和具体作物种植情况，在内蒙古自治区试验点在仪器安装位置及其附近共反演 5 个 30m×30m 像元的地表温度，在大兴试验点反演 2 个 30m×30m 像元的地表温度。此处 5 个像元地理位置按照 LandSat7 遥感影像经辐射定标和几何精校正后所划分。图 6.9 是 4 个仪器安装位置及附近像元分布情况。X0 是监测仪器安装位置，X1 是仪器所在纯像元中心点；X2～X5 是 X1 像元 4 个方向临近的像元中心点。

6.2.2 源数据分析

根据 2015 年 LandSat7 和 LandSat8 过境遥感影像，在作物生育期内天气晴朗的各有 9 天可用数据。其中内蒙古河套灌区解放闸灌域沙壕渠试验点过境日期为 2015 年 5 月 12 日、2015 年 6 月 5 日、2015 年 6 月 13 日、2015 年 7 月 15 日、2015 年 7 月 23 日、2015 年 8 月 8 日、2015 年 8 月 24 日、2015 年 9 月 9 日、2015 年 9 月 17 日，LandSat 卫星过境时间对应的北京时间是每日的 11：30。地面监测仪的数据设置为整点采集，每个参数

（a）解放闸灌域玉米测点

（b）解放闸灌域向日葵测点

（c）解放闸灌域小麦测点

（d）大兴试验站测点

图 6.9　研究区域观测位点与附近相邻像元中心点位置示意图（Google Earth 影像）

（X0 指仪器位置；X1～X5 指距离观测仪器的相邻像元中心点；大兴试验站区域较小选取 2 个像元，
解放闸灌域 3 种作物测点选取相邻 5 个像元）

每天采集 24 个数据，因此在本区将以地面观测的 11：00 和 12：00 数据分别与遥感反演温度进行对比，以确定哪一时刻数据更为趋近一致。

北京大兴试验站的可用境遥感影像有 8d，日期分别为 2015 年 5 月 2 日、2015 年 5 月 18 日、2015 年 5 月 26 日、2015 年 8 月 22 日、2015 年 9 月 7 日、2015 年 9 月 15 日、2015 年 9 月 23 日、2015 年 10 月 9 日，其卫星过境时间对应北京时间是 10：53，将直接用 11：00 地面观测数据进行对比分析。

地面监测仪器的观测是以悬臂带动端部的红外传感器，旋转 1 周对下垫面作物冠层温度进行扫描，均匀监测 10 个数据进行平均作为冠层温度值。因解放闸灌域沙壕渠试验点将以 11：00 和 12：00 数据与遥感反演数据进行对比分析，所以计算了 3 种地块两个时刻各 10 个数据的标准方差 SD，以观察监测数据的不均匀性对数据误差的影响（图 6.10）。从图 6.10 可以看出，小麦地数据监测值 SD 较大，玉米地和向日葵地相对较小；5 月、6 月份数据标准方差较大，7 月、8 月、9 月份相对较小；总体上 11：00 的数据 SD 要小于12：00 的数据。

6.2.3　解放闸灌域玉米地地面数据监测与遥感反演结果对比

表 6.3 是解放闸灌域试验点玉米地分别用 Sobrino 法和覃志豪法遥感反演地面温度与地面观测作物冠层温度的对比统计分析结果，包含监测点 X0 所在的中心像元和临近 4 个

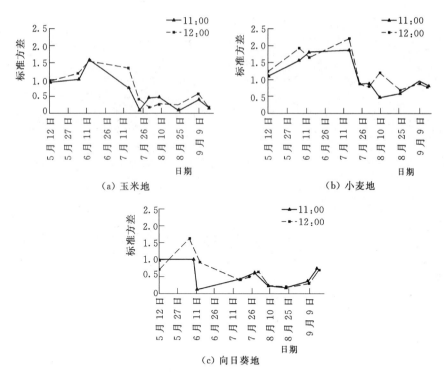

图 6.10 地面作物冠层红外温度冠层温度传感器 10 个测点数据方差分析

方向一共 5 个像元（X1～X5），分别在 11：00 和 12：00 时的 4 个统计参数。由表 6.3 可见，考虑统计参数 R^2 和 d 尽可能大、$RMSE$ 和 RE 尽量小的期望，每个像元温度对比结果在 11：00 要优于 12：00 的；基于覃志豪方法反演结果要优于基于 Sobrino 方法。

表 6.3 解放闸灌域玉米地遥感反演地面温度与地面观测作物冠层温度数据对比统计分析

像元	观测时间	Sobrino 法				覃志豪法			
		R^2	$RMSE$/℃	RE/%	d	R^2	$RMSE$/℃	RE/%	d
$X1$	11：00	0.75	3.03	10.7	0.87	0.83	2.14	7.3	0.93
$X2$	11：00	0.72	2.67	9.2	0.89	0.77	2.15	7.2	0.93
$X3$	11：00	0.66	3.09	10.8	0.85	0.70	2.58	8.7	0.89
$X4$	11：00	0.74	3.30	11.7	0.86	0.72	2.99	10.2	0.88
$X5$	11：00	0.66	2.93	10.1	0.85	0.69	2.44	8.2	0.89
$X1$～$X5$ 平均	11：00	0.76	2.32	7.8	0.92	0.72	2.92	10.2	0.87
$X1$	12：00	0.72	3.87	13.6	0.80	0.79	2.94	10	0.88
$X2$	12：00	0.68	3.50	12	0.82	0.73	2.79	9.3	0.89
$X3$	12：00	0.64	3.85	13.4	0.78	0.69	3.20	10.8	0.84
$X4$	12：00	0.71	4.10	14.5	0.79	0.68	3.60	12.3	0.84
$X5$	12：00	0.61	3.78	13.1	0.77	0.65	3.15	10.6	0.83
$X1$～$X5$ 平均	12：00	0.73	3.02	10.2	0.87	0.69	3.75	13.1	0.80

11：00 时的对比观测结果中，$X1 \sim X5$ 像元 4 个统计参数基本可以达到接受的程度，R^2 最小也达到了 0.66，符合指数 d 都在 0.85 以上。与地面观测点位置接近、作物种植情况一致的，统计参数结果越好，其中用覃志豪法反演的中心像元 $X1$ 温度与地面监测数值最为接近，决定系数 R^2 达到 0.83，相对误差 RE 仅为 7.3%，d 值达到 0.93，均方根误差 $RMSE$ 为 2.15℃。

将 11：00 和 12：00 所反演的 5 个像元温度进行平均后与地面观测结果进行对比，其统计参数也都达到良好的程度。与单个像元（30m×30m）结果对比不同的是，此时 5 个像元（90m×90m）基于 Sobrino 方法反演的地表温度与地面观测数据吻合较好。从试验点作物种植情况来看，5 个像元内基本是玉米。由此表明，利用遥感数据反演地面温度时，如果下垫面为均一玉米地即可利用简便的 Sobrino 法，不必再做更细的区分。

6.2.4 解放闸灌域向日葵地地面数据监测与遥感反演结果对比

表 6.4 是解放闸灌域试验点向日葵地的两种方法反演结果与地面观测数据的对比结果统计分析。从表中可见，与玉米地类似，每个像元温度对比结果在 11：00 要优于 12：00 的；基于覃志豪方法反演结果要优于基于 Sobrino 方法。尤其是 11：00 时对比结果的统计参数，$X1 \sim X5$ 都比较理想。说明在向日葵地遥感反演地面温度与地面监测结果达到了较好的一致性。其中 11：00 的 $X1$ 像元反演结果最好，决定系数 R^2 达到 0.86、RE 仅为 6.5%，均方根误差 $RMSE$ 和符合度指数 d 也达到了很好的效果。

表 6.4　解放闸灌域向日葵地遥感反演地面温度与地面观测作物冠层温度数据对比统计分析

像元	观测时间	Sobrino 法				覃志豪法			
		R^2	$RMSE$/℃	RE/%	d	R^2	$RMSE$/℃	RE/%	d
$X1$	11：00	0.83	2.59	8.9	0.89	0.86	1.66	6.5	0.94
$X2$	11：00	0.78	2.65	9.0	0.89	0.81	2.19	7.3	0.93
$X3$	11：00	0.85	2.76	9.6	0.88	0.87	2.168	7.3	0.93
$X4$	11：00	0.79	2.39	8.1	0.90	0.84	1.746	5.7	0.95
$X5$	11：00	0.79	2.41	8.2	0.90	0.83	2.03	6.7	0.94
$X1 \sim X5$ 平均	11：00	0.82	2.52	8.6	0.89	0.85	1.97	6.5	0.94
$X1$	12：00	0.63	4.49	15.4	0.69	0.67	3.71	12.3	0.80
$X2$	12：00	0.58	4.50	15.4	0.69	0.79	3.88	12.8	0.61
$X3$	12：00	0.65	4.66	16.1	0.68	0.68	3.94	13.2	0.79
$X4$	12：00	0.59	4.28	14.5	0.69	0.64	3.487	11.5	0.81
$X5$	12：00	0.60	4.27	14.5	0.70	0.65	3.68	12.2	0.81
$X1 \sim X5$ 平均	12：00	0.61	4.42	15.1	0.69	0.66	3.71	12.3	0.80

与玉米情况不同的是，向日葵地 5 个像元遥感反演平均温度与地面作物冠层温度对比结果中，11：00 数据基于覃志豪法反演结果统计参数较优，其 4 个统计参数均优于玉米地的反演结果，达到了比较理想的值域。

6.2.5　解放闸灌域小麦地地面数据监测与遥感反演结果对比

表 6.5 是解放闸灌域试验点小麦地遥感反演地面温度与地面监测数据的对比分析结果。因试验点小麦种植面积相对较小，所以地面监测点 $X0$ 的附近像元不全是纯小麦像元，比如 $X3$ 像元就包含了道路和向日葵。从表中结果来看，仍然是 11：00 数据好于12：00，但是统计参数数值要略逊于葵花和玉米，基于 Sobrino 的结果要优于覃志豪方法。

表 6.5　解放闸灌域小麦地遥感反演地面温度与地面观测作物冠层温度数据对比统计分析

像元	观测时间	Sobrino 法				覃志豪法			
		R^2	$RMSE/℃$	$RE/\%$	d	R^2	$RMSE/℃$	$RE/\%$	d
$X1$	11：00	0.66	1.92	6.4	0.88	0.63	2.17	7.0	0.84
$X2$	11：00	0.50	2.048	6.8	0.845	0.47	2.36	7.7	0.78
$X3$	11：00	0.48	2.15	7.1	0.84	0.47	2.42	7.8	0.80
$X4$	11：00	0.64	1.79	6.0	0.88	0.64	1.97	6.4	0.85
$X5$	11：00	0.55	2.087	7.0	0.85	0.56	2.08	6.9	0.85
$X1\sim X5$ 平均	11：00	0.62	2.03	6.8	0.87	0.58	2.22	7.2	0.83
$X1$	12：00	0.46	3.40	11.3	0.69	0.46	2.88	9.3	0.78
$X2$	12：00	0.32	3.35	11.1	0.65	0.30	3.06	9.9	0.71
$X3$	12：00	0.33	3.35	11.1	0.67	0.32	3.05	9.9	0.75
$X4$	12：00	0.43	3.24	10.8	0.68	0.43	3.89	9.4	0.75
$X5$	12：00	0.29	3.70	12.5	0.58	0.30	3.34	11.0	0.68
$X1\sim X5$ 平均	12：00	0.40	3.52	11.8	0.66	0.37	3.13	10.2	0.74

单个像元统计结果中以 11：00 时基于 Sobrino 方法的 $X1$ 像元为最优，R^2 为 0.66，均方根误差 $RMSE$ 仅为 1.92℃、相对误差 RE 为 6.4%。5 个像元平均温度对比中，基于 Sobrino 法的 11：00 数据也能达到较好的结果。

在前述地面监测数据误差分析中，小麦地冠层温度监测值的标准方差 SD 就是要大一些，因此监测系统本身可能的制造误差是引起上述较大误差的原因之一。另外小麦地在 7 月中旬收获后一直是杂草丛生的裸地，红外传感器探头扫描时有可能扫描到不均匀的裸地或者草体上，从而造成地面监测数据差异性过大。

6.2.6　北京大兴试验站地面数据监测与遥感反演结果对比

根据遥感影像反演了北京市大兴区试验点在监测仪器周围 2 个像元的地面温度，其与作物冠层温度对比结果见表 6.6。从表中可见，距离监测仪器较近的 $X1$ 结果稍好；但与解放闸灌域统计结果不同的是，基于 Sobrino 法和覃志豪法计算的地表比辐射率参数反演的地表温度数据，与地面监测数据对比的统计参数没有明显差别。2 个像元平均温度与地面监测数据对比中，也可以看到两种方法的统计参数是非常接近的。可能原因是解放闸灌域试验点农田区域较大并且灌水处理是相同的，下垫面土壤水分空间差异性不大。而大兴试验站监测仪器附近农田是节水灌溉试验小区，有明显的灌水处理，其土壤水分含量不均匀、空间差异性较大，从而导致作物干旱程度是有明显差异的，作物冠层温度也就变化较大。

表6.6 大兴试验站遥感反演地面温度与观测数据对比统计分析

像元	观测时间	方法	R^2	$RMSE/℃$	$RE/\%$	d
X1	11：00	Sobrino 法	0.46	3.38	12.1	0.77
X2	11：00	Sobrino 法	0.39	3.67	13.1	0.73
X1～X2 平均	11：00	Sobrino 法	0.43	3.51	12.6	0.75
X1	11：00	覃志豪法	0.47	3.27	11.4	0.78
X2	11：00	覃志豪法	0.40	3.49	12.2	0.74
X1～X2 平均	11：00	覃志豪法	0.44	3.37	11.8	0.76

大兴试验站作物种植一直是冬小麦、夏玉米轮作，数据分析期间的5—10月份，包含了5—6月份的小麦、7—9月份的玉米。因而有可能是两种作物不同的生长特性，造成了遥感与地面反演结果对比统计参数存在差异。

6.2.7 变化趋势分析

根据上述统计结果分析，为了更好地观察和分析遥感反演地表温度与地面监测结果对比以及引起误差的原因，这里展示了4个试验点 X1～X5 或 X1～X2 像元平均遥感反演地面温度与地面监测数据在作物生育期内的变化。同时对比了同时段空气温度和作物根区20cm 处的土壤温度变化，如图6.11所示。

从图6.11可见，解放闸灌域试验点的玉米和向日葵在5月、6月份时，遥感反演地面温度、作物冠层温度和空气温度，三者变化趋势一致，但是数值相差较大；此时向日葵和玉米刚刚播种或正在出苗、作物覆盖度较小。从作物生长旺盛的7月份开始，玉米地空气温度与遥感反演温度和地面监测冠层温度较为接近，说明作物处于不缺水状况；根据试验田灌溉记录，玉米地一直是充分灌溉，与监测数据反映情况吻合 [图6.11（a）]。向日葵地土壤盐分较高，灌水比玉米地少，因此空气温度与冠层温度差值就稍大一些 [图6.11（b）]。

在7月20日左右收获之前，小麦地遥感反演温度与地面监测数据吻合度很好；收获后处于裸地和杂草状况，因此3种温度趋势一致而差值较大，这也正好解释了前面小麦地统计参数没有玉米地和向日葵地优良的情况 [图6.11（c）]。

大兴试验点监测仪器所处试验地是冬小麦、夏玉米连作，从图6.11（d）中可见冠层温度与空气温度趋势基本一致。6—7月二者数值有差异，此时处于冬小麦收获后、夏玉米生育初期，没有灌溉的下垫面有干旱缺水情况。

作物根区20cm深度土壤温度的变化趋势与空气温度一致，但是因作物不同而有不一致的地方。在5—6月，解放闸灌域玉米地和向日葵地是上升趋势，然后随着植被覆盖度快速加大，土壤温度开始下降。春小麦主要生育期间土壤温度一直处于上升趋势。大兴试验点是冬小麦6月中旬收获随后即播种玉米，因此土壤温度是上述两种变化趋势的结合。

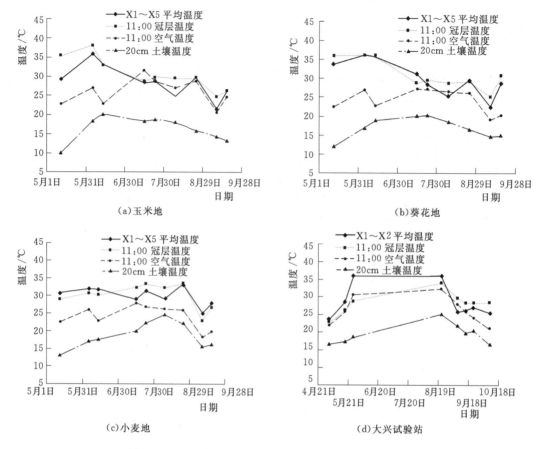

图 6.11　2015 年地面观测数据与遥感反演温度变化对比

6.2.8　结果讨论

本研究的目的是探讨遥感反演地表温度与地面实测数据能否相互验证及其吻合程度，由此将可以通过点试验数据的验证和拟合，结合此时观测的农田干旱情况，利用遥感反演的大尺度特性，将率定参数推广到灌域尺度，从而进行大范围、区域性干旱监测和灌溉管理。通过上述数据监测结果对比分析可以看到，利用 Sobrino 方法或者覃志豪法计算地表比辐射率来反演地面温度，可以很好地与地面监测数据相吻合。其中玉米、春小麦试点采用简单的 Sobrino 法为宜，向日葵地利用覃志豪方法较好，冬小麦-夏玉米连作区两种方法计算结果差别不大。

通过分析发现，下垫面作物种植类型一致、土壤供水空间变化较小的区域，遥感反演数据与实际地面监测结果相吻合度较高。通过对监测中心点位置临近 5 个像元的平均遥感反演地面温度数据对比效果来看，此时可以用监测点数据来代表本区域情况（90m×90m），因此这种方法可以对大型灌区的干旱监测和灌溉管理提供很好的支撑。每个监测点数据所能代表的最大可能面积，将是下一步研究的内容。

农田典型区域农情数据的实时连续监测和采集，是点面结合、区域灌溉管理的难点和重要一环。这里采用的 CTMS-On line 型作物冠层温度及环境因子测量系统，附带近 10 种传感器，利用太阳能供电能够在野外连续观测 1 年以上。考虑到数据处理器功率和节能的要求，数据采集间隔设定是 1h，而 2015 年在解放闸灌域卫星过境的时刻正好处于监测时间的中间位置，两者没能完全重合。因此，为更好与遥感反演数据对应，进一步改进和研发本系统、加大数据采集频率，也是下一步工作重点。

6.3 本章小结

通过玉米和向日葵田间水平和垂直温度观测可见，试验田块内玉米和向日葵生育期内水平方向上 10：00—15：00 各时刻冠层温度的变异系数均小于 5%，说明生育期内两种作物在水平方向上冠层温度变化差异很小。在典型日内，水平方向上玉米田块和向日葵田块不同取样点的冠层温度之间的差异较小，基本上都在 1.0℃ 以内。在玉米和向日葵整个生育期内，垂直方向上的农田温度 T_a、T_c、T_{s-0} 和 T_{s-20} 有着明显的梯度变化规律。在作物生育前期，垂直方向农田温度变化基本上是 $T_{s-0} > T_a > T_c > T_{s-20}$；在作物生育中期和后期，垂直方向农田温度变化基本上是 $T_a > T_c > T_{s-0} > T_{s-20}$。

利用研发的在线式作物冠层温度及田间多参数观测系统，通过地面田间数据的连续采集和卫星过境遥感影像的地面温度反演，对内蒙古河套灌区解放闸灌域和北京大兴区试验站 4 种典型农田的地表温度与作物冠层温度数据进行了对比分析。可以得到如下结论。

（1）在下垫面植被均匀、土壤水分空间变异性较小的区域，利用 LandSat8 卫星影像反演地表温度，可以很好地与地面作物冠层温度监测结果相吻合。地面监测点数据可以代表临近 5 个像元（90m×90m）的情况。

（2）利用 Sobrino 方法或者覃志豪法计算地表比辐射率来反演地面温度，适用于不同作物类型。玉米、春小麦区域采用简单的 Sobrino 法为宜，向日葵地利用覃志豪方法较好，冬小麦-夏玉米连作区两种方法计算结果差别不大。

（3）地面监测点布设方案和合理数目、点面数据结合进行区域干旱判断和灌溉管理，以及地面监测系统的优化改进，是进一步研究的重点。

参 考 文 献

蔡甲冰，许迪，司南，等，2015. 基于冠层温度和土壤墒情的实时监测与灌溉决策系统 [J]. 农业机械学报，46（12）：118-124.

黄耀欢，王建华，江东，等，2009. 基于蒸散遥感反演的全国地表缺水分区 [J]. 水利学报，40（8）：927-933.

热伊莱·卡得尔，玉素甫江·如素力，高倩，等，2016. 新疆焉耆盆地地表温度时空分布对 LUCC 的响应 [J]. 农业工程学报，32（20）：259-266.

覃志豪，Li Wenjuan，Zhang Minghua，等，2003. 单窗算法的大气参数估计方法 [J]. 国土资源遥感，（2）：37-43.

覃志豪，李文娟，徐斌，等，2004. 陆地卫星 TM6 波段范围内地表比辐射率的估计 [J]. 国土资源遥感，（3）：28-41.

夏浪，毛克彪，马莹，等，2014. 基于可见光红外成像辐射仪数据的地表温度反演 [J]. 农业工程学报，30（8）：109－116.

徐涵秋，2015. 新型 Landsat 8 卫星影像的反射率和地表温度反演 [J]. 地球物理学报，58（3）：741－747.

徐永明，覃志豪，沈艳，2011. 基于 MODIS 数据的长江三角洲地区近地表气温遥感反演 [J]. 农业工程学报，27（9）：63－68.

徐永明，覃志豪，万洪秀，2011. 热红外遥感反演近地层气温的研究进展 [J]. 国土资源遥感，23（1）：9－14.

杨贵军，孙晨红，历华，2015. 黑河流域 ASTER 与 MODIS 融合生成高分辨率地表温度的验证 [J]. 农业工程学报，31（6）：193－200.

赵春江，2014. 农业遥感研究与应用进展 [J]. 农业机械学报，45（12）：277－293.

周剑，程国栋，李新，等，2009. 应用遥感技术反演流域尺度的蒸散发 [J]. 水利学报，40（6）：679－686.

周义，覃志豪，包刚，2014. 热红外遥感图像中云覆盖像元地表温度估算研究进展 [J]. 光谱学与光谱分析，34（2）：364－369.

ANDERSONA M C, CAMMALLERIA C, HAIN C R, et al, 2013. Using a diagnostic soil－plant－atmosphere model for monitoring drought at field to continental scales [J]. Procedia Environmental Sciences, 19：47－56.

CLAWSON K L, JACKSON R D, PINTER P J, 1988. Evaluating plant water stress with canopy temperature differences [J]. Agronomy Journal, 88（6）：858－863.

DEJONGEA K C, TAGHVAEIANB S, TROUT T J, et al, 2015. Comparison of canopy temperature－based water stress indices for maize [J]. Agricultural Water Management, 156：51－62.

ENVI－IDL 中国技术组，2015－07－02. 基于大气校正法的 Landsat8 TIRS 反演地表温度 [R/OL]. http://blog.sina.com.cn/s/blog_764b1e9d0102wa8s.html.

JACKSON R D, IDSO S B, REGINATO R J., et al, 1981. Canopy temperature as a crop water stress indicator [J]. Water resources research, 17（4）：1133－1138.

JIMENEZ－MUNOZ J C, SOBRINO J A, GILLESPIE A, et al, 2006. Improved land surface emissivities over agricultural areas using ASTER NDVI [J]. Remote Sensing of Environment, 103：474－487.

KUSTAS W P, NORMAN J M, 2009. Advances in thermal infrared remote sensing for land surface modeling [J]. Agricultural and Forest Meteorology, 149：2071－2081.

LEBOURGEOIS V, CHOPART J L, BEGUE A, et al, 2010. Towards using a thermal infrared index combined with water balance modelling to monitor sugarcane irrigation in a tropical environment [J]. Agricultural Water Management, 97：75－82.

NASA office, 2013－06－26 [2016－07－06]. Atmospheric correction parameter calculator [EB/OL]. http://atmcorr.gsfc.nasa.gov/.

SCHULTZ G A, ENGMAN E T 著，韩敏译，2006. 水文与水管理中的遥感技术 [M]. 北京：中国水利水电出版社.

SOBRINO J A, JIMENEZ－MUNOZ J C, PAOLINI L, 2004. Land surface temperature retrieval from LANDSAT TM 5 [J]. Remote Sensing of Environment, 90：434－440.

SOBRINO J A, JIMENEZ－MUNOZ J C, ZARCO－TEJADA P J, et al, 2006. Land surface temperature derived from airborne hyperspectral scanner thermal infrared data [J]. Remote Sensing of Environment, 102：99－106.

SOBRINO J A, RAISSOUNI N, LI ZHAO－LIANG, 2001. A Comparative Study of Land Surface Emissivity Retrieval from NOAA Data [J]. Remote Sensing of Environment, 75：256－266.

第7章

基于多源遥感信息的灌区农田作物需耗水估算

作物种植结构包括区域作物类型、面积和种植模式等多项农业信息，是农业和灌溉用水管理的重要依据。遥感技术作为现代信息技术，具有宏观、快速、客观、准确等优点，能够快速获取大面积作物生长状态实时信息，为实施精确农业提供技术支撑。与单一遥感数据相比，多源遥感数据的优越性体现在彼此之间的互补性上。河套灌区节水改造工程实施以来，作物种植结构发生很大变化，而农业耗水和水土环境与种植结构调整息息相关。本章通过构建高时空植被生长特征数据集，结合地面实体作物归一化植被指数（NDVI）变化曲线、迭代自组织数据分析技术（ISODATA）、光谱耦合技术（SMT）以及 Google Earth 工具实现对解放闸灌域农田不同作物的识别和提取。采用 SEBS（surface energy balance system）遥感蒸散发模型生成 Landsat 空间尺度蒸散发数据，并结合 MODIS 日蒸散发数据，利用数据融合算法实现蒸散发的空间降尺度，进而构建高时空分辨率蒸散发数据集；通过田块尺度和区域尺度水量平衡模型对蒸散发融合结果进行评价。根据研究区域多年种植结构空间信息，提取和分析不同作物生育期和非生育期年际耗水变化。为研究大型灌区节水改造实施以来种植结构调整对灌区农业耗水变化以及农业灌溉用水管理提供参考和依据。

7.1 区域试验观测及遥感数据融合方法

7.1.1 研究区概况

解放闸灌域（106°43′～107°27′E，40°34′～41°14′N）位于内蒙古河套灌区的西部，如图 7.1 所示。解放闸灌域为河套灌区第二大灌域，南临黄河，北靠阴山，西与乌兰布和沙漠接壤，东与永济灌域毗邻。南北长约 87km，东西宽约 78km，呈三角形，地势由东南向西北微度倾斜，坡度约为 0.02%，海拔在 1030～1046m 之间（茬伟伟，2013）。

灌域处于干旱、半干旱内陆地区，属于典型的温带大陆性气候，风大雨少，气候干

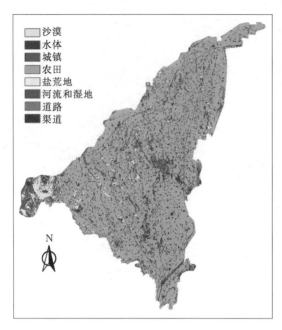

图 7.1　解放闸灌域地理位置及土地利用类型

燥；年平均降雨量为 151mm，集中在 6—9 月，占全年 70％左右，4—6 月降水偏少，约 30％；年均蒸发量（20cm 蒸发皿）达 2300mm，年内平均气温为 9℃，年平均无霜期为 160～180d，灌区热量充足，年日照时数达 3100～3300h，10℃以上活动积温达 2700～3200℃。昼夜温差较大，夏季炎热，冬季严寒，土壤冻融期达 180d。

解放闸灌域为河套灌区重要的粮、油、糖基地，灌域总土地面积约为 323.52 万亩，其中 60％以上为耕地，土壤类型为潮灌淤土和盐化土，土壤质地为壤土，土壤容重为 1.41～1.6g/cm³。灌域作物为一年一季，其中粮食作物以春玉米（生长季为 5—10 月）和春小麦（生长季为 4—7 月）为主，经济作物以向日葵（生长季为 6—10 月）为主，还种植有一定比例的瓜果、蔬菜和牧草等。灌域降水较少，作物生长主要由引黄灌溉保障，灌水方式为畦灌，是典型的无灌溉就无农业的地区（茌伟伟，2013；陆圣女，2008）。

7.1.2　试验观测情况

田间试验于 2014 年和 2015 年的 4—10 月，在内蒙古河套灌区解放闸灌域开展，分别选取田块尺度、灌域尺度开展大田试验，试验区地理位置及采样点分布如图 7.2 所示。其中，解放闸灌域选定 40 个点进行采样，采样点覆盖不同作物类型，包括春玉米、春小麦、向日葵以及蔬菜等，定期进行人工取样或观测，频率为从作物生长季开始（4 月初），解放闸灌域每月 1 次，其中在线式实时墒情监测系统（蔡甲冰等，2015）布设 8 套，数据采集频率为每小时；沙壕渠支渠选取 20 个点进行观测，覆盖不同作物类型，每半个月采样一次，其中在线式实时墒情监测系统布设 2 套，数据采集频率为每小时；田块尺度分别选择春玉米、春小麦和向日葵三种作物类型进行观测，采样频率为 5～7d。

1. 田间观测项目

根据解放闸灌域作物类型和田块尺度，仪器安装和数据监测分别选取春玉米、春小麦和向日葵三种主栽作物，试验田块位于内蒙古河套灌区解放闸灌域沙壕渠光明二队，如图 7.2 所示。为保证几何校正后的遥感影像像元为纯像元（Landsat 系列卫星可见光分辨率，30m），即像元监测的对象为一种作物类型，作物田块选择的尺寸均大于 60m×60m。其中春玉米种植的品种为泽玉 19，种植时间为 2015 年 5 月 1 日，收获时间为 9 月 20 日，整个生育期为 143d。向日葵种植的品种为 F2008，种植时间为 2015 年 5 月 28 日，收获时间为 9 月 13 日，整个生育期为 109d。春小麦的种植时间为 2015 年 3 月底，收获时间为 7 月底。观测项目主要包括以下内容。

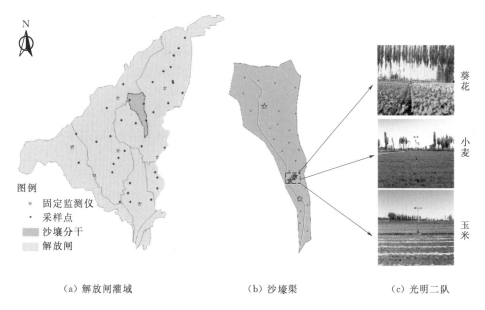

（a）解放闸灌域　　　　　　（b）沙壕渠　　　　　　（c）光明二队

图 7.2　解放闸灌域试验区位置及采样点分布

（1）土壤水分观测：采用 CTMS‐On line 型环境因子测量系统定点观测（蔡甲冰等，2017），监测仪带有 4 层土壤水分传感器，分别为 0～20cm、20～40cm、40～60cm、60～80cm，监测内容包括土壤水分、温度和水势参数。该系统的优点在于可以获得每小时连续观测数据，并可通过 GPRS 在线传输数据，每日通过 SIM 卡将数据发送至服务器。与此同时，在不同田块采用烘干法进行测定，用于对土壤水分测量系统的率定和验证，取样频率为 5～7d，灌溉及降雨前后加测。土壤水分数据主要应用于根区水量平衡模型和土壤墒情遥感反演中。

（2）地下水水位通过田块观测井每日监测：用卷尺直接测量地下水观测井内水位埋深，减去地下水观测井高于地面部分即为地下水埋深（图 7.3）。地下水埋深观测主要用于计算土壤水分的渗漏量或者地下水对土壤水的补给量。

图 7.3　地下水人工观测井及测量标尺

（3）灌溉水量通过梯形堰人工观测并记录：春玉米、春小麦和向日葵生育期内灌溉量采用梯形堰进行量测。记录梯形堰断面水位，每 5～10min 记录一次，直到农户停止灌溉。表 7.1 为 2015 年不同作物生育期灌溉时间及灌溉量。

表 7.1　　　　　　　　　2015 年不同作物生育期灌溉时间及灌溉量

日　　期	灌　溉　量/mm		
	春玉米	春小麦	向日葵
2015 年 5 月 14 日	—	—	207.28
2015 年 5 月 15 日	—	135.97	—
2015 年 5 月 19 日	—	—	168.58
2015 年 6 月 22 日	183.79	—	—
2015 年 6 月 25 日	—	142.53	—
2015 年 6 月 28 日	—	—	90.56
2015 年 7 月 7 日	150.89	—	—
2015 年 7 月 12 日	—	—	90.35
2015 年 7 月 30 日	149.28	—	—
2015 年 8 月 3 日	—	—	63.54

（4）作物生长指标观测（叶面积指数、生物量）如下：

株高：每种作物选取具有代表性的植株 3 株，挂牌标记。用卷尺直接量测地表以上作物高度，采样间隔为 5～7d。

生物量：春小麦，在试验点取中等长势的 20cm 长小麦，截取地上部分，记录样本的植株数量和叶片个数，装入纸带，测量湿重；然后尽快放入烘箱杀青，在 45～50℃连续烘烤 48h，称取其干重。春玉米和向日葵分别选择有代表性的植株 5 棵进行测定，测定方法同春小麦。

叶面积指数：在春小麦各生育期内，田间测定小麦叶片的长和宽。每次观测时，同时选大、中、小叶片 20 片，测定每个叶片的长和宽，然后利用修正系数计算出实际叶面积，进而计算叶面积指数。春玉米和向日葵测定方法同春小麦。

（5）地表温度观测：本研究中利用 CTMS - On line 型环境因子测量系统采集试验点地表温度，详见第 4 章。根据地面试验点的大小和具体作物种植情况，数据采集系统分别布置在主要农作物春玉米、向日葵和春小麦的种植区域中间（图 7.4），用于监测冠层温度。地面监测仪器的观测是以悬臂带动端部的红外传感器，旋转一周对下垫面作物冠层温度进行扫描，均匀监测 10 个数据进行平均作为冠层温度值。图 7.4 是研究区域观测点与最邻近像元中心点位置图。其中红标 X0 表示仪器安装位置，黄标 X1 表示与 30m 像元尺度相匹配、距离红外仪器最临近的像元中心点位置。像元地理位置按照 Landsat 遥感影像几何精校正后确定。

（6）降水量及其他气象数据：由沙壕渠试验站小气象站提供，包括降水、气温、湿度、风速、太阳辐射等。同时采用简易雨量筒进行人工观测并记录。数据观测主要应用于根层水量平衡模型中。

（a）解放闸灌域春玉米测点

（b）解放闸灌域春玉米地

（c）解放闸灌域春小麦测点

（d）解放闸灌域春小麦地

（e）解放闸灌域向日葵测点

（f）解放闸灌域向日葵地

图 7.4 研究区域观测位点与最邻近像元中心点位置图

2. 灌域试验观测和数据调查

（1）土壤水分观测：根据研究需要，解放闸灌域安装了 10 套在线式土壤水分传感器，具体安装情况见第 5 章。

（2）地下水水位观测：解放闸灌域地下水水位观测由沙壕渠试验站提供，灌域共有观测井 56 眼，监测频率为 5d。区域地下水观测数据主要应用于区域水量平衡模型中，为区域耗水验证工作提供数据支持。同时为节水改造效果评价提供基础资料。

（3）作物生长指标观测：方法与定点试验区田间观测一致，采样间隔为15～30d。

（4）气象数据及降水量：灌域气象数据来源于国家气象局每日观测数据，包括杭锦后旗和临河两个站点。观测内容包括降水、气温、湿度、风速、太阳辐射等。除从国家气象局获取外，同时采用简易雨量筒分别对土壤墒情监测仪安装点进行人工加测。气象数据观测主要应用于区域水量平衡模型以及蒸散发反演中。

7.1.3 种植结构调查

于2014年7月12—16日、2015年7月5—13日以及2016年7月2—10日分组在解放闸灌域进行种植结构地面调查，此时间段内春小麦处于生育中后期，叶片枯黄；春玉米长势旺盛，株高明显高于其他作物；向日葵处于花期。不同作物长势特征明显，便于区分。调查路线沿公路两侧1km范围左右采样，样点间距为3km左右，覆盖灌域不同乡镇、不同作物。

调查过程中手持GPS获取调查点经纬度并记录，调查内容主要包括作物类型、作物种植密度、作物面积比例、作物种植时间以及作物长势等。为了与Landsat遥感影像空间尺度相匹配（30m），保证Landsat像元落在采样点范围内，所选择的样方面积大于60m×60m，同时以样方中心点为参考，在东、西、南、北4个方向各拍一张照片，并确定各采样点不同作物所占比例，以辅助后期种植结构的判别、解译像元位置精度的验证工作。其中2015年最后完成地面调查点共215个。调查路线和调查现场分别如图7.5和图7.6所示。

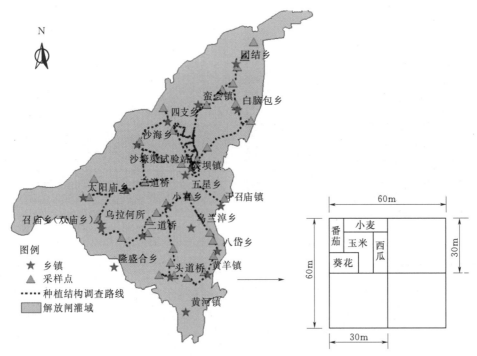

图7.5 解放闸灌域种植结构调查路线及记录样本

图 7.6　解放闸灌域种植结构实地调研现场图

7.1.4　遥感数据及预处理

高空间、低时间分辨率遥感数据来源于 USGS 官网，包括 Landsat5 TM（陈俊等，2008；Gyanesh 等，2004）、Landsat7 ETM＋90（唐海蓉，2003；朱长明等，2010）和 Landsat8 OLI/TIRS 系列数据（初庆伟等，2013；肖倩，2013），空间分辨率分别为 30m，时间分辨率为 16d。根据遥感影像质量（晴空或少量云覆盖），分别选取 2000 年、2002 年、2005 年、2008 年、2010 年和 2015 年作为研究时段，根据研究地区不同作物生长期，影像年内跨度为 4—10 月，数据清单见表 7.2。Landsat 系列所有影像在 ENVI 平台下，经过辐射、大气校正（Bernstein 等，2017）、条带修复、镶嵌和裁剪，并利用手持 GPS 采集的地面控制点统一进行几何精校正，误差控制在 1/2 个像元以内。

表 7.2　　　　　　　　　　　　2000—2015 年晴空 Landsat 系列影像

年份	数量	日　序		
		Landsat5	Landsat7	Landsat8
2000	7	107，251	83，163，195，243，291	—
2002	6	176，192	72，136，232，280	—
2005	9	88，104，120，152，168，264，280	208，224	—
2008	9	97，145，177，273，289	153，201，249，297	—

续表

年份	数量	日　序		
		Landsat5	Landsat7	Landsat8
2010	11	86，102，118，134，182，198，278	174，190，238，254	—
2014	8	—	137，185，281	097，113，145，209，289
2015	10	—	124，156，204，236，268	84，244，260，276，292

高时间、低空间分辨率 MODIS 数据（刘荣高等，2009；Salononson 等，2006）来源于 USGS 官网，其中 MOD09GA 空间分辨率为 500m，MOD11A1 空间分辨率为 1000m，数据年际跨度为 2000—2015 年，年内跨度为 4—10 月。影像经筛选为晴空或少量云覆盖，数据清单见表 7.3。MOD09GA 标准陆地产品已经过辐射、大气和几何校正，通过 MRT 工具重投影到 WGS84/UTM（北 48 区）坐标系统（Kalvelage 等，2005），空间分辨率重采样到 30m，与 Landsat 系列影像尺度相同。根据处理后 Landsat 和 MODIS 红、近红外波段数据，生成研究区域归一化差值植被指数（$NDVI$）数据集。MOD11A1 数据为地表温度数据，通过 MRT 工具重投影到 WGS84/UTM（北 48 区）坐标系统，空间分辨率重采样到 30m，与 Landsat 系列影像尺度相同。MODIS 蒸散发数据由（杨雨亭等，2013）提供，同样重投影到 WGS84/UTM（北 48 区），空间分辨率重采样到 30m，与 Landsat 系列影像尺度相同。

表 7.3　　　　　　　　　　2000—2015 年晴空 MODIS 系列影像

年份	日　序		
	MOD09GA	MOD11A1	MODIS/蒸散发
2000	83，113，127，143，163，173，195，207，216，243，258，268，291	—	每日
2002	72，113，130，136，157，174，187，205，217，232，248，268，280	—	每日
2005	114，128，147，161，173，193，208，224，238，256，274	—	每日
2008	107，121，139，153，170，184，197，217，235，249	—	每日
2010	113，126，142，156，174，190，205，220，238，254，269，281	—	每日
2014	79，114，125，137，154，169，187，201，211，218，238，252，276，283	113，117，119，123，124，125，126，137，140，145，147，149，160，167，185，188，194，195，198，199，206，207，209，210，211，220，228，229，237，240，245，246，247，251，252，261，262，263，271，277，278，279，280，281	每日

年份	日 序		MODIS/蒸散发
	MOD09GA	MOD11A1	
2015	111，124，139，156，173，191，218，236，256，268，282	111，114，115，118，124，135，139，142，145，156，167，169，178，184，191，192，194，204，205，209，210，215，217，219，224，226，234，235，236，239，244，249，255，256，257，258，260，261，263，265，268，271，276，277，278	每日

7.1.5 数据融合方法

增强自适应时空融合算法（enhance spatial and temporal adaptive reflectance fusion model，ESTARFM）（zhu 等，2010）可以有效互补不同遥感数据源的优势，以生成适宜的时间和空间分辨率影像。该方法起初应用于低级遥感产品的空间降尺度，如不同波段地表反射率等地表参数。现将其应用于较高级别的不同尺度遥感数据源，如 Landsat 和 MODIS 尺度蒸散发以及 Landsat 和 MODIS 尺度土壤墒情。其目的在于实现不同级别和不同源遥感数据的空间降尺度，以满足研究区域对高时空分辨率种植结构、蒸散发和土壤墒情的需求。

该融合算法的原理为：高分辨率影像中具有较丰富的地物特征信息，取各相似像元的加权和来代替范围内中心像元的像素值，以达到低分辨率影像的降尺度目的。而权重的选取依赖于高空间分辨率和低空间分辨率两种数据，包括距离权重、光谱权重和时间权重，如图 7.7 所示。该算法主要包括 4 个部分：①读取给定窗口范围内像元值；②相似像元的提取，在预测像元附近，选取与之具有相似特征的像元；③有效像元的筛选，在相似像元的基础上筛选出有效像元，即筛选出的像元应比中心像元提供信息更加准确；④权重计算，权重决定了各相似像元对预测像元的贡献，该权重与像元相对位置、高低分辨率之间

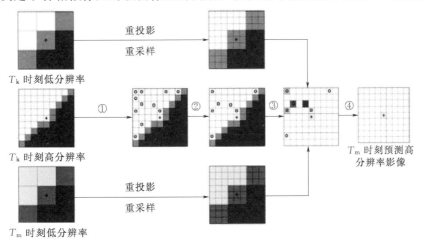

图 7.7 数据融合算法流程及原理图（Gao，2006；Zhu，2010）

的光谱相似性以及预测影像与给定影像之间的时间差等因素相关。

该算法考虑了临近像元与目标像元之间的光谱距离权重、空间距离权重和时间距离权重，通过临近相似像元的光谱信息来预测目标像元的辐射值。算法利用与预测时期相邻高分辨率影像和低分辨率影像，融合预测时期低分辨影像来生成预测时期新的高分辨率影像。最终预测时期高分辨率影像计算式为

$$L_k(x_{w/2}, y_{w/2}, t_p) = L(x_{w/2}, y_{w/2}, t_k) + \sum_{i=1}^{N} W_i V_i [M(x_i, y_i, t_p) - M(x_i, y_i, t_k)] (k = m, n)$$
(7.1)

$$L(x_{w/2}, y_{w/2}, t_p) = T_m L_m(x_{w/2}, y_{w/2}, t_p) + T_n L_n(x_{w/2}, y_{w/2}, t_p)$$
(7.2)

$$T_k = \frac{1 / \left| \sum_{j=1}^{w} \sum_{i=1}^{w} M(x_j, y_i, t_k) - \sum_{j=1}^{w} \sum_{i=1}^{w} M(x_j, y_i, t_p) \right|}{\sum_{k=m,n} \left[1 / \left| \sum_{j=1}^{w} \sum_{i=1}^{w} M(x_j, y_i, t_k) - \sum_{j=1}^{w} \sum_{i=1}^{w} M(x_j, y_i, t_p) \right| \right]} \quad (k = m, n)$$
(7.3)

式中：w 为相似像元搜索窗口；$(x_{w/2}, y_{w/2})$ 为中心像元位置；(x_i, y_i) 为第 i 个相似像元；$L(x_{w/2}, y_{w/2}, t_k)$ 和 $M(x_i, y_i, t_k)$ 为 $k(k=m, n)$ 时期高分辨率影像和低分辨率 $NDVI$ 影像；$L_m(x_{w/2}, y_{w/2}, t_p)$ 和 $L_n(x_{w/2}, y_{w/2}, t_p)$ 为 t_m 和 t_n 时期高、低分辨率影像共同预测的 t_p 时期高分辨率 $NDVI$ 影像；$L(x_{w/2}, y_{w/2}, t_p)$ 为最终预测时期高分辨率 $NDVI$ 影像；V_i 为转换系数；T_m 和 T_n 为 t_m 和 t_n 时期的时间权重因子；W_i 为综合权重因子。

W_i 表达式为

$$W_i = (1/D_i) / \sum_{i=1}^{N} (1/D_i)$$
(7.4)

$$D_i = (1 - R_i) d_i$$
(7.5)

$$d_i = 1 + \sqrt{(x_{w/2} - x_i)^2 + (y_{w/2} - y_i)^2} / (w/2)$$
(7.6)

$$R_i = \frac{E\{[L_i - E(L_i)][M_i - E(L_i)]\}}{\sqrt{D(L_i)} \times \sqrt{D(M_i)}}$$
(7.7)

$$L_i = \{L(x_i, y_i, t_m, b_1), \cdots, L(x_i, y_i, t_m, b_n),$$
$$L(x_i, y_i, t_n, b_1), \cdots, L(x_i, y_i, t_n, b_n)\}$$
(7.8)

$$M_i = \{M(x_i, y_i, t_m, b_1), \cdots, M(x_i, y_i, t_m, b_n),$$
$$M(x_i, y_i, t_n, b_1), \cdots, M(x_i, y_i, t_n, b_n)\}$$
(7.9)

式中：R_i 为光谱权重；d_i 为空间距离权重；L_i 和 M_i 分别为第 i 个像元高、低空间分辨率像元的光谱矢量；$E(\cdot)$ 为期望值；$D(\cdot)$ 为方差。$b_1 \sim b_n$ 为像元特征值。

7.2　灌区作物遥感识别

作物种植结构包括区域作物类型、面积和种植模式等多项农业信息，是农业和灌溉用水管理的重要依据。河套灌区节水改造工程实施以来，作物种植结构发生很大变化，而农业耗水和水土环境与种植结构调整息息相关。本节通过构建高时空植被生长特征数据集，

结合地面实体作物归一化植被指数（NDVI）变化曲线、迭代自组织数据分析技术（ISO-DATA）、光谱耦合技术（SMT）以及 Google Earth 工具实现对解放闸灌域农田不同作物的识别和提取，并在此基础上分析河套灌区解放闸灌域多年种植结构时空特征变化及其与水土环境因子之间的相关性。

7.2.1 迭代自组织数据分析技术及光谱耦合技术

ISODATA 迭代自组织数据分析技术是一种遥感图像非监督分类方法，可以根据统计参数对已有类别进行取消、分裂、合并处理。该算法在没有先验知识的情况下进行分类，具有自组织性：首先选定若干聚类中心，按照最小距离准则使其余像元向各中心聚集，判断各聚类是否满足分类要求，如没有达到要求则原始聚类将被分裂，各像元重新聚类，通过逐步迭代，直到各分类结果满足要求为止。

由于人力和物力因素的限制，不能提供足够的地面详细信息，对包含时间系列数据的宏影像（由 ETM＋可见光、近红外波段和 NDVI 时间序列波段组成）分类一般采用 ISO-DATA 迭代自组织数据分析技术（朱述龙等，2008；李天平等，2008），该算法将具有相似光谱特征的像元进行归类合并。本章中所用到的 ISODATA 算法通过 ENVI/IDL 平台中 ISODATA 模块实现。

光谱耦合技术 SMT 广泛应用于高光谱遥感信号解译中，其基本原理是比较多光谱曲线与已知特征曲线的相似度，从而对研究对象与目标进行分类（Honagouni 等，2003）。生育期内 NDVI 时间序列变化与高光谱具有类似的特性，因此用 NDVI 时间序列取代了光谱波段。光谱相似度 SSV 可以用来度量两个光谱间的差异，光谱相似度主要表现在形状和数量级相似两方面。其表达式为

$$SSV = \sqrt{d_e^2 + \hat{r}^2} \tag{7.10}$$

式中：d_e 为欧氏距离，度量光谱间数量级；$\hat{r}$ 为度量光谱的形状差异。

$$d_e = \sqrt{\frac{1}{n} \sum_{i=1}^{n} (X_i - Y_i)^2} \tag{7.11}$$

式中：n 为类别 NDVI 时间序列长度；X、Y 为类别 NDVI 时间序列。

$$r = \frac{1}{n-1} \left[\frac{\sum_{i=1}^{n} (t_i - \mu_i)(h_i - \mu_h)}{\sigma_t \sigma_h} \right] \tag{7.12}$$

$$\hat{r}^2 = 1 - r^2 \tag{7.13}$$

式中：r 为皮尔逊相关系数，取 $-1 \sim 1$，其值越大越好；n 为光谱时间序列长度；t_i 为已知类 NDVI 时间序列值；μ_i 为已知类 NDVI 时间序列均值；h_i 为目标类 NDVI 序列值；μ_h 为目标类时间序列均值；σ_h 为已知类系列的标准差；σ_t 为目标类标准差。

7.2.2 地表参数空间降尺度

遥感技术提取作物信息的最常用指标是归一化植被指数（NDVI），该指标能够综合反映作物在可见光和近红外波段的反射特性，被广泛应用于作物分类和生长状况评价，其值为近红外波段的反射值与红光波段的反射值之差与两者之和的比值（Julien 等，2009；

Tucker 等，1986；Lo 等，1995）。

对于不同作物，*NDVI* 生育期变化曲线不同，因此可根据 *NDVI* 曲线之间的差异来区分作物类型。而 Landsat 空间尺度影像往往受云雨天气影响，不能提供生育期内等间隔的 *NDVI* 特征变化，MODIS 影像再访周期短，虽然可以提供足够的地表特征数据，但其空间分辨率为 250～1000m，不能细化地表特征参数。因此，通过 ESTARFM 算法，利用 Landsat *NDVI* 详细的空间纹理信息对 MODIS *NDVI* 进行降尺度，获取半月时间尺度 *NDVI* 特征影像，进而对研究区域农田作物进行识别、分类。

利用 Landsat 7 ETM＋和 MOD09GA 晴空近红外、红光波段，生成 2000 年、2002 年、2005 年、2008 年、2010 年和 2015 年不同尺度 *NDVI* 数据集，通过 ESTARFM 融合算法构建田块尺度 16 天的 *NDVI* 数据集。以 2000 年和 2015 年 Landsat7 ETM＋及 MOD09GA 影像计算的 *NDVI* 为例，对解放闸灌域范围内融合的 *NDVI* 影像（1000 像元 ×1000 像元）进行分析。2000 年和 2015 年晴空 Landsat7 ETM＋及 MOD09GA 遥感影像日期如图 7.8 所示。

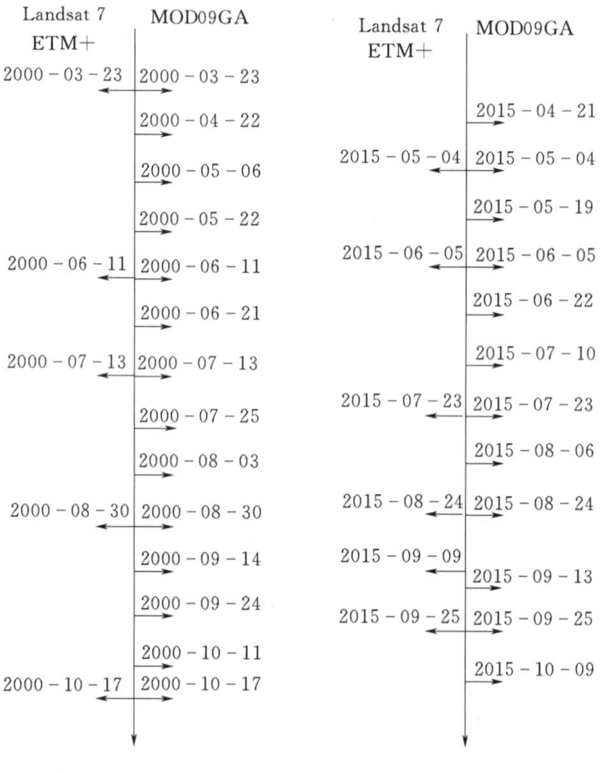

Landsat 7 ETM＋	MOD09GA		Landsat 7 ETM＋	MOD09GA
2000－03－23	2000－03－23			
	2000－04－22			2015－04－21
	2000－05－06		2015－05－04	2015－05－04
	2000－05－22			2015－05－19
2000－06－11	2000－06－11		2015－06－05	2015－06－05
	2000－06－21			2015－06－22
2000－07－13	2000－07－13			2015－07－10
	2000－07－25		2015－07－23	2015－07－23
	2000－08－03			2015－08－06
2000－08－30	2000－08－30		2015－08－24	2015－08－24
	2000－09－14		2015－09－09	2015－09－13
	2000－09－24		2015－09－25	2015－09－25
	2000－10－11			2015－10－09
2000－10－17	2000－10－17			

图 7.8　2000 年和 2015 年晴空 Landsat7 ETM＋及 MOD09GA 遥感影像

图 7.9 为 2000 年 7 月 13 日和 2015 年 7 月 23 日 Landsat 影像与融合影像空间对比。2000 年 7 月 13 日融合影像由 landsat7 ETM＋ 6 月 11 日、8 月 30 日和 MOD09GA 6 月 11 日、7 月 13 日和 8 月 30 日 5 景影像共同生成，合成波段 G、R、B 分别为 green、red、near。2015 年 7 月 23 日融合影像由 landsat7 ETM＋ 6 月 5 日、8 月 24 日和 MOD09GA 6 月 5 日、7 月 23 日和 8 月 24 日 5 景影像共同生成，合成波段 G、R、B 分别为 green、 red、near。可以看到融合影像在空间分布上与同期 Landsat 影像一致，在 30m 分辨率尺度能够反映出空间差异，两者纹理特征一致性较好。其中蓝色代表植被区域，黄色代表非植被区域（城镇、道路等），黑色部分代表水体。

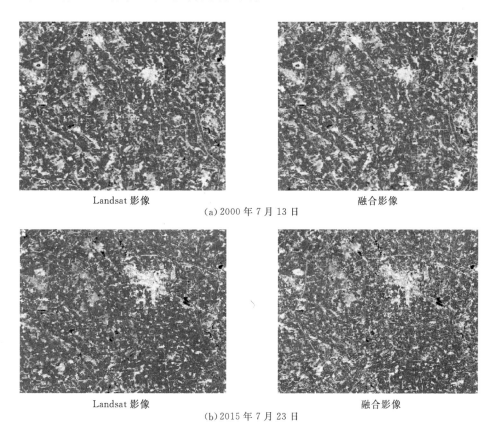

Landsat 影像　　　　　　　　　　　　　融合影像

(a) 2000 年 7 月 13 日

Landsat 影像　　　　　　　　　　　　　融合影像

(b) 2015 年 7 月 23 日

图 7.9　Landsat 影像与融合影像空间对比（G、R、B：Green/Red/Near）

图 7.10（a）为 2000 年 7 月 13 日融合结果，从左到右依次为实际影像 Landsat7 ETM＋（7 月 13 日）红色、近红外波段计算所得 $NDVI$ 图像、同期融合影像（由 Landsat7 ETM＋ 6 月 11 日、8 月 30 日和 MOD09GA 6 月 11 日、7 月 13 日和 8 月 30 日 5 景影像共同生成）生成的 $NDVI$ 图像、实测值与预测值相关性分析和差值直方图。融合影像 $NDVI$ 在空间差异性和分布上与实际影像一致，在 30m 分辨率尺度能够反映空间差异，高灰度值代表植被区域，低灰度值代表非植被区域。从相关性来看，其散点值分布在 $y＝x$ 线附近，相关系数达 0.89，表明在空间分布上 $NDVI$ 高低值变化一致。由差值直方图可知，$NDVI$ 实际值与 $NDVI$ 融合值差值均值为 0.004，标准偏差为 0.104，融合结果良好。

图 7.10（b）为 2015 年 7 月 23 日预测结果，从左到右依次为实际影像（Landsat7 ETM＋ 7 月 23 日）计算所得 $NDVI$ 图像、融合影像（由 Landsat7 ETM＋ 6 月 5 日、8 月 24 日和 MOD09GA6 月 5 日、7 月 23 日和 8 月 24 日 5 景影像进行生成）生成的 $NDVI$ 图像、实测值与融合值相关性分析和差值直方图。融合结果与同期实际影像空间分布特征

一致。实际影像与预测影像 $NDVI$ 相关性达到 0.81，差值均值为 0.033，标准偏差为 0.128，融合结果良好。

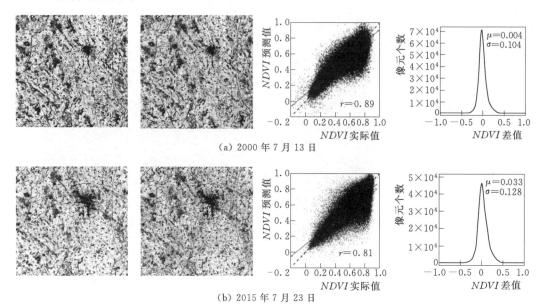

(a) 2000 年 7 月 13 日

(b) 2015 年 7 月 23 日

图 7.10　归一化差值植被指数融合结果

7.2.3　种植结构提取及精度验证

以 2015 年 Landsat7 ETM＋数据为基础，将融合后 $NDVI$ 时间序列与之组合，生成包含 30 个波段的宏影像（ETM＋ 6×3 个波段，分别为 2015－06－05、2015－07－23、2015－08－24，$NDVI$ 时间序列 12 个波段，分别为 2015－04－21、2015－05－04、2015－05－19、2015－06－05、2015－06－22、2015－07－10、2015－07－23、2015－08－06、2015－08－24、2015－09－13、2015－09－25、2015－10－09）。

将解放闸灌域宏影像数据借助 ISODATA 非监督分类算法分成 50 类，对各类别各时期 $NDVI$ 平均值进行统计，生成类别均值 $NDVI$ 变化曲线。结合 Landsat7 ETM＋关键期影像和地面点信息，水体、沙漠、居民点以及盐荒地等非耕地类别可以直接进行识别。对于混合类，由原始宏影像分离出该部分，重新划分为 10 个子类，逐一判别，直至所有类别均被识别。农田类别作物主要生育期 $NDVI$ 平均值变化特征曲线（图 7.11）与地面

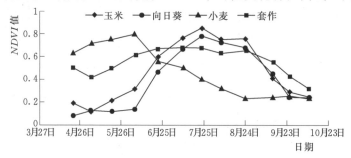

图 7.11　主要作物生育期 $NDVI$ 平均值变化特征曲线

实体作物 *NDVI* 特征曲线，采用光谱相似度进行分析、识别、合并。农田类别中，第 2、3、4 类与春玉米高度相关，相关系数分别达到 0.98、0.98 和 0.97，类别自身也呈相关性，相关系数达到 0.98。第 7、8、9 类与葵花高度相关，相关系数分别达到 0.96、0.99、0.98，类别自身相关性达到了 0.96。第 13、14 类与小麦相关系数分别为 0.83、0.78，类别自身相关性达到 0.95，参照类别 *NDVI* 时序特征及 Google Earth 纹理特征，可以确定为春小麦类。第 15 类与套作（春小麦套向日葵）类相关性达到 0.96。

解放闸灌域范围影像经非监督分类、人机交互识别、类别合并与判定，最终分为 9 大类。其中非耕地分为水体、居民区及建设用地、沙漠和盐荒地 4 类，农田分为玉米、向日葵、小麦、套作以及其他 5 类，2015 年主要作物空间分布如图 7.12 所示。可以看出不同作物空间分布差异明显，向日葵在灌域西南部和东北部分布集中，玉米在南部以及北部边缘分布较为集中，套种和小麦在中部和南部分布较多。

主栽作物的位置精度采用 2015 年 7 月地面实体采样点进行检验。在研究区范围内，137 个均匀分布的调查点参与了精度评估，与分类结果进行逐一对比，得到如表 7.4 所列的精度矩阵，其中行所在信息代表实地调查点作物类型，列所在信息代表分类结果，精度代表遥感解译结果的像元与地面采样点的位置匹配度。

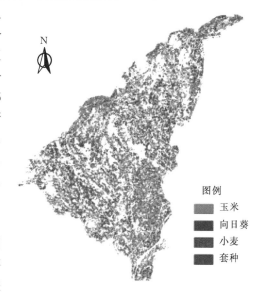

图 7.12 2015 年解放闸灌域主要作物空间分布图

图例
玉米
向日葵
小麦
套种

表 7.4　　　　　　　　　　　遥感影像作物识别位置精度评估

作 物		合计/个	样本数/个					位置精度/%
			向日葵	春玉米	春小麦	套种	其他	
纯像元	向日葵	32	28	2	0	0	2	88
	春玉米	21	0	20	0	1	0	95
	春小麦	12	0	0	11	0	1	91
	套种	10	0	0	0	9	1	90
混合像元	向日葵	15	12	1	0	0	2	80
	春玉米	30	1	26	2	0	1	87
	春小麦	10	0	0	9	0	1	90
	套种	7	0	0	1	6	0	86

由于研究区域地块比较破碎、作物类型较多，将样本点分为纯像元和混合像元，分别对其进行评估，其中纯像元 75 个，混合像元 62 个。纯像元中春玉米、春小麦和套种的分类精度分别达到了 95%、91% 和 90%，均达到较高的精度；向日葵分类精度为 88%，由

于不同品种之间生理指标差异较大，光谱反射特性差异大，其 *NDVI* 特征变化曲线差异也较大，其识别精度会有所降低。其中纯像元分类总体精度达到了 91%，高于混合像元的 86%。就整体而言遥感解译结果的分类精度较好，可以满足对研究区域作物的识别。

对历史种植结构提取的评估，则以杭锦后旗行政区（1790km²，占灌域面积 76.33%）为单位，与遥感监测结果进行总量上的对比分析。统计年鉴种植结构数据跨度 2000—2015 年，遥感监测种植结构数据为 2000 年、2002 年、2005 年、2008 年、2010 年、2014 年和 2015 年，见表 7.5。图 7.13 是不同作物种植面积历年变化趋势，主栽作物春玉米、春小麦和套种种植面积的监测结果与统计数据相一致，由于向日葵不同品种之间物理特性差异较大，遥感监测结果与统计数据在个别年份上相差较大。但不同作物遥感监测结果多年变化趋势与杭锦后旗统计数据较吻合。

表 7.5　2000—2015 年杭锦后旗主要作物多年遥感监测与统计年鉴数据（面积/万 hm²）

年份	向日葵		春玉米		春小麦		套种	
	统计年鉴	遥感监测	统计年鉴	遥感监测	统计年鉴	遥感监测	统计年鉴	遥感监测
2000	0.97	1.73	0.33	0.61	0.28	0.46	2.44	3.30
2002	0.87	0.94	0.57	1.08	0.18	0.36	3.03	3.34
2003	0.51	—	0.94	—	0.36	—	2.38	—
2004	0.44		0.90		0.62		4.10	
2005	0.30	0.68	0.93	1.56	0.72	0.47	3.54	3.23
2006	0.38	—	1.34	—	1.82	—	2.85	—
2007	0.37		2.03		0.99		2.12	
2008	0.63	0.38	2.43	3.22	1.15	0.81	1.66	2.52
2009	0.80		1.89		1.41		2.46	
2010	1.15	—	2.50	—	1.62	—	1.84	—
2012	1.07		2.70		1.48		1.51	
2013	1.01		2.86		1.42		1.86	
2014	1.08	1.96	2.71	2.65	0.99	1.01	2.31	2.49
2015	1.39	2.69	3.36	2.61	1.68	0.52	0.98	0.30

表 7.6 是解放闸灌域 2000—2015 年主要作物多年遥感监测结果及面积占比。其中粮食作物春玉米种植面积呈逐年增加，由 2000 年的 0.83 万 hm²（占比 5.80%）增加到 2015 年的 4.02 万 hm²（占比 28.31%）。春小麦种植面积变化不大，由 2000 年的 0.68 万 hm²（占比 4.80%）增加到 2015 年的 0.69 万 hm²（占比 4.86%）。经济作物向日葵种植面积先减少后增加，由 2000 年的 2.36 万 hm²（占比 16.65%）增加到 2015 年的 3.74 万 hm²（占比 26.32%）。套种模式种植面积逐年下降，由 2000 年的 4.30 万 hm²（占比 30.32%）减少到 2015 年的 0.41 万 hm²（占比 2.91%）。

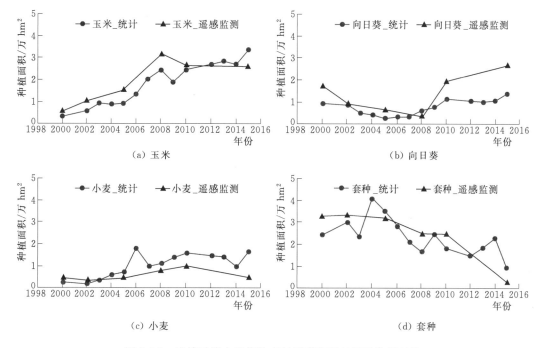

图 7.13 杭锦后旗主要作物多年遥感监测与统计数据对比

表 7.6 2000—2015 年解放闸灌域主要作物多年遥感监测结果及面积占比

年份	向日葵		春玉米		春小麦		套种	
	遥感监测 /万 hm²	面积占比 /%	遥感监测 /万 hm²	面积占比 /%	遥感监测 /万 hm²	面积占比 /%	遥感监测 /万 hm²	面积占比 /%
2000	2.36	16.65	0.83	5.80	0.68	4.80	4.30	30.32
2002	1.43	10.10	1.72	12.14	0.55	3.87	4.37	30.79
2005	0.85	5.97	2.01	14.18	0.88	6.21	4.19	29.48
2008	0.74	5.25	4.30	30.30	1.08	7.60	3.24	22.83
2010	2.63	18.55	3.57	25.14	1.44	10.12	3.43	24.17
2014	2.77	19.51	4.35	30.60	0.54	3.80	1.42	10.02
2015	3.74	26.32	4.02	28.31	0.69	4.86	0.41	2.91

7.3 灌区遥感蒸散发及空间降尺度

采用 SEBS（surface energy balance system）遥感蒸散发模型生成 Landsat 空间尺度蒸散发数据，并结合 MODIS 日蒸散发数据，利用数据融合算法实现蒸散发的空间降尺度，进而构建高时空分辨率蒸散发数据集；通过田块尺度和区域尺度水量平衡模型对蒸散发融合结果进行评价。根据研究区域多年种植结构空间信息，提取和分析不同作物生育期和非生育期年际耗水变化。

7.3.1 SEBS 遥感蒸散发模型

SEBS 模型是 Su 等（2001）提出的基于能量平衡原理的单源模型，单源、双源和多源遥感蒸散发模型原理如图 7.14 所示。该模型利用遥感数据处理获得的地表反照率、地表温度、地表比辐射率等一系列物理参数，结合地面气象数据来估算地表净辐射通量、土壤热通量和显热通量。SEBS 模型根据剩余阻抗概念来计算植被冠层、地表间热量和动量粗糙长度，其优点在于不需要手动寻找区域内的最干点和最湿点，因此不需要进行参数拟合确定回归系数，计算中各像元是独立的，能最大程度利用遥感信息。

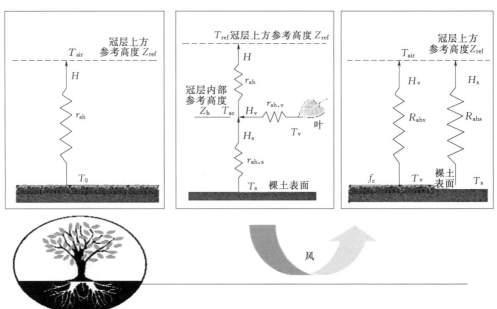

图 7.14 单源、双源和多源地表通量遥感模型原理

SEBS 模型主要包括以下四部分：①地表物理参数遥感反演：如地表反照率 Albedo（Dorman，1989；李小文等，1991）、地表比辐射率 Surface Emission（Gillespie 等，1998；Rodgers，2000）、地表温度 LST（Vazquez 等，1997；Kogan，2001；Li 等，2004）、归一化差值植被指数 $NDVI$、叶面积指数 LAI（浦瑞良和宫鹏，2000；Chen 等，2001；Running 等，1988）等；②热量传输粗糙度的计算：参照全植被条件下（Choudhury 等，1988）以及裸地条件下 kB^{-1} 公式（Brutsaert，1975），给出部分植被覆盖条件的 kB^{-1} 计算公式；③显热通量的计算：利用大气边界层、行星边界层和大气地面层之间的莫宁-奥布霍夫相似理论进行计算；④潜热通量的计算：通过干边、湿边能量平衡方程来计算相对蒸发比，最终推算潜热通量。

SEBS 模型在热量粗糙度长度的计算方法上，提出了基于部分植被覆盖条件的混合像元 kB^{-1} 的计算方法，该方法提高了非均匀下垫面条件下热量粗糙长度的反演精度。同时，SEBS 模型对每个像元单独计算，一方面，逐像元计算"干限"和"湿限"使得每个像元都有独立的温度梯度边界，这不同于其他模型将整个影像像元确定为相同边界条件，从而使模型计算的显热通量独立于其他像元。另一方面，像元的单独计算可充分利用遥感影像，不受其他有云雨影响的像元的影响（陈鹤，2013）。

SEBS 模型的输入数据包括两类：①遥感数据：地表温度、地表反照率、地表辐射率及 $NDVI$ 等地表数据，通过遥感数据反演得到；②气象数据：空气温度/湿度、气压、风速及向下短波辐射等。

（1）地表温度。本章采用 Landsat7 和 Landsat8 数据，通过大气校正法反演地表温度。地面温度的反演与地面监测的对比分析，详见第 6 章内容。

（2）叶面积指数 LAI。叶面积指数通常由人工观测获取，然后通过插值的方法得到生育期内连续的变化，其误差往往较大，偏离实际值。在本研究中采用宽动幅植被指数（$WDRVI$）（Gitelson 等，2007）来计算叶面积指数，该方法模拟的 LAI 与观测值接近，效果较好（Lei and Yang，2010）。其计算公式为

$$WDRVI = [(\alpha+1)NDVI + (\alpha-1)]/[(\alpha-1)NDVI + (\alpha+1)] \tag{7.14}$$

$$LAI = LAI_{max} \frac{WDRVI - WDRVI_{min}}{WDRVI_{max} - WDRVI_{min}} \tag{7.15}$$

式中：$WDRVI_{max}$ 和 $WDRVI_{min}$ 为 $NDVI$ 取最大值与最小值时所对应的值；α 为经验参数，取值为 0.2。

（3）地表反照率 Albedo。地表反照率是指地表对入射的太阳辐射的反射通量与入射的太阳辐射通量之比，是反映地表对太阳短波辐射反射特性的一个物理参量。地表反照率采用 Liang 建立的 Landsat 数据反演模型来估算（Liang 等，2000），地表反照率与各波段关系为

$$Albedo = 0.356 \times b1 + 0.130 \times b3 + 0.373 \times b4 + 0.085 \times b5 + 0.072 \times b7 - 0.0018 \tag{7.16}$$

式中：b1、b3、b4、b5、b7 为 Landsat 的 1、3、4、5 和 7 波段，是经过辐射定标和大气校正后的反射率数据。

本章中遥感蒸散发的计算通过 ILWIS（integrated land and water information system）系统中的 SEBS 模块实现。ILWIS 是荷兰国际航天测量与地球科学学院（ITC）自主研制的 GIS 和 RS 融为一体的开源软件，集合了图像处理、空间分析功能、表型数据库和传统 GIS 系统的特点；支持栅格和矢量数据结构，能够进行空间多源信息的处理和分析。IL-WIS 为 SEBS 提供了数据预处理、参数提取分析和模型计算平台，可使用遥感数据，结合地面观测气象数据，生成 SEBS 模型计算的结果，包括瞬时和日净辐射、潜热、显热、土壤热通量、干限和湿限的显热阈值、蒸发比以及实际蒸散发量、参照蒸散发量的空间分布图，SEBS 模块如图 7.15 所示。

将前面计算的地表温度、发射率、反照率、$NDVI$、LAI、植被覆盖度 F_c，以及数字高程 DEM 栅格数据和基础气象观测数据等输入 ILWIS 的 SEBS 模型计算界面，即可得到

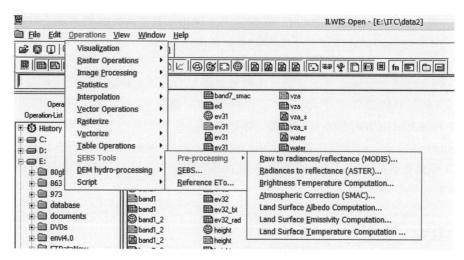

图 7.15　SEBS 嵌入模块示意图

各个能量项以及蒸散发的计算结果，界面如图 7.16 所示。

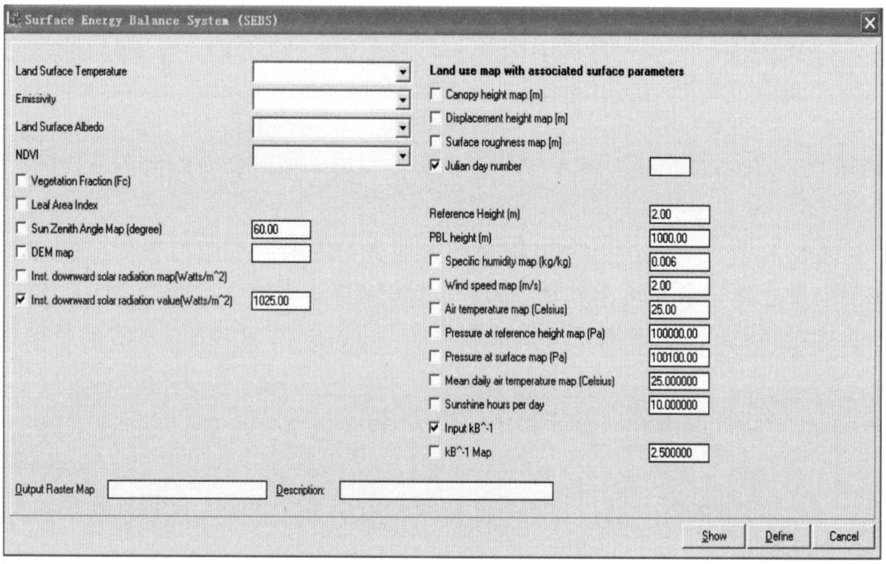

图 7.16　SEBS 模块蒸散发计算界面

7.3.2　蒸散发空间降尺度

1. Landsat 尺度蒸散发

利用经过预处理的 Landsat 系列影像，通过 ENVI/IDL 软件生成研究区域地表参数数据集，包括地表温度（LST）、归一化差值植被指数（NDVI）、植被覆盖度（F_c）、叶面积指数（LAI）、地表反照率（Alebedo）以及地表比辐射率（surface emmision）等，参数的空间尺度均为 30m。这些地表参数将作为 ILWIS 平台中遥感蒸散发 SEBS 模块的输入数据，进而生成 Landsat 系列蒸散发数据集。该蒸散发数据集将作为 ESTARFM 融合算法中的高分辨率影像，以此来实现对 MODIS 蒸散发的空间降尺度。最终生产出的长系列数据集包括 2000 年、2002 年、2005 年、2008 年、2010 年、2014 年和 2015 年所有晴空日的 Landsat（TM/ETM＋/OLI）空间尺度蒸散发。图 7.17 仅展示了 ILWIS 平台 SEBS 模块生成的 2015 年 6 月 5 日、2015 年 7 月 23 日、2015 年 8 月 24 日和 2015 年 9 月 25 日 4 个代表日的 Landsat 空间尺度蒸散发。可以看到，30m 分辨率能够反映出空间差异性，不同地物类型蒸散发空间差异明显。从蒸散发分布情况来看，灌域农田部分明显高于其他部分，在灌域西南角由于耕地荒漠化的原因，蒸散发量低于其他土地利用类型。在 7 月 23 日和 8 月 24 日作物生育旺盛期，蒸散发量值高于生育初期的 6 月 5 日以及生育后期的 9 月 25 日。

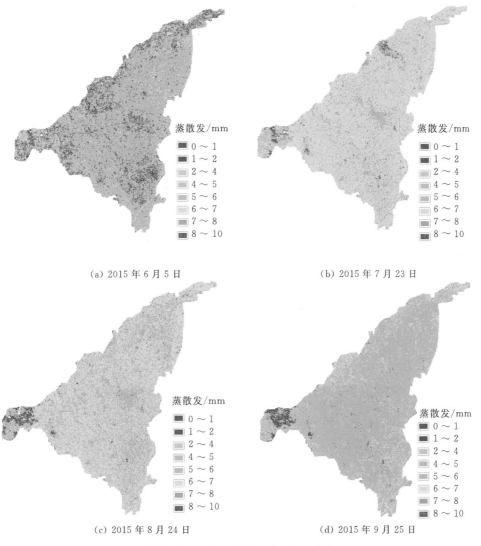

(a) 2015 年 6 月 5 日　　　　　　　(b) 2015 年 7 月 23 日

(c) 2015 年 8 月 24 日　　　　　　　(d) 2015 年 9 月 25 日

图 7.17　Landsat 尺度蒸散发空间分布

2. MODIS 尺度蒸散发

MODIS 农田蒸散发数据集由杨雨亭等采用 SEBAL 模型计算的河套灌区蒸散发数据，

遥感影像采用 MODIS 传感器数据，空间分辨率为 250m，时间分辨率为每日，蒸散发数据集为 250m 分辨率每日数据。模型估算 ET 值与实测值吻合，在田块尺度上，模拟值与实测值均方根误差 RMSE 为 0.53mm/d，相对误差 RE 为 14.6%；在区域尺度上，蒸散发总量与实测值均方根误差为 26.1mm，相对误差仅为 5.6%。为了与 Landsat 蒸散发边界范围、空间尺度相一致，MODIS 蒸散发数据经过 ENVI/IDL 裁剪和重采样到 30m。处理后的 MODIS 蒸散发数据集作为 ESTARFM 算法中低分辨率输入影像。图 7.18 仅展示了 2015 年 6 月 5 日、2015 年 7 月 23 日、2015 年 8 月 24 日和 2015 年 9 月 25 日 4 个代表日的 MODIS 空间尺度蒸散发。由图 7.18 可以看到，相比 Landsat 蒸散发纹理信息，MODIS 尺度分辨率蒸散发纹理较为粗糙。其空间分布上与 Landsat 一致，灌域农田部分明显高于其他部分，在灌域西南角荒漠化区域，蒸散发量低于其他土地利用类型。在 7 月 23 日和 8 月 24 日作物生育旺盛期，蒸散发量值高于 6 月 5 日生育初期以及 9 月 25 日生育后期的蒸散发量。

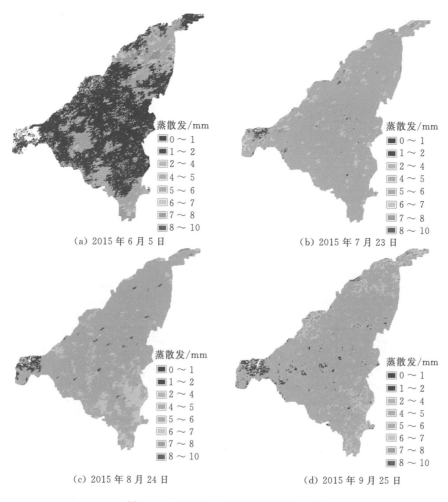

图 7.18　MODIS 尺度蒸散发空间分布

3. 融合蒸散发与 Landsat 蒸散发空间对比

通过 ESTARFM 算法分别对多年 Landsat 和 MODIS 尺度蒸散发（2000 年、2002 年、2005 年、2008 年、2010 年、2014 年和 2015 年）进行融合，生成同时具备高时间、高空间分辨率的蒸散发数据集。为对比融合结果，选择与融合后蒸散发对应日期的原有 Landsat 蒸散发作为参照，分析两者在空间上的差异性。其中作为参照的原有 Landsat 蒸散发数据不参与融合计算。

选取 2015 年 7 月 23 日、2015 年 8 月 24 日和 2015 年 9 月 1 日研究区域融合结果（400 像元×400 像元）进行评价和分析，原有 Landsat 蒸散发和融合蒸散发影像如图 7.19 所示。根据 2015 年研究区域过境 Landsat 和 MODIS 影像质量和有无云覆盖情况，融合蒸散发所用影像按照时间就近原则选取，其中 7 月 23 日融合蒸散发由 Landsat 6 月 5 日、8 月 24 日蒸散发和 MODIS 6 月 5 日、7 月 23 日、8 月 24 日蒸散发 5 景影像共同预测生成，参照 Landsat 尺度蒸散发日期为 7 月 23 日；8 月 24 日融合结果由 Landsat 7 月 23 日、9 月 1 日蒸散发和 MODIS 7 月 23 日、8 月 24 日和 9 月 1 日蒸散发共同预测生成，其中参照 Landsat 尺度蒸散发日期为 8 月 24 日；9 月 1 日融合结果由 Landsat 8 月 24 日、9 月 25 日蒸散发和 MODIS 8 月 24 日、9 月 1 日和 9 月 25 日蒸散发共同预测生成，其中参照 Landsat 尺度蒸散发日期为 9 月 1 日。从图 7.19 可以看出，融合结果在空间差异性和分布上与 Landsat 蒸散发影像一致，在 30m 尺度上能够反映出空间差异，其中黄色区域代表高蒸散发值，表明该区域植被覆盖较密；蓝色区域代表低蒸散发值，表明该区域为裸地或稀疏植被覆盖，如城镇、乡村等区域。同时可以看出，在地物交界处的预测结果局部

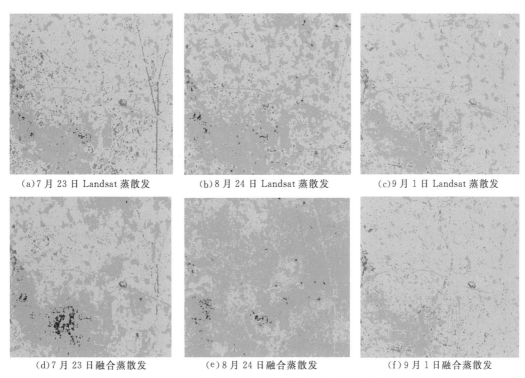

(a) 7 月 23 日 Landsat 蒸散发　　(b) 8 月 24 日 Landsat 蒸散发　　(c) 9 月 1 日 Landsat 蒸散发

(d) 7 月 23 日融合蒸散发　　(e) 8 月 24 日融合蒸散发　　(f) 9 月 1 日融合蒸散发

图 7.19　Landsat 蒸散发与融合蒸散发空间分布（单位：mm）

出现模糊现象，这是由于地物类型混杂，下垫面破碎程度高，导致融合结果质量有所下降。

图 7.20 为融合蒸散发与 Landsat 蒸散发相关性及差值直方图。从图 7.20 来看，其散点分布在 1∶1 线附近，7 月 23 日、8 月 24 日和 9 月 1 日相关系数分别达到了 0.85、0.81 和 0.77。7 月 23 日蒸散发差值均值和标准偏差分为 0.24mm 和 0.81mm；8 月 24 日蒸散发差值均值和标准偏差分为 0.19mm 和 0.72mm；9 月 1 日蒸散发差值均值和标准偏差分为 0.22mm 和 0.61mm。总体上看，融合结果良好。

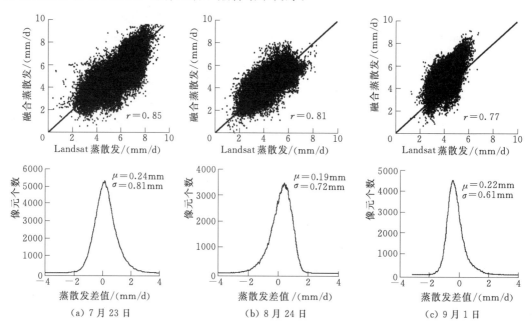

图 7.20　Landsat 蒸散发与融合蒸散发空间相关性和差值直方图

7.3.3　地面蒸散发

为评价融合后蒸散发在年内和年际的变化过程，分别在田块尺度和区域尺度上，采用考虑地下水补给的水量平衡模型来获取地面蒸散发数据，其中田块尺度蒸散发作物类型包括春玉米、向日葵和春小麦，区域尺度将整个农田作为单元进行计算。

1. 田块尺度蒸散发

由于解放闸灌域引黄灌溉水量大，地下水位浅，地下水补给对蒸散发的贡献较大，为评价 ESTARFM 融合算法在蒸散发数据降尺度中的应用效果，地面蒸散发验证数据采用刘钰等（Liu 等，2006；段爱旺等，2004）根区水量平衡计算模型，该模型同时考虑了地下水渗漏和补给量的影响。通过根区水量平衡，可计算出蒸散发量：

$$ET_i = W_i - W_{i-1} + (P - RO)_i + I_i + CR_i - DP_i \tag{7.17}$$

式中：W_i 为第 i 天根区土壤储水量；W_{i-1} 为第 $i-1$ 天根区土壤储水量；P 为第 i 天降水量；RO 为第 i 天地表径流量；I_i 为第 i 天灌溉量；CR_i 为第 i 天地下水补给量；ET_i 为第 i 天土壤蒸散发量；DP_i 为第 i 天根层渗漏量。

地下水补给量 CR 计算公式如下：

$$CR=\begin{cases}CR_{\max}(D_{w},ET_{m}), & W_{a}<W_{s}\\CR_{\max}(D_{w},ET_{m})\dfrac{W_{c}(D_{w})-W_{a}}{W_{c}(D_{w})-W_{s}(D_{w})}, & W_{s}<W_{a}<W_{c}\\CR=0, & W_{a}>W_{c}\end{cases}\tag{7.18}$$

$$W_{c}=a_{1}D_{w}^{b_{1}}\tag{7.19}$$

$$W_{s}=\begin{cases}a_{2}D_{w}^{b_{2}}, & D_{w}\leqslant3m\\240, & D_{w}>3m\end{cases}\tag{7.20}$$

$$D_{wc}=\begin{cases}a_{3}ET_{m}+b_{3}, & ET_{m}\leqslant4mm/d\\1.4, & ET_{m}>4mm/d\end{cases}\tag{7.21}$$

$$CR_{\max}=\begin{cases}kET_{m}, & D_{w}\leqslant D_{wc}\\a_{4}D_{w}^{b_{4}}, & D_{w}>D_{wc}\end{cases}\tag{7.22}$$

$$k=\begin{cases}1-e^{-0.6LAI}, & ET_{m}\leqslant4mm/d\\3.8/ET_{m}, & ET_{m}>4mm/d\end{cases}\tag{7.23}$$

式中：$CR_{\max}$ 为根区底部最大向上通量；D_{w} 为地下水埋深；ET_{m} 为作物潜在腾发量；W_{a} 为土壤水分实际储水量；W_{c} 为根层临界储水量；W_{s} 为根层稳定储水量。

根据不同土壤质地类型，$a_{1}\sim b_{4}$ 参数值可参考表 7.7，研究地区土壤质地为粉壤土，土壤参数选取表中第一列。

表 7.7　　　　　　　　　　　　地下水补给计算采用的参数（Liu，2006）

参数	土　壤			参数	土　壤		
	粉壤土	砂壤土	黏壤土		粉壤土	砂壤土	黏壤土
a_{1}	385	320	407.1	a_{3}	−1.3	−0.15	−1.4
b_{1}	−0.17	−0.16	−0.32	b_{3}	6.6	2.1	6.8
a_{2}	320	303.2	289.3	a_{4}	4.6	7.55	1.11
b_{2}	−0.27	−0.54	−0.16	b_{4}	−0.65	−2.03	−0.98

当灌溉和降水发生时，土壤水分大于田间持水量，在重力作用下土壤根区下边界排水。随着土壤水的不断下渗和消耗，土壤水分储量随时间开始逐渐减少，其衰减过程可表达为

$$W=at^{b}, W_{a}>W_{FC}\tag{7.24}$$

式中：a 为介于田间持水量和饱和含水量，取 390mm；b 为衰减系数；W_{FC} 为根区田间持水量；t 为灌溉或降雨后储水量大于田间储水能力的天数。

大于田间持水量部分的土壤水将不断排出根区，直到两者趋于相等，根据根区土壤水量平衡则有

$$W_{i}=W_{i-1}-ET_{mi}+I+P\tag{7.25}$$

$$W_{i+1}=a\left[1+\left(\frac{W_{i}}{a}\right)^{1/b}\right]^{b}-ET_{mi+1}\tag{7.26}$$

式中：W_{i-1} 为第 $i-1$ 天的土壤水分；W_{i} 为第 i 天的土壤水分；W_{i+1} 为第 $i+1$ 天的土壤水

分；ET_{mi} 为第 i 天发生的潜在腾发量；ET_{mi+1} 为第 $i+1$ 发生的潜在腾发量。

土壤水分衰减过程考虑了用于消耗的潜在蒸散发，则第 $i+1$ 天的地下水渗漏量计算式为

$$D_{pi+1}=W_i-W_{i+1} \tag{7.27}$$

2. 区域尺度蒸散发

研究区域地下水位较浅，区域蒸散发耗水采用杨雨亭等（2013）使用的水量平衡模型，该模型考虑了地下水对土壤水的补给，计算式如下：

$$ET_{water\_banlance}=P+I-D-\Delta S \tag{7.28}$$

式中：$ET_{water\_banlance}$ 为根区水量平衡估算得到的蒸散发量；P 为降水量；I 为灌溉引水量；D 为灌域排水量；ΔS 为研究时段土壤水分的变化，根据时段内地下水位的变化得到，其计算公式为

$$\Delta S=\Delta GAu \tag{7.29}$$

式中：ΔG 为地下水位的变化，本研究中取灌域秋浇前和第一次灌水前的差值；A 为研究区域农田总面积；u 为地下水给水度，取 0.046（陈亚新等，2005）。

灌溉、排水以及研究区域地下水位数据来源于河套灌区解放闸灌域管理局。解放闸灌域研究时段净引黄灌溉量以及地下水位变化见表 7.8，地下水位变化为第一次灌溉前与秋浇前的差值。

表 7.8　区域水量平衡各分量及参数

年份	净引水量/mm	降水/mm	水位变化/m	u
2000	647.65	116.20	0.81	
2002	576.88	105.70	0.47	
2005	499.09	77.90	0.57	
2008	498.45	142.30	0.64	0.046
2010	526.66	135.00	0.49	
2014	464.93	146.20	0.30	
2015	464.93	114.00	0.32	

7.3.4　融合蒸散发时间变化

（1）田块尺度。图 7.21 为春玉米、春小麦和向日葵融合后的蒸散发与水量平衡蒸散发生育期内变化过程。图 7.21（a）中融合结果与水量平衡蒸散发变化过程较吻合，其中春小麦耗水峰值出现在 6 月中下旬到 7 月初，春玉米和向日葵峰值出现在 7 月份。由图 7.21（b）散点图可以看出，不同作物生育期融合蒸散发与地面点蒸散发散点分布于 $y=x$ 线两侧，春玉米、春小麦和向日葵蒸散发决定系数 R^2 分别达到了 0.85、0.79 和 0.82；生育期内，春玉米（5—9 月）、春小麦（4—7 月）和向日葵（5—9 月）均方根误差均低于 0.70mm/d，平均绝对误差 MAD 均低于 0.75mm/d，相对误差均低于 16%。基于 ESTARFM 融合算法生成的高分辨率 ET 结果可靠，在点尺度上具有较好的融合精度。

（2）区域尺度。对区域农田融合蒸散发总量的验证，采用考虑地下水补给的区域水量平衡计算方法，其中灌溉、排水数据和地下水数据来源于河套灌区解放闸灌域。图 7.22 为解放闸灌域农田融合蒸散发总量与水量平衡蒸散发总量之间的相关性，可以看到两者的散点均匀分布在 $y=x$ 线两侧，决定系数 R^2 达到了 0.635，达到了一定的精度。

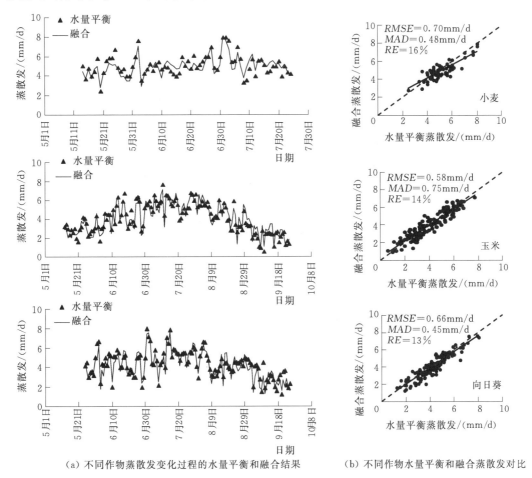

（a）不同作物蒸散发变化过程的水量平衡和融合结果　　　（b）不同作物水量平衡和融合蒸散发对比

图 7.21　田块尺度水量平衡蒸散发与融合蒸散发相关性

7.3.5　结果讨论

　　ESTARFM 算法可有效对地表蒸散发进行空间降尺度，但由于云雨天气的影响，遥感影像序列并非等间隔（如 Landsat 系列）或每日间隔（如 MODIS），融合结果的质量不可避免地受到就近影像选择的影响。在时间间隔较长时段内地物发生剧烈变化，如果影像并不能有效捕捉到地物变化特征，则融合结果将会偏离实际情况。

　　融合算法在窗口内搜索与中心像元相似的像元时，复杂下垫面情况和混合像元的存在使得在选取相似像元时不可避免出现误判现象。如将地表类型进行分类后再融合，在均匀下垫面条件下融合结果将会得到改善。

　　融合结果的优劣除依赖于算法本身参数外，对所融合的数据质量也有很大关系。相对于较低级别的地表特征数据（如地表反射率、NDVI 等），高级别的地表产品往往需要众多的参数（如地表温度、蒸散发等），加大了数据本身质量控制的难易程度，数据的好坏对融合的精度具有一定的影响。

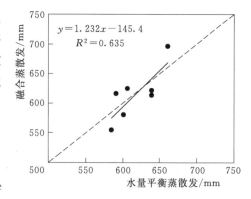

图 7.22　区域农田水量平衡蒸散发与融合蒸散发总量相关性

7.4　本章小结

本章采用 SEBS（surface energy balance system）遥感蒸散发模型生成 Landsat 空间尺度蒸散发数据，并结合 MODIS 日蒸散发数据，通过数据融合算法对蒸散发进行空间降尺度，构建了高时空蒸散发数据集，利用 2015 年田间蒸散发数据以及 2000—2015 年 7 年农田总蒸散发数据对融合结果进行了评价。主要结论如下：

（1）通过 LIWIS 平台中 SEBS 模块实现了 Landsat 时空尺度分辨率蒸散发的反演。结合 MODIS 时空尺度蒸散发数据，利用基于 ENVI/IDL 软件的 ESTARFM 融合算法实现研究区域蒸散发的空间降尺度，构建了同时具有高时间、高空间分辨率特征的蒸散发数据集。

（2）融合蒸散发与 Landsat 蒸散发在空间纹理信息和空间差异性上一致。7 月 23 日、8 月 24 日和 9 月 1 日相关系数分别达到 0.85、0.81 和 0.77；差值均值分别为 0.24mm、0.19mm 和 0.22mm；标准偏差分为 0.81mm、0.72mm 和 0.61mm。融合结果良好。

（3）不同作物融合蒸散发与水量平衡蒸散发生育期变化过程较吻合，春玉米、春小麦和向日葵的决定系数 R^2 分别达到了 0.85、0.79 和 0.82；均方根误差均低于 0.7mm/d；相对误差均低于 16%。在区域农田蒸散发总量验证中，融合蒸散发与水量平衡蒸散发相关性较好，两者决定系数达到了 0.635。

参 考 文 献

巴彦淖尔统计局，2000—2015. 巴彦淖尔统计年鉴 [M]. 北京：中国统计出版社.

蔡甲冰，刘钰，白亮亮，等，2015. 低功耗经济型区域墒情实时监测系统 [J]. 农业工程学报，31 （20）：88-94.

陈鹤，2013. 基于遥感蒸散发的陆面过程同化方法研究 [D]. 北京：清华大学.

陈亚新，曲忠义，石海滨，等，2005. 大型灌区节水改造后地下水动态的有限元法预测——以黄河河套平原内的一个试验区为例 [J]. 中国农村水利水电，（2）：10-12.

茌伟伟，2013. 基于分布式水温模型的灌区用水效率评价 [D]. 北京：中国水利水电科学研究院.

初庆伟，张洪群，吴业炜，等，2013. Landsat 8 卫星数据应用与探讨 [J]. 遥感信息，28 （4）：110-114.

段爱旺，孙景生，刘钰，等，2004. 北方地区主要作物灌溉用水定额 [M]. 北京：中国农业科学技术出版社.

李天平，刘洋，李开源，2008. 遥感图像优化迭代非监督分类方法在流域植被分类中的应用 [J]. 城市勘测，（1）：75-77.

刘荣高，刘洋，刘纪远，2009. MODIS 科学数据处理研究进展 ［J］. 自然科学进展，19（2）：141－147.

陆圣女，2008. 基于 GIS 解放闸灌域土壤墒情变化规律及预报模型研究 ［D］. 呼和浩特：内蒙古农业大学.

浦瑞良，宫鹏，2000. 高光谱遥感及其应用 ［M］. 北京：高等教育出版社.

唐海蓉，2003. Landsat7 ETM＋ 数据处理技术研究 ［D］. 北京：中国科学院大学.

肖倩，2013. Landsat 8 影像几何校正处理技术与系统实现 ［D］. 北京：中国科学院大学.

杨雨亭，2013. 植被非均匀覆盖下垫面蒸散发模型及应用研究 ［D］. 北京：清华大学.

朱述龙，张占睦，2002. 遥感图像获取与分析 ［M］. 北京：科学出版社.

朱长明，沈占峰，骆剑承，等，2010. 基于 MODIS 数据的 Landsat7 SLC－off 影像修复方法研究 ［J］. 测绘学报，39（3）：251－256.

BERNSTEIN L S，ADLER－GOLDEN S M，SUNDBERG R L，et al，2005. A new method for atmospheric correction and aerosol optical property retrieval for VIS－SWIR multi－and hyper－spectral imaging sensors：QUAC（Quick atmospheric correction）［C］. In：Proceedings of IGARSS，3549－3552.

BRUTSAERT W，1975. On a derivable formula for long－wave radiation from clear skies ［J］. Water Resources Research，11：742－744.

CHEN J M，PAVLIC G，BROWN L，et al，2001. Derivation and validation of Canada—wide coarse－resolution leaf area index maps using high－resolution satellite imagery and ground measurements ［J］. Remote Sensing of Environment，80：165－184.

CHOUDHURY B J，MONTEITH J L，1988. A four－layer model for the heat budget of homogeneous land surfaces ［J］. Quarterly Journal of the Meteorological Society，114：373－398.

GILLESPIE A，ROKUGAWA S，MATSUNAGA T，et al，1998. A temperature and emissivity separation algorithm for Advanced Space borne Thermal Emission and Reflection Radiometer（ASTER）images ［J］. IEEE Transactions on Geoscience and Remote Sensing，36：1113－1126.

GITELSON AA，WARDLOW B D，KEYDAN G P，et al，2007. An evaluation of MODIS 250－m data for green LAI estimation in crops ［J］. Geophysical Research Letters，342（20），122－122.

HONAYOUNI S，ROUX M，2003. Material mapping from hyperspectral images using spectral matching in urban area ［C］. //IEEE workshop in honor of Prof Landgrebe. Washington D C，USA：［s. n.］.

JULIEN Y，SOBRINO J A，2009. The yearly land cover dynamics method：An analysis of global vegetation from NDVI and LST parameters ［J］. Remote Sensing of Environment，113：329－334.

KALVELAGE T. AND WILLEMS J，2005. Supporting users through integrated retrieval，processing，and distribution systems at the Land Processes Distributed Active Archive Center ［J］. Acta Astronautica，（56）：681－687.

KOGAN F N，2001. Operational space technology for global vegetation assessment. Bulletin of the American Meteorological Society，82：1949－1963.

LEI H M，YANG D W，2010. Internal and seasonal variability in evapotranspiration and energy partitioning over an irrigated cropland in the North China Plain ［J］. Agricultural and Forest Meteorology，150：581－589.

LI F，THOMAS J，JACKSONA W P，et al，2004. Deriving land surface temperature from Landsat 5 and 7 during SMEX02/SMACEX. Remote Sensing of Environment，92：521－534.

LIANG S L，2000. Narrowband to broadband conversions of land surface albedo I Algorithms ［J］. Remote Sensing of Environment，76：213－238.

LIU Y，PEREIRA L S，FERNANDO R M，2006. Fluxes through the bottom boundary of the root zone in silty soils：Parametric approaches to estimate groundwater contribution and percolation ［J］. Agricultural Water Management，84：27－40.

LO SEEN D，MOUGIN E，RAMBAL S，et al，1995. A regional Sahelian grassland model to be coupled with multispectral satellite data. Toward the control of its simulations by remotely sensed indices ［J］. Remote Sensing of Environment，52：194－206.

RODGERS C D，2000. Inverse methods for atmospheric sounding：Theory and practice－series on atmospheric，oceanic and planetary physics. Singapore：World Scientific Publishing，2：1－11.

RUNNING S W，NENANI RR，1988. Relating seasonal patterns of the AVHRR vegetation index to simulate photosynthesis and transpiration of forests in different climates ［J］. Remote Sensing of Environment，24：347－367.

SALONONSON VV，BARNES W，MASUOKA E J，2006. Introduction to MODIS and Overviews of Associated Activities，in earth science satellite remote sensing volume 1：science and instruments ［M］. New York：Springer－Verlag，12－32.

SU Z，2002. The Surface Energy Balance System (SEBS) for estimation of turbulent heat fluxes ［J］. Hydrology and Earth System Sciences，6：85－99.

TUCKER C J，SELLERS P J，1986. Satellite remote sensing of primary production ［J］. International Journal of Remote Sensing，7：1395－1416.

VAZQUEZ D P，REYES F J O，ARBOLEDAS L A，1997. A comparative study of algorithms for estimating land surface temperature from AVHRR data ［J］. Remote Sensing of Environment，62：215－222.

ZHU X L，CHEN J，GAO F，et al，2010. An enhanced spatial and temporal adaptive reflectance fusion model for complex heterogeneous regions ［J］. Remote Sensing of Environment，114：2610－2623.

第8章

从农田精量观测到灌区作物
需耗水估算

农田蒸散量是水文循环的重要组成部分,准确地估算农田蒸散量对农业水管理及区域水资源调配具有重要意义。农田作物生长过程监测和受旱缺水的试验及结果分析,有利于剖析/刻画作物需耗水敏感期和关键节点,制定科学的灌溉制度,是农田节水技术及基础理论研究中必不可少的重要工作。遥感反演 ET 的结果准确性,需要地面实际观测进行标定和校核。本章通过田间翔实连续的试验观测,利用作物冠层红外温度这一关键数据,与遥感反演地表温度结合起来,试图将田间实时观测与遥感图片大面积反演结合起来,从而实现区域作物需耗水的精量估算。

8.1 利用冠层温度估算农田蒸散量

8.1.1 估算模型与计算方法

作物日蒸散量与日净辐射和冠气温差有着密切的关系,Jackson 等(1983)提出了一种简单的方法,基于冠气温差估算作物日蒸散量:

$$ET_d = R_{n_d} - B(T_c - T_a) \tag{8.1}$$

式中:ET_d 为作物日蒸散量,mm/d;R_{n_d} 为日净辐射,mm/d;B 为地区综合系数;T_c 为瞬时冠层温度,℃;T_a 为瞬时空气温度,℃。

Seguin 和 Itier(1983)在此基础上对模型进行了改进,忽略了能量平衡中贡献较小的土壤热通量,得到如下计算模型(以下简称 S-I 模型):

$$ET_d - R_{n_d} = a + b(T_c - T_a) \tag{8.2}$$

模型中参数 a 和 b 为经验系数,可根据实测数据通过线性回归方程得到。同时参数 a 和 b 的大小与风速和下垫面条件有关,不同的下垫面条件参数 a 和 b 会略有不同。T_c 和 T_a 分别为接近中午时刻的瞬时冠层温度和瞬时空气温度,不同时刻的瞬时冠层温度和瞬时空气温度计算得到不同的冠气温差,会对模型估算的精度产生影响。

式（8.2）中的参数 a 和 b 需要根据当地的条件进行率定和验证。模型中 R_{n_d} 可根据太阳辐射（R_s）计算得到，其中 R_s、T_c 和 T_a 来自田间的 CTMS - On line 型作物冠层温度及环境因子测量系统。采用单作物系数法计算作物实际日蒸散量（ET_c），计算公式（Allen 等，1998）如下：

$$ET_c = K_s K_c ET_0 \tag{8.3}$$

式中：ET_c 为作物实际日蒸散量，mm/d；K_c 为作物系数；K_s 为水分胁迫系数。

采用 FAO 推荐的 Penman - Monteith 公式（Allen 等，1998）计算 ET_0：

$$ET_0 = \frac{0.408\Delta(R_{n_d}-G)+\gamma\frac{900}{T+273}U_2(e_s-e_a)}{\Delta+\gamma(1+0.34)U_2} \tag{8.4}$$

式中：ET_0 为参照作物腾发量，mm/d；R_{n_d} 为作物表面的每日净辐射，$MJ/(m^2 \cdot d)$；G 为土壤热通量，$MJ/(m^2 \cdot d)$；T 为平均气温，℃；U_2 为 2m 高处的平均风速，m/s；e_s 为饱和水汽压，kPa；e_a 为实际水汽压，kPa；Δ 为水汽压曲线斜率，kPa/℃；γ 为湿度计常数，kPa/℃。

在计算农田蒸散量时，需要地表以上 2m 处的风速观测值，把非 2m 处测得风速值转化为 2m 处的风速值公式（Allen 等，1998）如下：

$$U_2 = U_z \frac{4.87}{\ln(67.8z-5.42)} \tag{8.5}$$

式中：U_2 为地表以上 2m 处的风速，m/s；U_z 为地表以上 zm 处的风速，m/s；z 为地表以上测量风速的高度。

水分胁迫系数（K_s）反映的是土壤水分胁迫对作物蒸腾的影响。K_s 可以通过根系层总的有效水量（TAW）、易被吸收有效水量（RAW）和根系层中的消耗水量（D_r）计算得到。当 $D_r > RAW$ 时，K_s 计算公式（Allen 等，1998）如下：

$$K_s = \frac{TAW-D_r}{TAW-RAW} = \frac{TAW-D_r}{(1-p)TAW} \tag{8.6}$$

式中：D_r 为根系层中的消耗水量，mm；TAW 为根系层总的有效水量，mm；RAW 为易被吸收有效水量，mm；p 为不遭受水分胁迫时，作物根系层中吸收的有效水含量与总有效水量 TAW 之比。当 $D_r < RAW$ 时，$K_s = 1$。

p 值与作物种类和大气蒸发能力有关，当 $ET_d \approx 5$mm/d 时，玉米和向日葵的 p 值分别为 0.55 和 0.45。对于其他不同的 ET_c 值，按下式调整 p：

$$p = p_{ET\approx5} + 0.04(5-ET_c) \tag{8.7}$$

闫浩芳等（2008）通过内蒙古河套灌区解放闸灌域 2003—2006 年实测的微气象资料，基于波文比能量平衡法，计算得到春小麦、玉米和向日葵不同生育期的作物系数。玉米和向日葵各生长阶段的天数，分别参照 FAO 中美国加利福尼亚州玉米和向日葵各生长阶段的天数（Allen 等，1998）。本书玉米和向日葵各生育期 K_c 值参照上述的试验结果，各生长阶段的天数和 K_c 值见表 8.1。其中快速生长期和生长后期的 K_c 值可通过生育期天数线性差值得到，然后利用单作物系数法计算玉米和向日葵的实际日蒸散量。

表 8.1   玉米和向日葵各生长阶段天数及 K_c 值

生育阶段	玉 米			向 日 葵		
	开始日期	天数/d	K_c	开始日期	天数/d	K_c
生长初期	4月底	29	0.5	5月底	21	0.3
快速生长期	5月底	38	0.5~1.15	6月中旬	29	0.3~1.17
生长中期	6月初	48	1.15	7月中旬	38	1.17
生长后期	8月底	28	0.35	8月底	21	0.35

8.1.2 试验观测场与观测项目

在解放闸灌域沙壕渠试验站开展相关试验观测，农田试验点情况如前面所述。2015年将2套CTMS-On line作物冠层温度及环境因子测量系统分别布置在主要农作物玉米田块和向日葵田块的种植区域，但2016年其中1套仪器布置在玉米田块和向日葵田块1种植区域中间，另外1套仪器布置在向日葵田块2种植区域，如图8.1所示。仪器采集试验数据的时间分别为2015年和2016年6月1日—8月31日。玉米种植的品种为泽玉19，向日葵种植的品种为F2008。2015年和2016年玉米和向日葵生育期见表8.2。

（a）2015年玉米田块   （b）2015年向日葵田块

（c）2016年玉米田块和向日葵田块   （d）2016年向日葵田块

图 8.1   2015年和2016年玉米和向日葵试验点仪器安装及监测

表 8.2 **2015 年和 2016 年玉米和向日葵生育期**

玉 米			向 日 葵		
生育期	日 期		生育期	日 期	
	2015 年	2016 年		2015 年	2016 年
播种	5 月 1 日	4 月 28 日	播种	5 月 28 日	6 月 6 日
出苗	5 月 11 日	5 月 12 日	出苗	6 月 6 日	6 月 16 日
拔节	6 月 23 日	6 月 23 日	现蕾	7 月 11 日	7 月 21 日
抽穗	7 月 13 日	7 月 12 日	开花	7 月 25 日	8 月 7 日
灌浆	8 月 1 日	7 月 30 日	收获	9 月 13 日	9 月 25 日
收获	9 月 20 日	9 月 20 日			

8.1.3 农田作物冠层温度变化趋势

1. 玉米典型日内冠层温度变化

在玉米主要生育期内选择 6 月 1 日、6 月 23 日、7 月 12 日、8 月 2 日和 8 月 31 日为典型日，典型日内冠气温差（T_c-T_a）和冠层温度（T_c）变化，如图 8.2 所示。从图中可以看出，在玉米主要生育期的典型日内，T_c 的变化趋势基本相同，T_c 的值都是从上午 7：00 开始增加，在下午 14：00 左右达到最大值，然后开始逐渐减小。在快速生长期的典型日（6 月 1 日和 6 月 23 日）内，（T_c-T_a）和 T_c 的变化波动均较大［图 8.2（a）、(b)］，两者的变化趋势基本相同，（T_c-T_a）和 T_c 的最大值分别出现在下午 13：00 左右和下午 14：00 左右，（T_c-T_a）比 T_c 达到最大值提前一个小时；在生长中期的典型日（7 月 12 日和 8 月 2 日）和生长后期的典型日（8 月 31 日）内，与快速生长期相比，（T_c-T_a）的变化波动较小［图 8.2（c）、(d)、(e)］，没有出现明显峰值变化。在快速生长期的典型日内，（T_c-T_a）的变化波动较大，是因为这个时期玉米的植被覆盖度较低，仪器测量的是地面温度和作物冠层温度的混合温度，受太阳辐射的影响较大；而到了生长中期和生长后期，玉米植被覆盖度增加，仪器测量的是作物冠层温度，不受地面温度的影响，（T_c-T_a）的变化波动也随之减小。

2. 向日葵典型日内冠层温度变化

在向日葵主要生育期内选择 6 月 18 日、7 月 9 日、7 月 28 日、8 月 14 日和 8 月 31 日为典型日，典型日内冠气温差（T_c-T_a）和冠层温度（T_c）变化如图 8.3 所示。从图中可以看出，在向日葵主要生育期的典型日内，T_c 的变化趋势基本相同，从上午 7：00 开始不断增加，在下午 14：00—15：00 之间达到最大值，然后开始逐渐减小，与玉米生育期内 T_c 的变化趋势基本一致。在快速生长期的典型日（6 月 18 日和 7 月 9 日）内，（T_c-T_a）和 T_c 的变化波动均较大［图 8.3（a）、(b)］，两者的变化趋势基本相同，（T_c-T_a）和 T_c 的最大值均出现在下午 14：00 左右；在生长中期的典型日（7 月 28 日和 8 月 14 日）和生长后期的典型日（8 月 31 日）内，与快速生长期相比，（T_c-T_a）的变化波动较小［图 8.3（c）、(d)、(e)］，没有出现明显峰值变化。在快速生长期的典型日内，由于向日葵的植被覆盖度较低，仪器测量的是地面温度和作物冠层温度的混合温度，

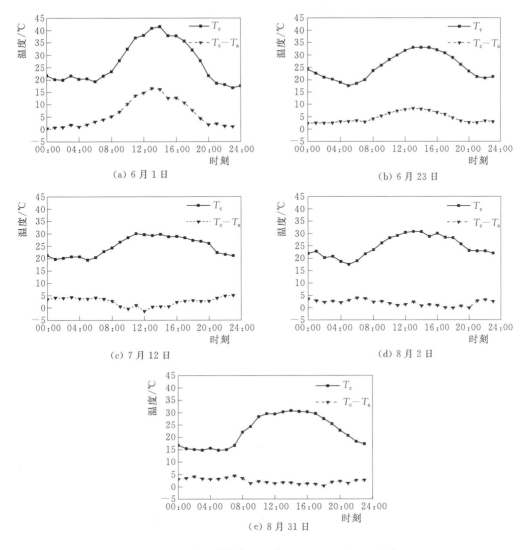

图 8.2 玉米生育期典型日内（$T_c - T_a$）和 T_c 变化

受太阳辐射的影响较大，（$T_c - T_a$）的变化波动较大；而到了生长中期和后期，随着植被覆盖度增加，仪器测量的是作物冠层温度，不受地表温度的影响，（$T_c - T_a$）的变化波动也随之减小。

8.1.4 农田土壤水分变化情况

2015 年和 2016 年玉米和向日葵生育期内作物根区 $0 \sim 100\text{cm}$ 深度平均土壤含水量变化如图 8.4 所示。在河套灌区由于当地农民过量的灌溉，导致地下水埋深较浅，土壤含水量较高。2015 年 6—8 月，玉米和向日葵进行了三次灌溉，灌溉的总水量分别为 295mm 和 236mm。在主要生育期内，玉米和向日葵的土壤含水量基本都在 $0.30\text{cm}^3/\text{cm}^3$ 以上。2016 年玉米田块的灌水次数和灌水量与 2015 年相似，玉米田块的土壤含水量基本都在田间持水量左右。向日葵田块 1 在 2016 年只有一次灌溉，但是向日葵田块 1 旁边是玉米田

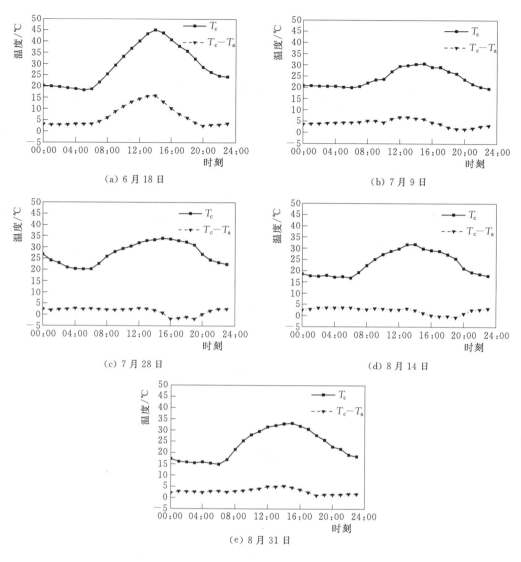

图 8.3 向日葵生育期典型日内（$T_c - T_a$）和 T_c 变化

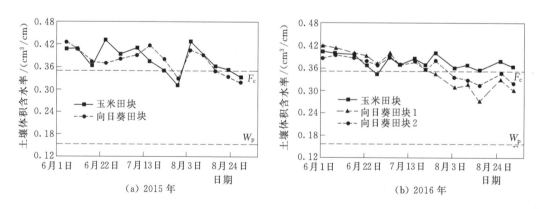

图 8.4 2015 年和 2016 年玉米和向日葵生育期内 0～100cm 深度平均土壤含水量变化

块，玉米田块进行灌溉时会对其产生影响，导致玉米田块地下水位上升，土壤含水量增加。向日葵田块 2 在 2016 年有两次灌溉。在 8 月中下旬由于降雨的补给，导致玉米田块、向日葵田块 1 和田块 2 的土壤含水量再次增加。

2015 年和 2016 年玉米和向日葵生育期内作物根区 0～100cm 深度根系层中平均的消耗水量（D_r）和易被吸收有效水量（RAW）变化如图 8.5 所示。2015 年和 2016 年玉米和向日葵主要生育期内作物根区 0～100cm 平均 D_r 的值一直小于 RAW 的值，说明玉米和向日葵在主要生育内没有发生水分胁迫，则 K_s 的值为 1。

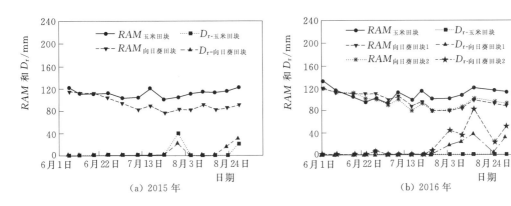

图 8.5 2015 年和 2016 年玉米和向日葵生育期内 0～100cm 深度平均 D_r 和 RAW 变化

8.2 田间尺度 S－I 模型率定

8.2.1 玉米田块参数的估算

在玉米 3 个月主要生育期内，10：00—16：00 各时刻的 $(T_c - T_a)$ 与 $(ET_d - R_{nd})$ 的线性回归分析结果见图 8.6 及表 8.3。参数 a、b 的值变化范围分别为 -0.863～-0.667 和 -0.149～-0.117，参数 a 的值变化较大，而参数 b 的值变化范围较小。随着时刻的变化，参数 a 的绝对值是增大的趋势，而参数 b 的绝对值是先减小后增大，且参数

表 8.3 玉米和向日葵 10：00—16：00 各时刻 S－I 模型中的参数 a、b（2015 年）

时　刻	玉　　米		向　日　葵	
	a	b	a	b
10：00	-0.677	-0.149	0.854	-0.487
11：00	-0.714	-0.137	0.845	-0.431
12：00	-0.753	-0.119	0.753	-0.378
13：00	-0.738	-0.124	0.655	-0.358
14：00	-0.781	-0.117	0.581	-0.356
15：00	-0.805	-0.125	0.406	-0.349
16：00	-0.863	-0.141	0.313	-0.420

注　样本数 $n=92$。

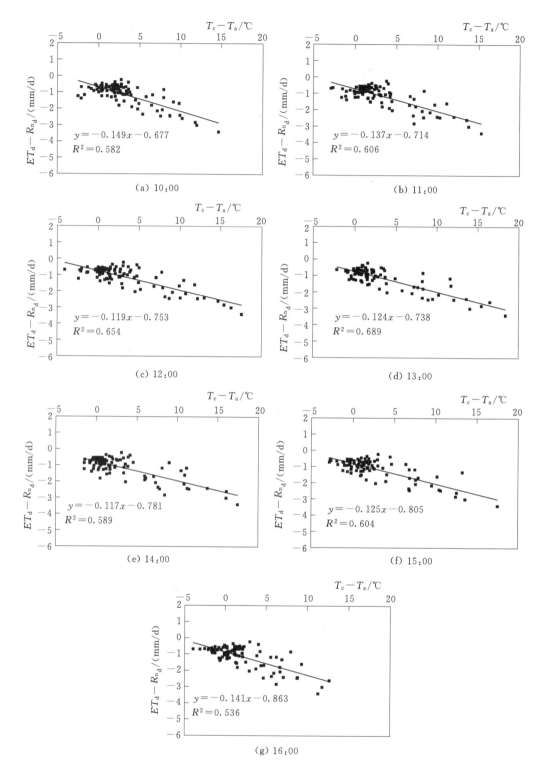

图 8.6　玉米 10：00—16：00 （$T_c - T_a$） 与 （$ET_d - R_{n_d}$） 的关系

a 的绝对值大于参数 b 的绝对值。在 12：00—15：00 四个时刻参数 b 的值很接近，分别为 -0.119、-0.124、-0.117 和 -0.125。2015 年玉米生育期内的（T_c-T_a）与（$ET_d-R_{n_d}$）两者在 10：00—16：00 时刻决定系数（R^2）的变化范围为 $0.54\sim0.69$，说明两者之间具有较好的线性相关性。随着时刻的变化，R^2 出现双峰的变化趋势，分别在 13：00 和 15：00 时达到峰值，在 13：00 时峰值最大且为 0.69。因此，13：00 时（T_c-T_a）与（$ET_d-R_{n_d}$）两者之间的线性相关性最好，模型中参数 a 和 b 采用 13：00 时刻对应的回归方程系数，分别为 -0.738 和 -0.124，进而得到玉米日蒸散量估算模型。

8.2.2 向日葵田块参数的估算

在向日葵 3 个月的主要生育期内，10：00—16：00 各时刻的（T_c-T_a）与（$ET_d-R_{n_d}$）的线性回归分析结果见图 8.7 及表 8.3。参数 a、b 的值变化范围分别为 $0.313\sim0.854$ 和 $-0.487\sim-0.349$，参数 a 的值变化较大，而参数 b 的值变化范围较小。向日葵田块参数 a、b 的值大小与玉米田块不一样。随着时刻的变化，参数 a 的值是减小的趋势，而参数 b 的绝对值是先减小后增大，且参数 a 的绝对值大都高于参数 b 的值。在 13：00—15：00 三个时刻参数 b 的值很接近，分别为 -0.358、-0.356 和 -0.349。2015 年向日葵生育期内的（T_c-T_a）与（$ET_d-R_{n_d}$）两者在 10：00—16：00 时 R^2 变化范围为 $0.74\sim0.88$，说明两者之间具有较好的线性相关性。随着时刻的变化，R^2 也出现双峰的变化趋势，分别在 13：00 和 16：00 达到峰值，在 13：00 时峰值最大且为 0.88。因此，13：00 时（T_c-T_a）与（$ET_d-R_{n_d}$）两者之间的线性相关性最好，模型中参数 a 和 b 采

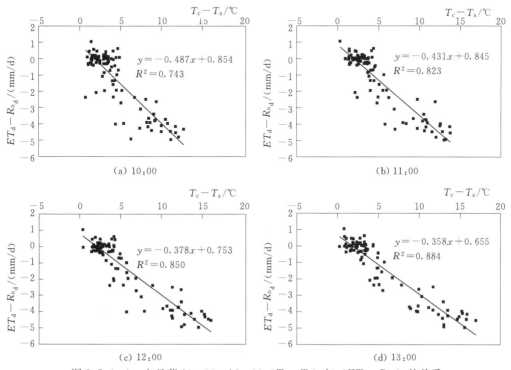

图 8.7（一）　向日葵 10：00—16：00（T_c-T_a）与（$ET_d-R_{n_d}$）的关系

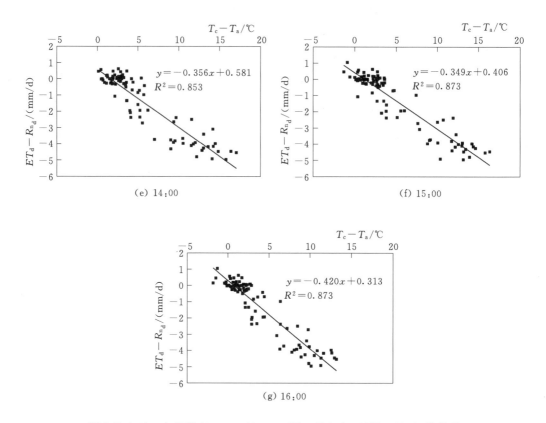

图 8.7（二）　向日葵 10：00—16：00（T_c-T_a）与（$ET_d-R_{n_d}$）的关系

用 13：00 时刻对应的回归方程系数，分别为 0.665 和 -0.356，进而得到向日葵日蒸散量估算模型。

8.2.3　讨论

在玉米和向日葵 3 个月的主要生育期内，10：00—16：00 各时刻的 R^2 表明（T_c-T_a）与（$ET_d-R_{n_d}$）具有良好的线性关系，但向日葵的拟合结果要好于玉米。图 8.8 给出了 2015 年玉米和向日葵 3 个月主要生育期内 R_{n_d}、ET_d 和 13：00（T_c-T_a）变化。从图 8.8 中可以看出，在玉米和向日葵 3 个月主要生育期内，两者 R_{n_d} 的差异很小［图 8.8（a）］，变化趋势基本一致，但两者的 ET_d 和 13 点（T_c-T_a）的变化差异较大，特别是在 6 月份。在这个时期，向日葵处于生长初期，玉米处于快速生长期，玉米 ET_d 的值会高于向日葵。同时这一时期玉米和向日葵的叶面积指数均较小，仪器测量的是地面温度和作物冠层温度的混合温度，受太阳辐射的影响较大，导致这一时期玉米和向日葵的（T_c-T_a）值高于 7 月和 8 月。在 7 月和 8 月，玉米和向日葵的 ET_d 变化趋势基本相同，但向日葵 ET_d 的值会稍高于玉米。同时这一时期玉米和向日葵的（T_c-T_a）变化趋势也基本相同，但向日葵（T_c-T_a）的值会稍高于玉米。

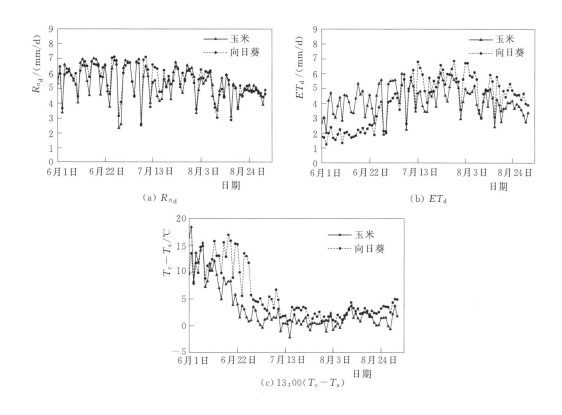

图 8.8　2015 年玉米和向日葵 3 个月主要生育期内 R_{nd}、ET_d 和 13：00（$T_c - T_a$）变化

8.3　田间尺度 S-I 模型的校核与验证

8.3.1　玉米田块 S-I 模型验证

　　根据以上 2015 年试验观测数据对模型率定的结果，利用 2016 年试验观测的玉米田间数据对 S-I 模型估算的 ET_d 进行验证。其中实测 ET_d 是根据 FAO 推荐的单作物系数法计算得到的。

　　图 8.9 比较了 2016 年玉米 3 个月主要生育期内 10：00—16：00 各时刻模型计算 ET_d 和实测 ET_d。7 个时刻模型计算 ET_d 和实测 ET_d 的统计分析结果见表 8.4。模型计算 ET_d 和实测 ET_d 的回归方程中的回归系数和 R^2 的变化范围分别为 0.84～0.88 和 0.79～0.86，两者的值都接近于 1，说明 S-I 模型能够较准确的估算玉米日蒸散量。模型计算 ET_d 和实测 ET_d 两者的均方根误差 RMSE 和一致性指数 d 的变化范围分别为 0.66～0.75mm/d 和 0.93～0.95（表 8.4），RMSE 的值都小于 1mm/d，而 d 的值都在 0.93 以上且非常接近于 1，进一步说明 S-I 模型能够较准确的估算玉米日蒸散量。在 10：00—16：00 t 个时刻中，玉米 3 个月主要生育期内模型计算 ET_d 和实测 ET_d 两者的拟合效果在 13：00 时最好，R^2 和 d 的值最大（$R^2 = 0.86$ 和 $d = 0.95$），RMSE 的值最小（$RMSE = 0.66mm/d$）。

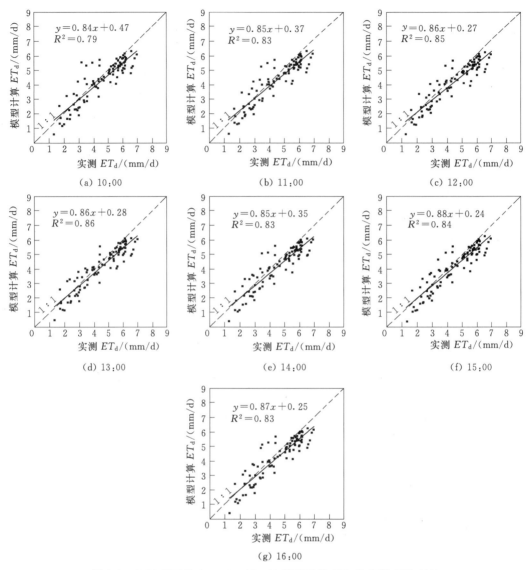

图 8.9　2016 年玉米 10：00—16：00 模型计算 ET_d 和实测 ET_d 对比

表 8.4　玉米 10：00—16：00 模型计算 ET_d 和实测 ET_d 回归参数统计 （2016 年）

时间	回归系数	R^2	$RMSE/(mm/d)$	d
10：00	0.84	0.79	0.75	0.93
11：00	0.85	0.83	0.71	0.94
12：00	0.86	0.85	0.69	0.94
13：00	0.86	0.86	0.66	0.95
14：00	0.85	0.83	0.70	0.94
15：00	0.88	0.84	0.68	0.94
16：00	0.87	0.83	0.71	0.94

注　样本数 $n=92$。

8.3.2 向日葵田块 S-I 模型验证

2016 年布置在向日葵田块 1 的仪器数据采集时间为 6—8 月，共有 92d 的数据，而布置在向日葵田块 2 的仪器由于出现故障，导致数据缺失，数据的采集时间为 7—8 月，共有 62d 的数据。根据表 8.3 中给出的 10：00—16：00 各时刻参数 a 和 b 的值，利用 S-I 模型分别估算向日葵田块 1 和田块 2 的 ET_d。图 8.10 和图 8.11 分别为田块 1 和田块 2 中向日葵主要生育期内 10：00—16：00 各时刻模型计算 ET_d 和实测 ET_d 对比结果。表 8.5 总结了田块 1 和田块 2 中向日葵 7 个时刻模型计算 ET_d 和实测 ET_d 的统计分析结果。向日葵田块 1 模型计算 ET_d 和实测 ET_d 的回归方程中的回归系数和 R^2 的变化范围分别为

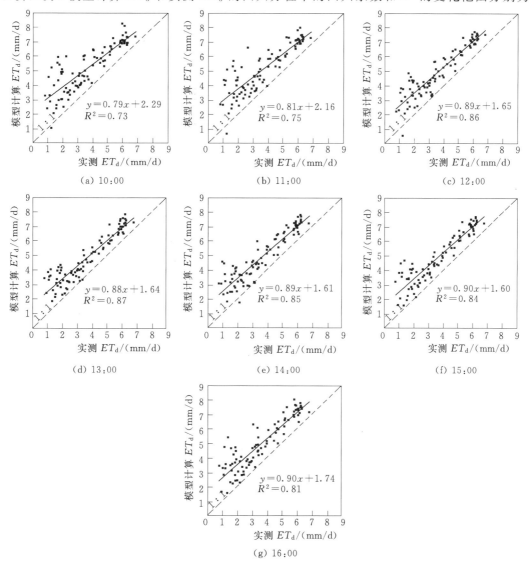

图 8.10 2016 年田块 1 中向日葵 10：00—16：00 模型计算 ET_d 和实测 ET_d 对比

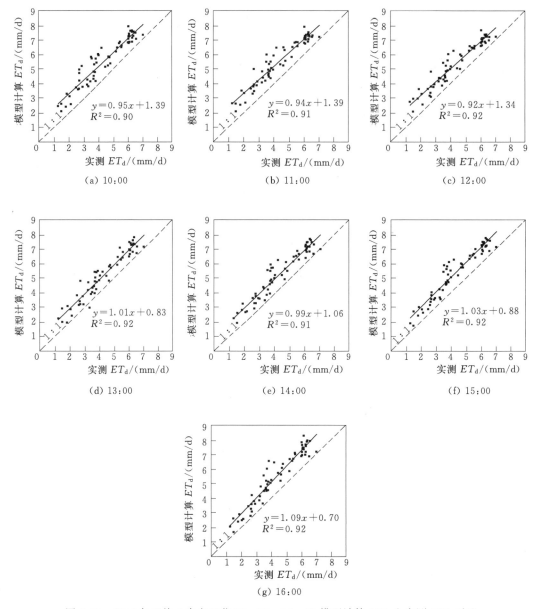

图 8.11 2016 年田块 2 中向日葵 10：00—16：00 模型计算 ET_d 和实测 ET_d 对比

0.79～0.90 和 0.73～0.87，两者的值都接近于 1，说明 S-I 模型能够较准确的估算向日葵日蒸散量。模型计算 ET_d 和实测 ET_d 两者的 $RMSE$ 和 d 的变化范围分别为 1.35～1.78mm/d 和 0.70～0.83，$RMSE$ 的值小于 1.78mm/d，d 的值接近于 1，以上统计参数的结果比玉米要稍差一些，但也在接受的范围，说明 S-I 模型能够较准确的估算向日葵的日蒸散量。在 10：00—16：00 7 个时刻中，田块 1 中的向日葵在 3 个月主要生育期内模型计算 ET_d 和实测 ET_d 两者的拟合效果在 13：00 时最好，R^2 和 d 的值最大（R^2 = 0.87 和 d = 0.83），$RMSE$ 的值最小（$RMSE$ = 1.35mm/d）。

统计分析结果显示，田块 2 中向日葵的模型计算 ET_d 和实测 ET_d 统计参数的结果要好于田块 1。模型计算 ET_d 和实测 ET_d 的回归方程中的回归系数和 R^2 的变化范围分别为 $0.92\sim1.09$ 和 $0.90\sim0.92$（表 8.5）。模型计算 ET_d 和实测 ET_d 两者的 $RMSE$ 和 d 的变化范围分别为 $0.99\sim1.28\text{mm/d}$ 和 $0.83\sim0.91$，也进一步说明 S-I 模型能够较准确的估算玉米日蒸散量。同样在 10：00—16：00 七个时刻中，田块 2 中向日葵在 2 个月主要生育期内模型计算 ET_d 和实测 ET_d 两者的拟合效果在 13：00 时最好，R^2 和 d 的值最大（$R^2=0.92$ 和 $d=0.91$），$RMSE$ 的值最小（$RMSE=0.99\text{mm/d}$）。

表 8.5 田块 1 和田块 2 中向日葵 10：00—16：00 模型计算 ET_d 和实测 ET_d 回归参数统计（2016 年）

时刻	向日葵田块 1				向日葵田块 2			
	回归系数	R^2	$RMSE$ /(mm/d)	d	回归系数	R^2	$RMSE$ /(mm/d)	d
10：00	0.79	0.73	1.78	0.70	0.95	0.90	1.28	0.83
11：00	0.81	0.75	1.69	0.73	0.94	0.91	1.23	0.84
12：00	0.89	0.86	1.42	0.82	0.92	0.92	1.10	0.87
13：00	0.88	0.87	1.35	0.83	1.01	0.92	0.99	0.91
14：00	0.89	0.85	1.40	0.83	0.99	0.91	1.10	0.88
15：00	0.90	0.84	1.41	0.82	1.03	0.92	1.12	0.88
16：00	0.90	0.81	1.56	0.79	1.09	0.92	1.14	0.87

注 向日葵田块 1 的样本数 $n=92$；向日葵田块 2 的样本数 $n=62$。

8.3.3 玉米和向日葵生育期内 ET_d 变化

根据以上分析结果可知，利用 S-I 模型估算玉米和向日葵的 ET_d 时，模型计算 ET_d 与实测 ET_d 两者的拟合效果均在 13：00 时最好。图 8.12 为在 13：00 时玉米、向日葵田块 1 和田块 2 实测 ET_d 和模型计算 ET_d 的变化过程。利用 S-I 模型估算玉米的 ET_d 与实测 ET_d 具有较好的一致性[图 8.12（a）]，与向日葵的结果相比，尽管 R^2 的值较低，但 $RMSE$ 和 d 的值要好于向日葵的结果。在 6 月份和 8 月初，利用 S-I 模型估算向日葵田块 1 的 ET_d 要高于实测值[图 8.12（b）]；同样在 8 月初，利用 S-I 模型估算田向日葵块 2 的 ET_d 也要高于实测值[图 8.11（c）]。

2015 年和 2016 年 3 个月主要生育期内玉米和向日葵叶面积指数变化如图 8.13 所示。在 6 月份，玉米处于快速生长期，而向日葵处于生长初期，向日葵的叶面积指数的值小于玉米。在 7 月和 8 月，随着向日葵的生长，向日葵的叶面积指数的值大于玉米。同时随着向日葵植被覆盖度的增加，向日葵田块 2 在 2 个月生育期内的实测 ET_d 和模型计算 ET_d 统计参数的结果要好于向日葵田块 1 在 3 个月生育期内的结果。Carlson 和 Buffum (1989) 指出 S-I 模型中的参数 b 受风速和植被覆盖度的影响较大。

图 8.14 为 2015 年和 2016 年玉米和向日葵 3 个月主要生育期内风速变化。2015 年和

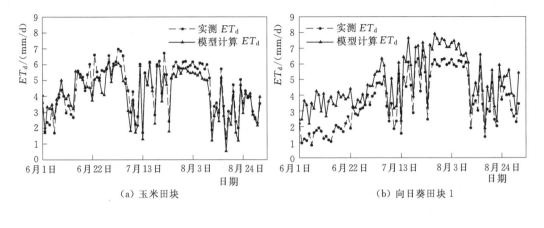

（a）玉米田块　　　　　　　　　（b）向日葵田块 1

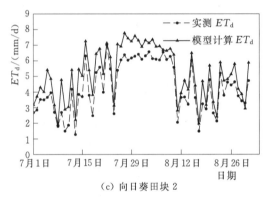

（c）向日葵田块 2

图 8.12　2016 年玉米田块、向日葵田块 1 和田块 2 在 13：00 实测 ET_d 和模型计算 ET_d 变化过程

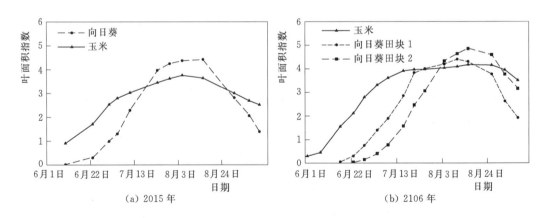

（a）2015 年　　　　　　　　　（b）2106 年

图 8.13　2015 年和 2016 年玉米和向日葵生育期内叶面积指数变化

2016 年 6 月份玉米田块和向日葵田块的风速值明显大于 7 月和 8 月。在 2016 年 8 月初，研究区出现一段时间较大的阵风。Seguin 和 Itier（1983）指出风速较小时，模型中参数 b 的值也较小。因此，风速的大小也可能会影响模型估算 ET_d 的精度。

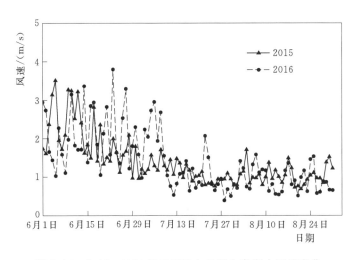

图 8.14 2015—2016 年玉米和向日葵生育期内风速变化

8.4 利用 S－I 模型估算区域作物蒸散量

研究区域解放闸灌域经历了引水工程建设、排水工程畅通、节水改造工程建设等几次大规模水利建设阶段，形成了现在比较完善的灌排配套工程体系。现有干渠 3 条（乌拉河、杨家河、黄济）以及清惠分干渠。根据干渠的分布及其控制引水渠道，将解放闸灌域划分为 4 个分灌域（乌拉河分灌域、杨家河分灌域、黄济分灌域和清惠分灌域）（图8.15）。

8.4.1 地表温度空间降尺度及验证

采用 Landsat7 和 Landsat8 遥感影像，数据来源于 USGS 官网。通过 ENVI 软件对选取的 Landsat7&8 和 MODIS 遥感影像进行预处理，为反演地表温度和进行数据融合提供数据支持。其中 Landsat8 遥感影像仅对Band10 进行定标处理，通过大气校正法反演地表温度。具体方法可参见第 6 章所述。每日地表温度产品（MOD11A1）来源于中国科学院计算机网络信息中心国际科学数据镜像网站和 NASA 官网。

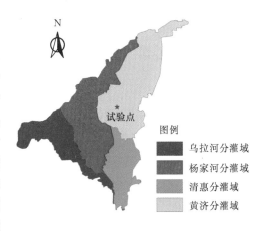

图 8.15 解放闸灌域和试验点地理位置示意图

通过 ESTARFM 融合算法对 2015 年和 2016 年 Landsat7&8 和 MODIS 地表温度数据进行融合，实现地表温度空间降尺度，进而生成具有高时空分辨率的地表温度数据集。选择原有的 Landsat7&8 和 MODIS 地表温度对融合结果进行对比和评价，分析三者在空间上的差异。选取 2015 年 7 月 23 日和 2015 年 8 月 24 日为典型日对研究区域融合结果进行评价和分析。根据 2015 年研究区域 Landsat7&8 和 MODIS 遥感影像质量及云量的影响，融合地表温度所用到的 Landsat7&8 和 MODIS 影像应选择距预测影像时间上最近的影像。

1. 基于 ESTARFM 算法地表温度降尺度

本节中所用地表温度数据是 2015 年和 2016 年 Landsat7&8 和 MODIS 遥感影像。其中 2015 年 Landsat7&8 晴空地表温度数据为 5 景，MODIS 晴空地表温度数据为 48 景；2016 年 Landsat7&8 晴空地表温度数据为 7 景，MODIS 晴空地表温度数据为 43 景。Landsat7&8 和 MODIS 遥感影像数据清单见表 8.6。

表 8.6　　　　　　　　　　2015—2016 年 Landsat7&8 和 MODIS 遥感影像数据清单

年份	儒略日	
	Landsat7&8	MODIS
2015	124，156，204，236，268	124，156，158，162，163，167，169，170，173，177，182，184，187，188，191，192，194，199，200，201，204，205，207，208，209，210，214，215，216，217，218，219，224，227，229，232，233，234，235，236，237，238，239，240，241，242，243，268
2016	151，167，175，183，215，239，263	151，157，159，160，164，167，168，169，170，175，176，178，180，182，183，184，185，186，188，198，201，202，204，205，208，209，210，211，212，213，214，215，216，217，218，221，222，228，238，239，240，244，263

图 8.16 为典型日内研究区域 MODIS 地表温度、Landsat 地表温度和融合地表温度空间分布。从图 8.16（b）和（e）可以看出，Landsat 地表温度数据纹理清晰，其空间细节明显好于 MODIS 地表温度影像。融合地表温度与 Landsat 尺度地表温度的空间分布趋势

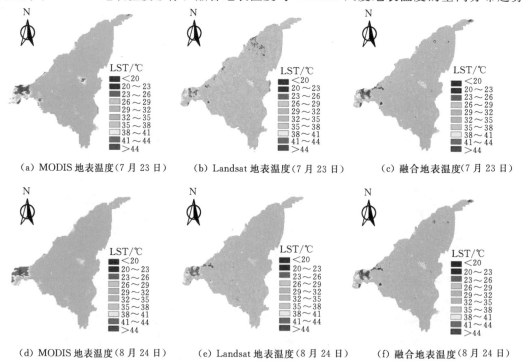

（a）MODIS 地表温度（7 月 23 日）　　　（b）Landsat 地表温度（7 月 23 日）　　　（c）融合地表温度（7 月 23 日）

（d）MODIS 地表温度（8 月 24 日）　　　（e）Landsat 地表温度（8 月 24 日）　　　（f）融合地表温度（8 月 24 日）

图 8.16　典型日内研究区域 MODIS 地表温度、Landsat 地表温度和融合地表温度空间分布

基本一致 [图 8.16（c）、（f）]，不同下垫面的地表温度差异明显，红色代表温度较高，表明该地区为裸地或植被稀疏，如村镇，道路等区域；绿色代表温度较低，表明该区域植被覆盖度较高，如农田等，与地表真实情况相吻合。但是也可以看出，在地物交接处的融合结果也会出现局部模糊现象，是因为下垫面条件比较复杂，导致预测结果质量较差。

2. 地表温度产品验证

将反演的 Landsat 地表温度影像作为真实的地表温度，对融合算法生成的高分辨地表温度影像进行验证。由于研究区较大，选取典型日内融合地表温度影像中 400 像元×400 像元大小的区域对融合结果进行评价，裁剪结果如图 8.17 所示。

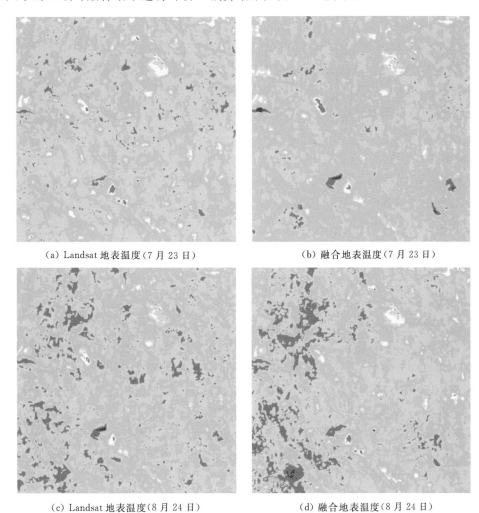

（a）Landsat 地表温度（7 月 23 日）　　　　（b）融合地表温度（7 月 23 日）

（c）Landsat 地表温度（8 月 24 日）　　　　（d）融合地表温度（8 月 24 日）

图 8.17　典型日内 Landsat 地表温度和融合地表温度空间分布（400 像元×400 像元）

图 8.18 为融合地表温度与 Landsat 地表温度的对比。从图中可以看出，典型日内融合地表温度与 Landsat 地表温度分散比较集中，基本上都分布在 1∶1 线左右。典型日内融合地表温度与 Landsat 地表温度两者的相关系数（r）分别为 0.78 和 0.81，说明融合结果较好。

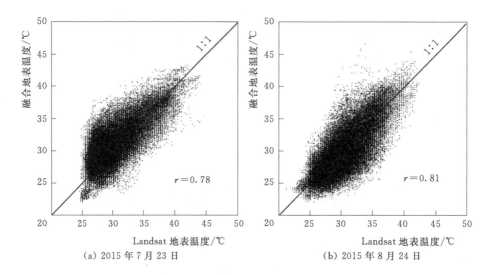

图 8.18　典型日内 Landsat 地表温度与融合地表温度对比

3. 地面点验证

利用布置在玉米田块和向日葵田块的 CTMS - On line 型作物冠层温度及环境因子测量系统观测的冠层温度，进一步评价 ESTARFM 数据融合方法生成的高分辨地表温度数据。MODIS 卫星过境时间为上午 10：30，Landsat 卫星的过境时间为上午 11：30，选择 CTMS - On line 型作物冠层温度及环境因子测量系统 11：00 时观测的冠层温度，与融合的地表温度进行对比。2015 年和 2016 年 6—8 月玉米和向日葵田块可以利用的天数分别为 46d 和 41d。

图 8.19 给出了 2015 年和 2016 年 6—8 月玉米田块和向日葵田块观测的冠层温度和融合地表温度的比较结果。从图中可以看出，玉米和向日葵生育期内融合地表温度和地面点观测冠层温度数据散点分布在 1：1 线两侧，且趋势线接近 1：1 线。2015 年和 2016 年地表温度的观测值与融合值的决定系数（R^2）的变化范围为 0.54~0.58，均方根误差（$RMSE$）均小于 2.07℃，一致性指数（d）均大于 0.84。杨贵军等（2015）和杨敏（2017）利用 ESTARFM 算法对 ASTER 和 MODIS 地表温度数据进行融合，并用地表红外辐射计观测的地表温度进行验证，其 R^2 的变化范围分别为 0.71~0.88 和 0.61~0.71，$RMSE$ 的值均低于 2.47K，其结果稍好于本文。由于 ASTER 和 MODIS 同时搭载在 TERRA 卫星传感器上，可以获得同步的观测数据，而本书中 MODIS 和 Landsat 没有获取同步的数据（MODIS 和 Landsat 卫星过境时间分别为上午 10：30 和 11：30），导致本文的融合精度有所降低。蔡甲冰等（2017）利用 Landsat 遥感影像反演玉米和向日葵的地表温度并进行地面点的验证，玉米和向日葵 $RMSE$ 的值分别为 2.32℃ 和 1.97℃，其值比本文的结果稍高一些。因此，基于 ESTARFM 算法的融合结果可靠，在点尺度上具有较好的融合精度，且接近地表真实温度。

2015 年和 2016 年玉米和向日葵生育期内观测冠层温度和融合地表温度的变化过程如图 8.20 所示。图中玉米和向日葵观测冠层温度和融合地表温度变化趋势一致，且吻合效果较好。在 2015 年 8 月，玉米和向日葵融合地表温度的值大都高于观测冠层温度，而在

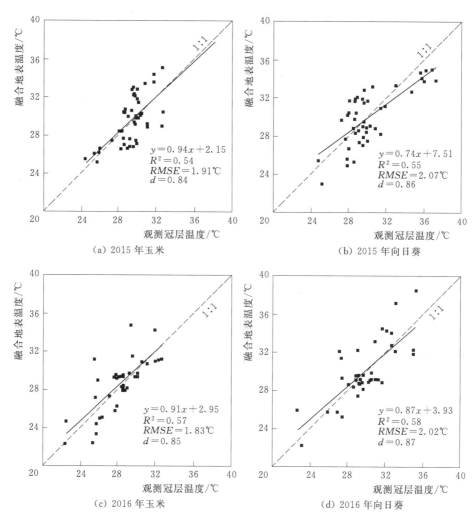

图 8.19　2015 年和 2016 年玉米和向日葵观测冠层温度与融合地表温度对比

2016 年 8 月，玉米和向日葵融合地表温度的值大都小于观测冠层温度。两种作物的融合地表温度均与观测冠层温度表现较好的一致性，说明基于 ESTARFM 融合算法得到的融合影像能够刻画地表空间细节信息，使其融合结果更接近于真实值。

解放闸灌域玉米和向日葵空间分布数据来自白亮亮（2017）的数据处理结果。根据作物种植结构调查分类结果，将玉米和向日葵的每日地表温度分别从融合结果中提取出来。选取 2015 年 6 月 12 日、2015 年 7 月 13 日、2015 年 8 月 15 日、2016 年 6 月 16 日、2016 年 7 月 16 日和 2016 年 8 月 9 日为典型日，对玉米和向日葵的地表温度进行空间分析。图 8.21 为 2015 年和 2016 年典型日内玉米和向日葵的地表温度空间分布。从图中可以看出，6 月的地表温度要高于 7 月和 8 月，是因为 6 月玉米和向日葵分别处于快速生长期和生长初期，植被覆盖度比较低。随着玉米和向日葵的植被覆盖度的增加，玉米和向日葵的地表温度有所降低。在 7 月份，玉米和向日葵的植被覆盖度达到最大，此时两者的地表温度也相对较低。2015 年典型日内玉米和向日葵地表温度在乌拉河、杨家河、黄济和清惠 4 个

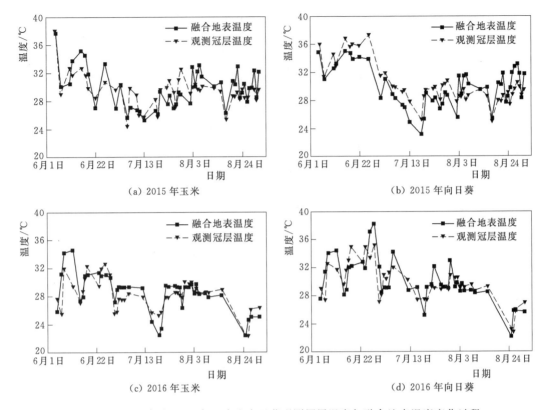

图 8.20 2015 年和 2016 年玉米和向日葵观测冠层温度与融合地表温度变化过程

分灌域的空间分布存在差异，黄济分灌域的西部、杨家河分灌域的南部、乌拉河分灌域和清惠分灌域的地表温度的值要大于其他地区。2016 年典型日内玉米和向日葵地表温度在 4 个分灌域的空间分布差异与 2015 年基本一致，但其变化差异要小于 2015 年。

8.4.2 基于 S-I 模型估算灌区作物耗水

1. 区域水量平衡法计算玉米和向日葵蒸散量

根据解放闸灌域干渠的分布及其控制引水渠道，将解放闸灌域划分为 4 个分灌域（黄济分灌域、清惠分灌域、乌拉河分灌域和杨家河分灌域）。本研究中利用水平衡方程法计算解放闸灌域 4 个分灌域玉米和向日葵 6—8 月 3 个月总的蒸散量（以下简称 ET_w），考虑了非饱和带土壤储水量变化及饱和带地下水的出水量变化。解放闸灌域降雨量较少且地势平坦开阔，故不考虑地表径流。计算公式（Liu 等，2016）如下：

$$I+P-ET_w-D=\Delta S \tag{8.8}$$

$$\Delta S=\Delta S_s+\Delta S_g \tag{8.9}$$

$$\Delta S_s=\theta_t h_t-\theta_0 h_0 \tag{8.10}$$

$$\Delta S_g=\mu \Delta h \tag{8.11}$$

式中：I 为从 6—8 月总的灌水量，mm；P 为从 6—8 月总的有效降雨量，mm；ET_w 为从 6—8 月总的蒸散量，mm；D 为从 6—8 月总的排水量，mm；ΔS 为从 6—8 月总的储

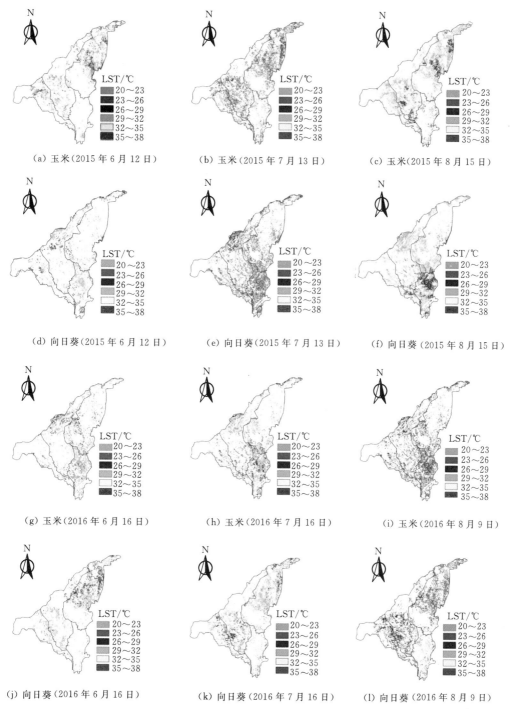

图 8.21 2015 年和 2016 年典型日内玉米和向日葵的地表温度（LST）空间分布

水量变化，mm；ΔS_g 为从 6—8 月总的地下水储水量变化，mm；ΔS_s 为从 6—8 月总的非饱和带土壤水储水量变化，mm；θ_0 和 θ_t 分别为生育期始末地下水位以上土体内土壤含水量，cm^3/cm^3；h_0 和 h_t 为对应 θ_0 和 θ_t 的地下水位埋深，mm；μ 为给水度，这里取 0.07；

Δh 为从 6—8 月地下水位埋深变化，mm。

区域水量平衡法中灌水量、排水量和地下水位数据来源于河套灌区解放闸灌域管理局，降雨数据来源于国家气象局杭锦后旗站，土壤水分数据来自每月区域土壤水分观测。利用水量平衡法分别计算 2015 年和 2016 年 6—8 月解放闸灌域 4 个分灌域玉米和向日葵 3 个月总的蒸散量，对通过 S-I 模型估算区域玉米和向日葵的每日蒸散量进行总量验证。

2. 基于 S-I 模型估算玉米和向日葵蒸散量

基于上述融合算法得到解放闸灌域玉米和向日葵每日地表温度（30m），其中 2015 年和 2016 年 6—8 月玉米和向日葵生育期内融合的地表温度影像数据分别为 46 景和 41 景，利用 S-I 模型估算玉米和向日葵每日蒸散量。S-I 模型中日净辐射（R_n）可根据太阳辐射（R_s）计算得到，R_s 可以根据日照时数计算得到，其中日照时数、空气温度（T_a）等气象数据来源于国家气象局杭锦后旗站每日观测数据。根据前述对 S-I 模型的率定和验证结果，利用 S-I 模型分别估算解放闸灌域 4 个分灌域玉米和向日葵的每日蒸散量。

在 S-I 模型估算玉米和向日葵每日蒸散量的结果中，选取 2015 年 6 月 12 日、2015 年 7 月 13 日、2015 年 8 月 15 日、2016 年 6 月 16 日、2016 年 7 月 16 日和 2016 年 8 月 9 日为典型日，对玉米和向日葵的日蒸散量进行空间分析。图 8.22 为 2015 年和 2016 年典型日内玉米和向日葵的蒸散量空间分布。从图 8.22 可以看出，2015 年 7 月的蒸散量要高于 6 月和 8 月，2016 年 7 月和 8 月初的蒸散量要高于 6 月，是因为 7 月和 8 月初玉米和向日葵处于生长中期，作物蒸散量的值较高。生育期内向日葵的蒸散量要高于玉米，特别是在 7 月和 8 月，可能是与作物的生长阶段、作物自身特点和田间的种植条件等因素有关。

2015 年典型日内玉米蒸散量在乌拉河、杨家河、黄济和清惠 4 个分灌域的空间分布差异较小；而典型日内向日葵区域蒸散量空间分布存在差异，黄济分灌域的东部、杨家河分灌域的南部和清惠分灌域的蒸散量的值大于其他地区。2016 年在 6 月和 7 月典型日内玉米蒸散量在 4 个分灌域的空间分布差异较小，在 8 月玉米蒸散量区域空间分布差异存在差异，也是黄济分灌域的东部、杨家河分灌域的南部和整个清惠分灌域的蒸散量的值大于其他地区；而 2016 年典型日内向日葵区域蒸散量空间分布差异与 2015 年基本一致。白亮亮（2017）分析多年年蒸散发总量在解放闸灌域空间分布差异，也发现年蒸散量在解放闸灌域的西部和东北靠中部蒸散量的值大于其他地区，和本书典型日内玉米和向日葵蒸散量的空间分布差异基本一致。

3. 灌域玉米和向日葵蒸散发量对比验证

解放闸灌域分为乌拉河、杨家河、黄济和清惠 4 个分灌域，利用水量平衡法分别计算 2015 年和 2016 年 6—8 月解放闸灌域 4 个分灌域玉米和向日葵 3 个月总的蒸散量，对通过 S-I 模型估算区域玉米和向日葵的每日蒸散量进行总量验证。2015 年和 2016 年 6—8 月区域水量平衡模型中各分项的值见表 8.7。利用 S-I 模型分别计算 4 个分灌域的每日蒸散量，其中 2015 年和 2016 年 6—8 月由于天气影响而导致遥感影像缺失而不能得到玉米和向日葵连续的日蒸散量，缺失的日蒸散量采用作物系数插值法计算得到，进而得到玉米和向日葵 6—8 月生育期内连续的每日蒸散量。然后将二者的每日蒸散量相加，得到 4 个分灌域玉米和向日葵 6—8 月 3 个月总的蒸散量（以下简称 ET_M）。

从表 8.7 可见，2015 年黄济分灌域、清惠分灌域、乌拉河分灌域和杨家河分灌域水

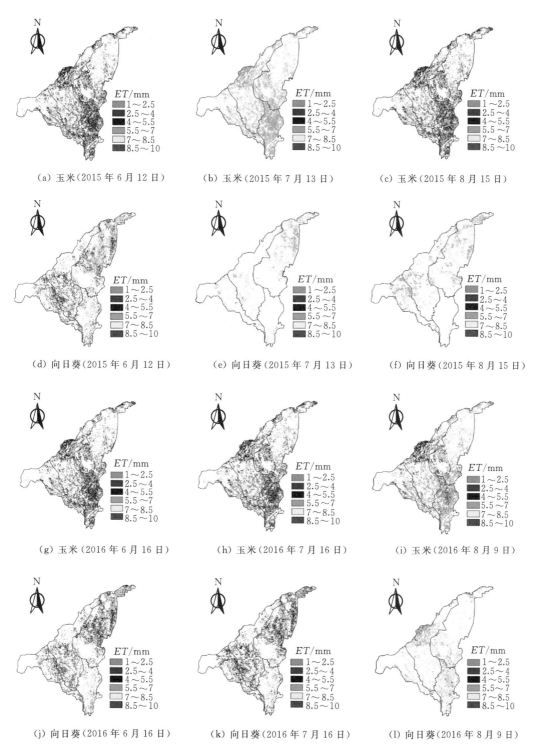

图 8.22　2015 年和 2016 年典型日内玉米和向日葵的蒸散量空间分布

量平衡蒸散量与模型蒸散量的相对误差（RE）分别为 6.1%、12.8%、−9.2% 和 −7.2%；2016 年黄济、清惠、乌拉河和杨家河分灌域水量平衡蒸散量与模型蒸散量的 RE 分别为 −7.9%、16.3%、−9.6% 和 −7.4%。2015 年和 2016 年清惠分灌域水量平衡蒸散量与模型蒸散量的 RE 分别为 12.8% 和 16.3%，其他 3 个分灌域水量平衡蒸散量与模型蒸散量的 RE 的值均小于 ±10%，说明 S−I 模型估算区域蒸散量具有较好的精度，模型可以应用于区域尺度作物蒸散量的估算。

表 8.7　　　　　　　2015 年和 2016 年 6—8 月水量平衡蒸散量与模型蒸散量对比

年份	分灌域	I/mm	P/mm	ΔS_s/mm	ΔS_g/mm	D/mm	ET_W/mm	ET_M/mm	RE/%
2015	黄济	579.7	5.7	13.0	−62.4	85.1	549.8	583.3	6.1
	清惠	463.4	5.7	−19.8	−51.8	26.5	514.3	580.4	12.8
	乌拉河	592.2	5.7	−11.0	−16.2	20.7	604.5	549.1	−9.2
	杨家河	617.7	5.7	45.5	−64.9	35.2	607.7	563.8	−7.2
2016	黄济	548.4	73.5	16.5	−52.0	73.2	584.2	538.1	−7.9
	清惠	346.4	73.5	−27.1	−32.9	9.8	470.1	546.8	16.3
	乌拉河	508.6	73.5	−19.6	−31.4	24.9	608.3	549.6	−9.6
	杨家河	544.9	73.5	31.7	−27.7	52.2	562.2	520.4	−7.4

4. 误差分析

2015 年和 2016 年 6—8 月黄济、清惠、乌拉河和杨家河分灌域地下水位变化如图 8.23 所示。从图 8.23 可以看出，乌拉河、杨家河、黄济和清惠分灌域的地下水埋深依次增加，且清惠分灌域的地下水位埋深明显大于其他 3 个分灌域。其中 2015 年黄济、清惠、乌拉河和杨家河分灌域 6—8 月平均地下水位埋深分别为 207.6cm、304.2cm、114.1cm 和 177.4cm；2016 年黄济、清惠、乌拉河和杨家河分灌域 6—8 月平均地地下水位埋深分别为 187.3cm、305.9cm、117.1cm 和 154.7cm。由于清惠分灌域存在一部分井灌区，引水量小于其他 3 个分灌域，导致清惠分灌域的地下水位埋深明显大于其他 3 个分灌域。

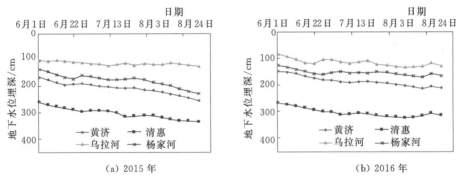

图 8.23　2015 年和 2016 年 6—8 月 4 个分灌域地下水埋深变化

2015 年和 2016 年清惠分灌域的水量平衡蒸散量与模型蒸散量的 RE 均大于其他 3 个分灌域，且 RE 的值分别为 12.8% 和 16.3%。2015 年黄济、乌拉河和杨家河分灌域引黄灌溉的灌水量分别为 579.7mm、592.2mm 和 617.7mm，而清惠分灌域引黄灌溉的灌水量仅为 463.5mm，比其他 3 个分灌域的灌水量少了 120 多 mm。2016 年黄济、乌拉河和杨家河分灌域引黄灌溉的灌水量分别为 548.4mm、508.6mm 和 544.9mm，而清惠分灌域引黄灌溉的灌水量仅为 346.4mm，比其他 3 个分灌域的灌水量少了 160 多 mm。2016 年黄济、清惠、乌拉河和杨家河 4 个分灌域的灌水量比 2015 年均减少了，且分别为 31.3mm、117.0mm、83.6mm 和 72.8mm，其中清惠分灌域的灌水量减少的最多，从而导致 2016 年清惠分灌域的 RE 进一步增加。同时本书中清惠分灌域的灌水量仅计算了引黄灌溉的灌水量，并没有计算井灌区的灌水量，使得清惠分灌域总的灌水量比其他分灌域要小，进而通过水量平衡法计算得到的蒸散量偏小，也进一步导致 RE 的值偏大。

Liu 等（2016）对解放闸灌域井灌区在 2015 年进行实地调查，得到解放闸灌域井灌区的灌溉面积约为 6600hm^2，解放闸灌域总的灌溉面积为 131329hm^2，井灌区的面积仅占解放闸总的灌溉面积的 5%。但是井灌区的灌溉面积有很大一部是分布在清惠分灌域，其大约占清惠分灌域总的灌溉面积的 15% 左右，所占比例较大。因此，按照清惠分灌域引黄灌溉的面积和总灌水量比例计算出井灌区所需的灌溉水量，将这部分灌水量加到引黄灌溉的灌水量中，则 2015 年和 2016 年清惠分灌域总的灌溉水量分别为 516.0mm 和 384.9mm（表 8.8）。根据水量平衡法重新计算 2015 年和 2016 年 6—8 月清惠分灌域的水量平衡蒸散量，则 2015 年和 2016 年清惠分灌域的水量平衡蒸散量与模型蒸散量的 RE 分别为 2.4% 和 7.5%（表 8.8）。因此，当清惠分灌域考虑井灌区的灌水量时，2015 年和 2016 年 4 个分灌域水量平衡蒸散量与模型蒸散量的 RE 均小于 ±10%，说明 S−I 模型估算区域蒸散量具有较好的精度，模型可以应用于区域尺度作物蒸散量的估算。

表 8.8　2015 年和 2016 年 6—8 月清惠灌域校正水量平衡蒸散量与模型估算蒸散量

分灌域	年份	I/mm	P/mm	ΔS_s/mm	ΔS_g/mm	D/mm	ET_W/mm	ET_M/mm	RE/%
清惠	2015	516.0	5.7	−19.8	−51.8	26.5	566.9	580.4	2.4
	2016	384.9	73.5	−27.1	−32.9	9.8	508.5	546.8	7.5

8.5　本章小结

本章利用 2015 年和 2016 年 6—8 月连续 3 个月观测的玉米和向日葵田间试验数据，对 S−I 模型进行率定和验证；在此基础上，确定了玉米和向日葵 S−I 模型中最佳参数 a 和 b 的值，根据融合算法确定的区域地表温度，估算灌区玉米和向日葵的作物 ET，并与水量平衡方程结果进行了对比。主要结论如下：

（1）根据 2015 年试验观测数据对模型参数率定的结果可知，玉米和向日葵在 10：00—16：00 各时刻的（$T_c - T_a$）与（$ET_d - R_{nd}$）具有较好的线性相关性，均在 13：00 时 R^2 的值最大且分别为 0.69 和 0.88。因此，玉米日蒸散量估算模型中参数 a 和 b 分别为 −0.738 和 −0.124，向日葵日蒸散量估算模型中参数 a 和 b 分别为 0.665 和 −0.356。根据 2016 年试验观测数据对模型的验证结果可知，玉米、向日葵田块 1 和田块 2 主要生育期内实测 ET_d 和模型计算 ET_d 两者的拟合效果均在 13：00 时最好。玉米的决定系数（R^2）、一致性指数（d）和均方根误差（$RMSE$）的值分别为 0.86、0.95 和

0.66mm/d；向日葵田块 1 的 R^2、d 和 $RMSE$ 的值分别为 0.87、0.83 和 1.35mm/d；向日葵田块 2 的 R^2、d 和 $RMSE$ 的值分别为 0.92、0.91 和 0.99mm/d。在田间尺度，S-I 模型的估算精度较高。

（2）通过大气校正法反演 Landsat7&8 地表温度，结合多时相 MODIS 地表温度数据，利用 ESTARFM 融合算法实现了地表温度的空间降尺度，构建了高时空分辨率地表温度数据集，并与 Landsat 真实反演地表温度和地面观测的作物冠层温度分别进行验证。与 Landsat 真实地表温度验证中，典型日内融合地表温度与 Landsat 地表温度两者的相关系数（r）分别为 0.78 和 0.81，融合结果较好；与地面观测的作物冠层温度验证中，观测值与融合值两者的 R^2 都在 0.54 以上，$RMSE$ 均小于 2.07℃，d 均大于 0.84，表明融合算法具有较好的预测精度。

（3）利用区域水量平衡法对 S-I 模型估算的主要作物生育期的蒸散量进行总量验证。2015 年和 2016 年黄济分灌域、清惠分灌域（考虑分灌域内井灌区的灌水量）、乌拉河分灌域和杨家河分灌域水量平衡蒸散量与模型蒸散量的相对误差（RE）均小于±10%，说明 S-I 模型估算解放闸灌域区域作物蒸散量具有较好的精度。因此，S-I 模型可以作为一个简单方便的方法用于区域农田蒸散量的估算。

参 考 文 献

白亮亮，2017. 基于多源遥感数据的灌区农田蒸散发和土壤墒情反演及应用 [D]. 博士论文，北京：中国水利水电科学研究院.

蔡甲冰，白亮亮，许迪，等，2017. 基于地面红外检测系统验证的灌区地表温度遥感反演 [J]. 农业工程学报，33（5）：108-114.

郝芳华，欧阳威，岳勇，等，2008. 内蒙古农业灌区水循环特征及对土壤水运移影响的分析 [J]. 环境科学学报，28（5）：825-831.

闫浩芳，2008. 内蒙古河套灌区不同作物腾发量及作物系数的研究 [D]. 硕士论文，呼和浩特：内蒙古农业大学.

杨贵军，孙晨红，历华，2015. 黑河流域 ASTER 与 MODIS 融合生成高分辨率地表温度的验证 [J]. 农业工程学报，31（6）：193-200.

杨敏，2017. 地表温度降尺度时空融合方法对比及其应用 [D]. 硕士论文，西安：西安科技大学.

ALLEN R G，PEREIRA L S，RAES D，et al，1998. Crop Evapotranspiration：Guidelines for Computing Crop Water Requirements. United Nations Food and Agriculture Organization，Irrigation and Drainage Paper 56 [M]. Rome，Italy.

CARLSON T N，BUFFUM M J，1989. On estimating total daily evapotranspiration from remote surface temperature measurements [J]. Remote Sensing of Environment，29（2）：197-207.

JACKSON R D，REGINATO R J，IDSO S B，1977. Wheat canopy temperature：A practical tool for evaluating water requirements [J]. Water Resources Research，13（3）：651-656.

LIU Z Y，CHEN H，HUO Z L，et al，2016. Analysis of the contribution of groundwater to evapotranspiration in an arid irrigation district with shallow water table [J]. Agricultural Water Management，171：131-141.

SEGUIN B，ITIER B，1983. Using midday surface temperature to estimate daily evaporation from satellite thermal IR data [J]. International Journal of Remote Sensing，4（2）：371-383.

第 9 章

灌区种植结构演变与农田蒸散发变化

灌区种植结构及其变化，往往会受到气候、水源、社会经济条件等因素的影响，因而也会对农田蒸散发量产生影响。本章在前几章的基础上，通过 2000—2015 年解放闸灌域种植结构信息、农田蒸散发信息以及土壤墒情数据，分析节水改造实施以来农业蒸散发变化，评价节水改造所起到的效果。主要工作内容包括：①分析种植结构历史演变、空间分布特征以及与农田水土环境因子之间的相互关系；②分析不同作物蒸散发季节和年际变化及其之间的差异；③分析农田蒸散发时空变化对种植结构调整和地下水变化的时空响应；④评价节水改造实施以来，灌区灌溉用水效率。

9.1 种植结构时空特征及演变

9.1.1 不同作物种植面积时间变化

解放闸灌域灌溉面积为 14.20 万 hm² （赵云等，2016），以春玉米、向日葵、春小麦和套种为主，其面积多年变化如图 9.1 所示。粮食作物春玉米和春小麦种植面积逐年增加，春玉米种植面积增加尤为明显，由 2000 年的 0.83 万 hm²（占灌溉面积的 5.80%）增加到 2015 年的 4.02 万 hm²（占灌溉面积的 28.31%）。一方面出于国家对粮食作物的补贴政策，鼓励农户种粮；另一方面由于市场对粮食作物的需求不断增加，如对工业原料需求较大的玉米。经济作物向日葵的种植面积呈先减少后增加的趋势，其种植规模主要受市场需求因素影响。套种作为一种典型的高产种植模式，其种植面积近几年呈直线下降，由 2000 年的 4.30 万 hm²（占灌溉面积的 30.32%）减少到 2015 年的 0.41 万 hm²（占灌溉面积的 2.91%），随着土地承包和流转速度加快、农村劳动力的外流，加上套种种植模式劳动力成本较高，使得农户转向单一作物种植模式。

9.1.2 种植结构空间分布及演变

2000 年、2005 年、2010 年和 2015 年种植结构空间分布特征如图 9.2 所示。受作物

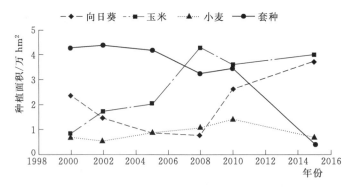

图 9.1 解放闸灌域主要作物种植面积多年变化趋势

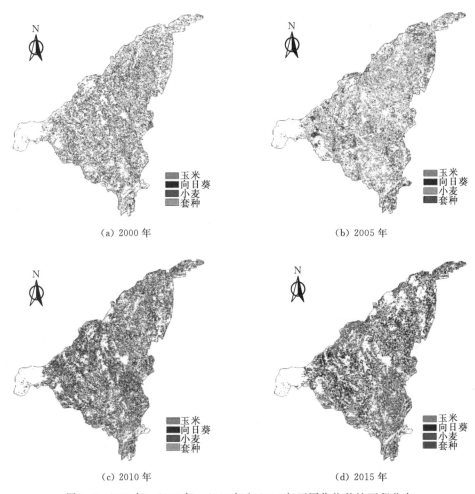

（a）2000 年　　　　　　　　　　　　　　（b）2005 年

（c）2010 年　　　　　　　　　　　　　　（d）2015 年

图 9.2 2000 年、2005 年、2010 年和 2015 年不同作物种植面积分布

类型、生理特征以及土壤、地下水等自然地理环境的影响，不同作物在空间上表现为不同的分布特征。春小麦种植区域主要分布在灌域的东南部以及东部和北部的边缘区域。由2005 年、2010 年和 2015 年分布图可看出，春玉米种植面积在灌域的北部、东南部和东北其空间分布特征并不明显。向日葵种植区域在西部和东北偏中部地区分布较多，2005 年

向日葵种植面积偏小，为多年中面积最少，其整体变化趋势表现为先减少后增加。套种种植模式主要分布在东南部和西南部一些地区，其作为一种高产种植模式，近年来种植面积逐年减少，在2015年空间分布中其种植面积明显减少。

9.1.3 种植结构空间格局与地下水相关性分析

地下水埋深分布采用2000年、2005年、2010年和2015年3月份数据，该月份为作物生育期前期和灌溉前期，地下水空间分布不受因灌溉和渗漏带来的影响。利用普通克里格插值法（杜军等，2010）对相关数据进行插值，如图9.3所示。随着大型灌区节水改造的实施，渠道衬砌率和灌溉效率的提高，地下水位整体有所下降，2000年、2005年、2010年和2015年地下水位平均值分别为1.76m、2.00m、2.17m和2.33m。其空间分布表现为，灌域西南部和东北偏中部区域地下水位埋深较浅，中部、东南部以及东北部地下水位埋深较深。

研究区域蒸发强烈，盐分聚集在土壤表层，长期以来使得土壤发生不同程度的盐渍化，尤其在地下水位相对较浅的区域，其空间分布对作物的生长和适应性则有不同的影响和要求。结合种植结构空间分布可知，向日葵在地下水位埋深较浅的西南部分布较为集

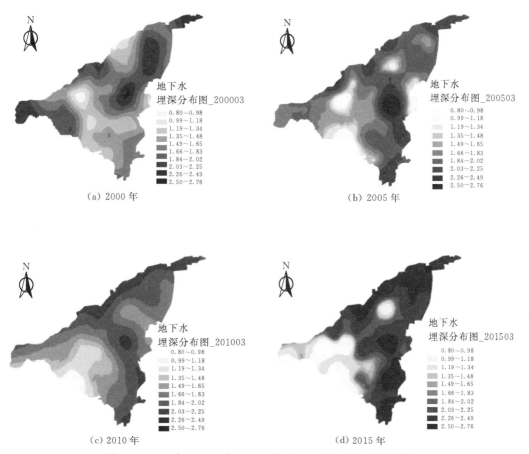

图9.3 2000年、2005年、2010年和2015年3月地下水分布

中；而春玉米和春小麦在地下水埋深较大的中部和东南部分布较为集中，反映出不同作物对水土环境的适应性不同，向日葵的耐盐性较玉米、小麦高，更能适应盐碱化程度偏高的土壤，这与童文杰等（2014）河套灌区作物耐盐性评价研究结果相一致，2005 年和 2015年尤为明显；套种种植模式同玉米、小麦相似，在埋深较大的中部、东南部以及西部部分地区分布密集。

从图 9.3 地下水分布可知，地下水位随时间表现为整体下降的趋势，但其空间的相对差异性并未发生明显的变化。结合图 9.2 种植结构多年变化，不同作物空间分布格局的相对差异性也并未随时间发生较大的改变，由于不同作物的耐盐性及其对水土环境的适应性不同，种植结构调整在一定程度上受地下水位和土壤盐渍化等水土环境的限制，其空间分布格局具有一定的必然性。研究结果同时也说明了该地区种植结构在区域分布上具有一定的合理性。

种植结构空间分布格局以及其与地下水空间分布的相关性，一方面可以为灌溉部门制定水量分配计划时提供决策支持，根据现有灌溉制度，合理配置水资源；另一方面在合理利用地下水资源以及治理水土环境上提供依据，尤其在地下水埋深较浅的西南区域，可以采取井渠结合以及非充分灌溉方式，以改善土壤盐碱环境。

9.2　节水改造对灌区作物蒸散发影响

9.2.1　不同作物生育期和非生育期蒸散发过程

为比较不同作物的 4—10 月蒸散发差异，春小麦、春玉米、向日葵和套作的 10d 蒸散发变化过程如图 9.4 所示，每种作物 ET 曲线均为 30 个纯像元的平均值。像元均匀分布于整个区域，其位置的选取根据 2015 年的种植结构实地调查确定。

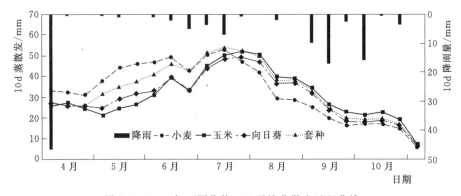

图 9.4　2015 年不同作物 10d 平均蒸散发过程曲线

4 月，土壤逐渐解冻，春小麦开始生长，其蒸散发高于其他作物，为 92.56mm；其次是春玉米、向日葵和套种，分别为 77.86mm、79.35mm 和 79.69mm。5—7 月，气温逐渐上升。不同作物蒸散发均有所增加，春小麦、套种、向日葵和春玉米的蒸散发分别为361.58mm，345.92mm，289.36mm 和 277.51mm。由于播种时间，灌溉制度和作物生长期的差异，5—7 月作物蒸散发之间的差异比其他时期更为明显。8 月、9 月，作物的 ET曲线开始呈下降趋势。由于较高的气温和相对浅的地下水深度，春小麦收获后，其蒸散发仍然保持在较高水平。10 月进入生育后期，作物蒸腾减弱，春小麦，春玉米，向日葵和套种的蒸散发分别减小为 48.77mm，65.96mm，56.22mm 和 58.81mm，差异逐渐减小。

为进一步分析作物蒸散发之间的差异，按照不同作物生长阶段，将整个研究时段（4—10月）分为作物生长期和非生长期。在生长期内，春小麦、春玉米、向日葵和套种的累积蒸散发为 493.95mm（4—7月，占 70.45%），603.33mm（5—10月占 88.65%），497.93mm（6—10月占 75.30%）和 709.04mm（4—10月，占 100%）。然而，在非生长期内，春小麦、春玉米和向日葵的总蒸散发分别为 207.15mm（8—10月，29.55%），72.86mm（4月，11.35%）和 159.95mm（4—5月，24.70%）。虽然在生长期和非生长期不同作物蒸散发差异明显，但 4 种作物 4—10月蒸散发总量水平接近，其中春小麦、春玉米、向日葵和套种蒸散发总量分别为 700.31mm、676.19mm、657.88mm 和 709.04mm。

9.2.2 不同作物蒸散发年际变化

在种植结构基础上，对不同作物年际蒸散发进行了提取。将整个研究时段按照不同作物生育阶段分为生育期和非生育期。表 9.1 为不同作物生育期和非生育期年际蒸散发变化，不同作物生育期和非生育期年均蒸散发差别较大。生育期内，套种（4—10月）年均蒸散发总量最大，达到 637mm，春玉米（5—10月）和向日葵（6—10月）次之，分别为 598 和 502mm，春小麦（4—7月）蒸散发最低，为 412mm。非生育期内，春小麦（8—10月）蒸散发最大，年均达到 214mm，春玉米（4月）和向日葵（4—5月）分别为 42mm 和 128mm。但 4—10月不同作物多年平均蒸散发的差异较小。

表 9.1　　　　　　　　生育期、非生育期内不同作物蒸散发年际变化　　　　　　　　单位：mm

年份	生育期				非生育期				4—10月			
	小麦	玉米	向日葵	套种	小麦	玉米	向日葵	套种	小麦	玉米	向日葵	套种
2000	427	630	527	647	219	32	129	0	646	662	656	647
2002	400	608	496	623	221	34	116	0	621	642	612	623
2005	426	604	505	640	211	40	135	0	637	644	640	640
2008	377	541	457	576	201	43	119	0	578	584	576	576
2010	413	621	519	641	197	27	114	0	610	648	633	641
2014	407	602	495	657	236	61	155	0	643	663	650	657
2015	431	579	512	675	212	55	125	0	643	634	637	675
平均值	412	598	502	637	214	42	128	0	625	640	629	637

9.2.3 作物蒸散发控制因素

图 9.5 为作物生长期的参照蒸散发 ET_0 与实际蒸散发相关性。图 9.6 中为非生长期蒸发皿蒸发与裸土地蒸散发相关性。在生长期内，年际实际蒸散发与参照蒸散发两者决定系数 R^2 达到了 0.88。在非生长期，裸土地蒸散发与蒸发皿蒸发一致，R^2 为 0.81。较多的灌溉水量和较浅地下水水位，使得土壤水分保持在较高水平，气象条件成为影响蒸散发量的主要控制因素。

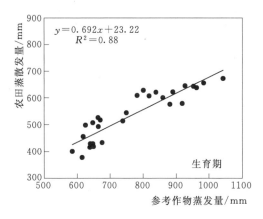

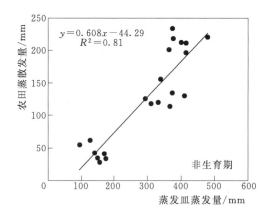

图 9.5　生育期农田蒸散发与参照蒸散发相关性　　图 9.6　非生育期农田蒸散发与蒸发皿蒸发相关性

2000—2015 年的平均月作物蒸散发 ET 如图 9.7 所示。由于气候因素，研究地区均为单一耕作模式，不同作物 ET 的季节变化均成单峰曲线，其中春小麦和套作蒸散发峰值出现在 6 月份，春玉米和向日葵峰值出现在 7 月份。同时可以看到，作物 ET 曲线与参考作物蒸散发 ET_0 曲线变化一致，印证了该地区蒸散发量主要受当地气候条件控制。

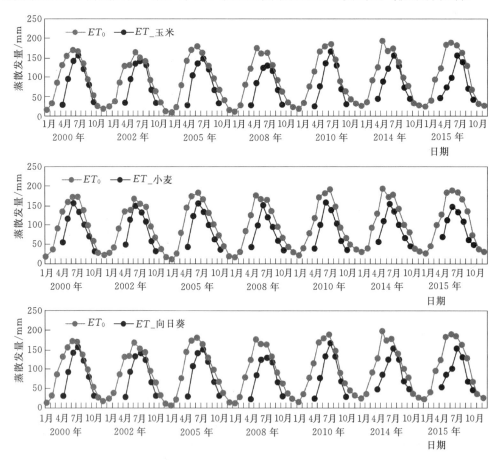

图 9.7（一）　不同作物月蒸散发 ET 与参考照蒸散发 ET_0 年际变化

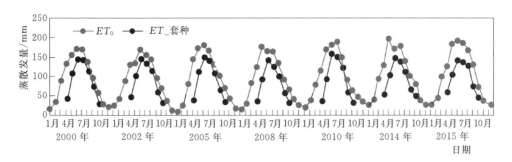

图 9.7（二）　不同作物月蒸散发 ET 与参考照蒸散发 ET_0 年际变化

9.2.4　不同作物蒸散发总量年际变化

图 9.8 为不同作物 4—10 月蒸散发占比年际变化，其中春玉米蒸散发逐年上升，由 2000 年的 6%（0.54 亿 m³）上升到 2015 年的 31%（2.79 亿 m³）；向日葵蒸散发由下降变为上升趋势，由 2000 年的 17%（1.53 亿 m³）到 2015 年的 28%（2.58 亿 m³）；近年来，套种模式蒸散发急剧减少，由 2000 年的 31%（2.86 亿 m³）减少到 2015 年的 3%（0.31 亿 m³）；春小麦蒸散发占比较小，维持在 10% 以内；其他作物总蒸散发有所减少，由 2000 年的 41%（3.78 亿 m³）减少到 2015 年的 28%（2.59 亿 m³）。根据多年作物种植面积（Allen 等，1998）可知，作物蒸散发年际变化主要由作物种植面积的改变引起。

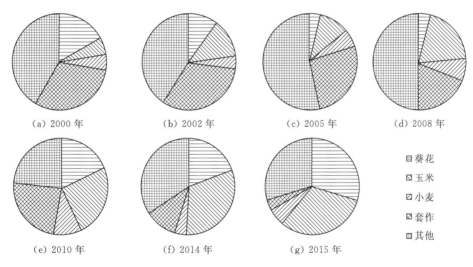

图 9.8　不同作物蒸散发总量占比年际变化

9.2.5　作物相对蒸散发比年际变化

图 9.9 为 2000—2015 年区域不同作物月相对蒸散发比值 $K_{c,a}$。在整个生长季节，相对蒸散发比小于 1.0，即使在作物高蒸散发期，春小麦和套作（6 月）的平均 $K_{c,a}$ 为 0.87 和 0.84，春玉米和向日葵（7—8 月）的平均值 $K_{c,a}$ 为 0.90 和 0.89。由于空间分辨率的改善和详细的作物分类，$K_{c,a}$ 高于 Yang 等（2012）的计算的值，但低于作物生长期中期的

田间实验数据的值（Zhao 等，2013；Wang 等，1993）。一方面由于该地区参考作物蒸发量大，整个生育期过程 ET_0 均大于实际蒸散发量；另一方面由于研究区较浅地下水埋深引起的土壤盐碱化，土壤盐胁迫的存在（Xu 等，2010；Yu 等，2016）使植物根区用于蒸发蒸腾所汲取的土壤水减少（Allen 等，1998）。不难发现，近年来 $K_{c,a}$ 在 4 月出现了略微上升的趋势，可能由于该月降水有所增加的缘故。从 5—9 月呈现轻微下降趋势，随着净引水量和深层渗漏量的减少，毛细管上升水的减少和盐分的浸出导致土壤水分胁迫的增加。

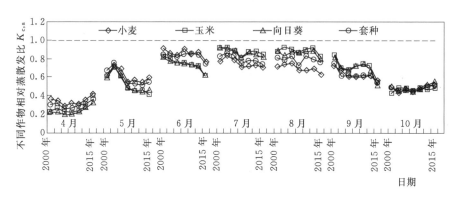

图 9.9　不同作物月相对蒸散发比值年际变化

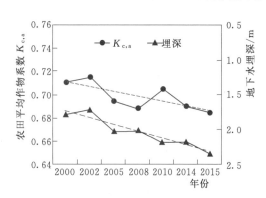

图 9.10　农田平均相对蒸散发比与地下水位埋深变化趋势

2000—2015 年，解放闸灌域农田相对蒸散发比 $K_{c,a}$ 表现出下降趋势，下降幅度为每年 0.3%（图 9.10）。主要原因是地下水位的逐渐下降，以及参照蒸散发量的上升。图 9.10 反映出相对蒸散发比 $K_{c,a}$ 与地下水埋深之间的具有较好的相关性，两者之间的决定系数 R^2 达到了 0.61。随着净灌溉水持续减少和地下水位下降，$K_{c,a}$ 值将会进一步减小，如何确定灌溉引水量和地下水位在合理的范围，同时保证农业用水是需要进一步的研究的问题。

9.3　农田蒸散发时空响应及节水改造效果评价

9.3.1　农田蒸散发对种植结构的响应

1. 时间响应

图 9.11（a）为解放闸灌域作物种植面积历年变化情况，从 2000—2015 年发生大幅改变，其变化主要受农产品市场和国家政策的影响。春玉米和春小麦种植面积增加，特别是春玉米，种植面积从 $0.83 \times 10^4 \text{hm}^2$（2000 年为 5.8%）增加到 $4.02 \times 10^4 \text{hm}^2$（2015 年为 28.31%）。向日葵面积在 2005 年之前呈减少趋势，然后逐渐增加。由于农村劳动力流

出和劳动力成本较高，套种模式的种植面积从 $4.30 \times 10^4 \mathrm{hm}^2$（2000 年，占 30.32%）减少到 $0.41 \times 10^4 \mathrm{hm}^2$（2015 年，占 2.91%）。

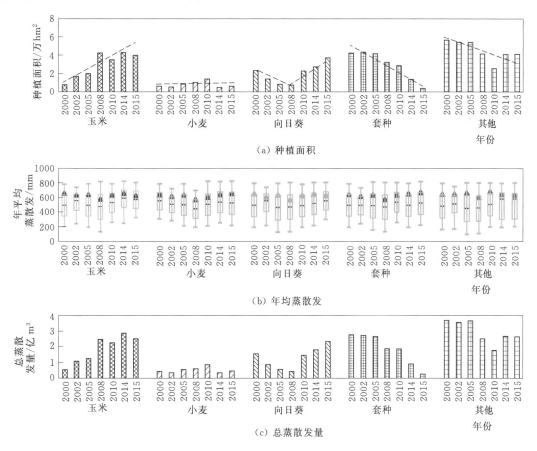

图 9.11 研究区域不同作物种植面积、年均蒸散发以及总蒸散发量年际变化

尽管在各自的生长和非生长期间 ET 有明显的区别，但不同作物 4—10 月平均蒸散发没有显著的差异，平均蒸散发从 2000—2015 年间保持在相对稳定的水平，如图 9.11（b）所示。随着作物种植面积的大幅调整，不同作物的年际总蒸散发量变化较明显，其变化趋势与种植结构一致，如图 9.11（c）所示。

图 9.12 为解放闸灌域农田 4—10 月农田总蒸散发量随时间的变化情况。可以看出年内不同作物蒸散发量差异较大，但农业总蒸散发量处于稳定水平，其年均总值约为 8.5 亿 m^3，反映了研究区域农业总耗水量对种植结构的变化的不敏感。

2. 空间响应

图 9.13（a）和（b）分别为 2000—2015 年间 7 年作物种植结构和农业蒸散发量空间分布。种植结构空间分布因各作物种植面积的增减而发生较大变化，其中春玉米、套作种植面积变化较为明显，其次为其他作物（包括葫芦、西瓜、番茄以及辣椒等经济作物）。

由多年蒸散发空间分布相对差异性可以看出，高值区域均出现在西部和东北靠中部，均高于其他地区。农田蒸散发这一空间分布特征及相对差异性并未随种植结构的大幅改变

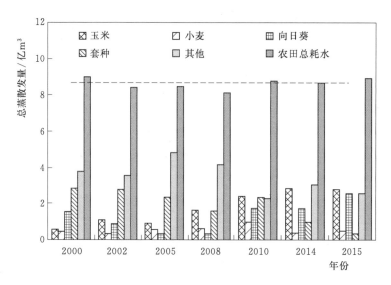

图 9.12　研究区域农田总蒸散发量年际变化

而发生明显变化，多年来蒸散发空间分布表现为相似的特征。

9.3.2　农田蒸散发对地下水位变化的响应

1. 时间响应

研究区域农田蒸散发总量与地下水埋深年际变化如图 9.14 所示。节水改造以来，地下水位逐年来呈下降趋势，表现较明显。其埋深由 2000 年的 1.76m 降到 2015 年的 2.33m。在引水总量的缩减以及地下水位下降的情况下，农田蒸散发量仍保持在一定水平，并未减小，表明该地区用于蒸散发消耗的土壤水分仍保持在较高水平。

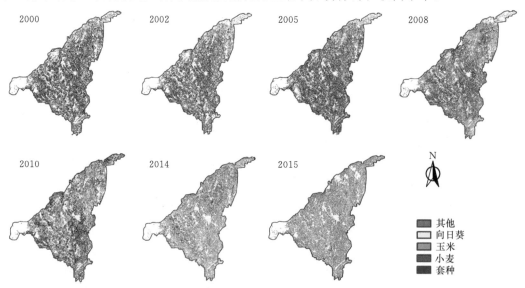

（a）研究区域不同作物种植面积多年空间分布

图 9.13（一）　农田蒸散发与种植结构空间分布对比

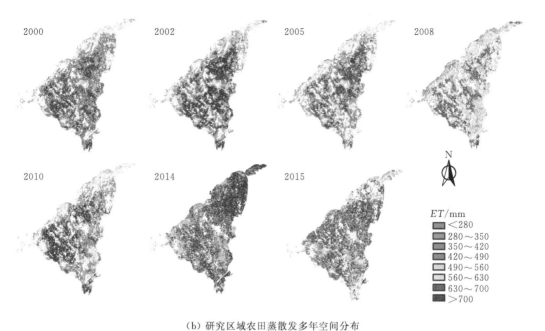

（b）研究区域农田蒸散发多年空间分布

图 9.13（二） 农田蒸散发与种植结构空间分布对比

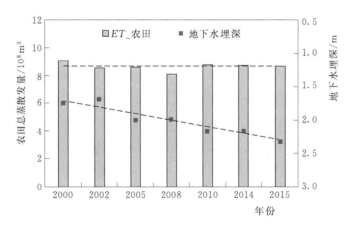

图 9.14 研究区域农田蒸散发总量与地下水位年际变化

2. 空间响应

地下水埋深采用普通克里格法对 4 月（引黄灌溉前）数据进行插值并展布到研究区域，其空间分布如图 9.15（a）所示。地下水埋深埋深较浅区域主要分布在西部以及东北靠中部地区，其多年空间分布格局变化不大。

区域蒸散发 ［图 9.15（b）］与地下水埋深表现为相似的分布特征和空间差异，蒸散发高值区域与地下水埋深较浅区域的分布一致，这种空间差异性说明了地下水埋深对农田蒸散发空间变化的影响。根据 Gao 等（2015）的研究，河套灌区地下水对 ET 的平均贡献率高于其他地区，从 11.96％变化到 25.57％。

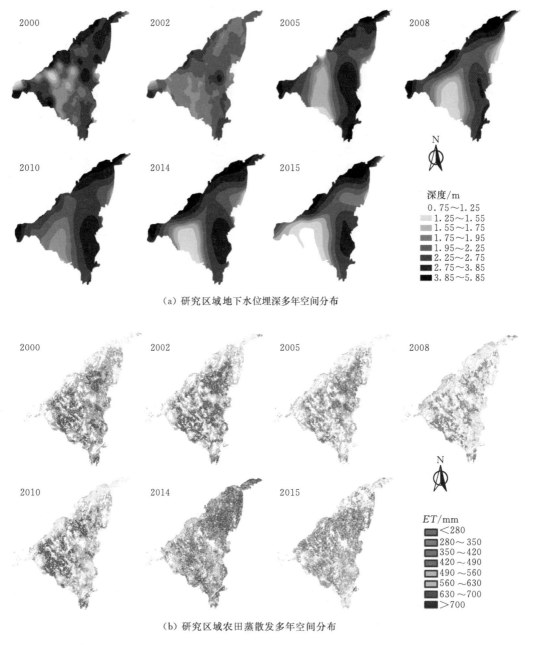

（a）研究区域地下水位埋深多年空间分布

（b）研究区域农田蒸散发多年空间分布

图 9.15　研究区域农田蒸散发量与地下水位空间分布

9.3.3　节水改造以来水循环各要素年际变化

　　自节水改造计划实施和引黄灌溉量缩减以来，研究区域各要素（引黄灌溉、排水量、降水量、农田蒸散发量以及地下水埋深）发生不同程度的变化，见表 9.2。其中引黄水量逐年减少，由 2000 年的 13.07 亿 m³ 减少到 2015 年的 11.69 亿 m³；排水量一定程度上也有所减少，由 2000 年的 0.85 亿 m³ 减少到 2015 年的 0.77 亿 m³；降水量和农田蒸散发多年来变化不大，保持在一定水平上；地下水位下降明显，其埋深由 2000 年的 1.76m 下降到 2015 年的 2.33m。各要素多年变化趋势如图 9.16 所示。

表 9.2　　研究区域引黄水量、排水量、降水量、农田蒸散发量及地下水位年际变化

年份	引黄灌溉 /亿 m³	排水量 /亿 m³	降水量 /亿 m³	农田蒸散发 /亿 m³	地下水埋深 /m
2000	13.07	0.85	1.67	8.85	1.76
2002	12.45	0.96	1.52	8.11	1.69
2005	11.77	0.60	1.32	8.63	2.00
2008	11.25	0.83	2.00	7.53	1.99
2010	12.16	0.74	1.94	8.81	2.17
2014	11.60	0.76	2.10	8.69	2.16
2015	11.69	0.77	1.52	8.64	2.33

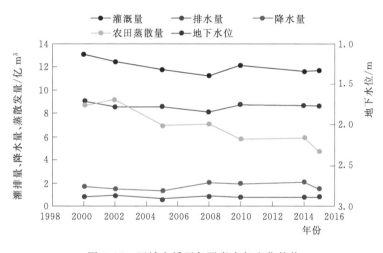

图 9.16　区域水循环各要素多年变化趋势

节水改造以前，研究地区引黄水量过多，渠道渗漏以及过多灌溉引起的深层渗漏导致地下水位埋深较浅，无效蒸发量较大。节水改造以后，渠道衬砌率提高，渠系水利用系数提高，使得渠道渗漏量减少。同时引黄灌溉水量的减少，使得农田灌溉中深层渗漏部分有所减少。节水改造和引黄灌溉量的缩减使得区域地下水位逐年下降，农田水土环境得到改善，无效蒸发减少，土壤盐碱化程度有所缓解。从农田蒸散发总量年际变化来看，研究地区用于作物消耗的水量并未受到影响，而是保持在一定水平，并且对种植结构和地下水位变化不敏感，表明了地下水目前控制在合理范围内，地下水对农业蒸散发仍然有较大的贡献。

9.3.4　灌溉水有效利用效率评价

1. 评价方法

净灌溉水有效利用系数可定义为净灌溉耗水量（蒸散量和降水量的差值）与净灌溉引

水量（灌溉和排水差值）的比值，通常用于评价的灌溉系统的灌溉效率。本章中采用蒋磊等提出的灌溉水利用系数评价方法（蒋磊等，2016；尚松浩等，2013），该方法将土壤非饱和带和饱和带作为整体来研究，避免了根系层下边界深层渗漏和补给。同时该方法借助遥感蒸散发来计算灌溉水的有效消耗量，将农田消耗的灌溉水量（蒸散发与降水量差值）表示灌溉水的有效利用量，其与灌区净引水量的比值定义为灌溉水的有效利用系数。区域灌溉、排水、蒸散发量与降水量之间的平衡方程可表示为

$$I-D=(ET_{\mathrm{I}}-P_{\mathrm{I}})+(ET_{\mathrm{N}}-P_{\mathrm{N}}) \qquad (9.1)$$

式中：I 为时段内灌域毛引水量，m^3；D 为时段内灌域排水总量，m^3；ET_{I} 为农田生育期蒸散发总量，m^3；P_{I} 为生育期时段农田降水量，m^3；ET_{N} 为非农田生育期蒸散发量，m^3；P_{N} 为时段内非农田降水量，m^3。

　　本章中研究对象为农田，不考虑非农田地块蒸散发及降水，则农田灌溉水有效利用率可以表达为

$$\eta_{\mathrm{e}}=(ET-P)/(I-D) \qquad (9.2)$$

式中：ET 为农田生育期蒸散发量，m^3；P 为农田生育期时段降水量，m^3；$I-D$ 为研究区净灌溉引水量，m^3；η_{e} 为农田灌溉水有效利用率。

　　2. 灌溉水有效利用系数

　　研究区域农田净引水量、降水量、农田蒸散发总量年际变化见表 9.3。自引黄水量的缩减以及节水改造工程的实施，农田净引水量一定程度上有所减少，从 2000 年 12.21 亿 m^3 降到 2015 年的 10.92 亿 m^3。

表 9.3　　　　　　　　　　　　灌溉水有效利用系数年际变化

年份	净灌溉水量/亿 m^3	蒸散发/亿 m^3	降水量/亿 m^3	灌溉水有效利用系数 η_{e}
2000	12.21	8.85	1.67	0.58
2002	11.49	8.11	1.52	0.57
2005	11.17	8.63	1.12	0.67
2008	10.43	7.53	2.04	0.52
2010	11.42	8.81	1.94	0.60
2014	10.84	8.69	2.09	0.61
2015	10.92	8.64	1.52	0.65

　　图 9.17 为研究区域 2000—2015 年间 7 年灌溉水有效利用系数变化。2008 年和 2011 年灌溉有效利用系数较低，为 0.52；2005 年灌溉有效利用系数较高，达到了 0.67，可以看到该年份降水量为 1.12 亿 m^3，均低于其他年份，用于农业蒸散发的灌溉利用量高于其他年份。研究区域灌溉有效利用系数整体有所提高。

　　相关研究表明农业蒸散发与农业产量具有一定相关关系，而研究地区农业耗水并未减少，并不会引起农业产量的下降。同时，地下水位的下降减少了无效蒸发，节约了水资源，缓解了土壤次生盐碱化程度。节水改造计划的实施使得灌溉水有效利用系数得到提高，表明其所带来的影响是积极的。

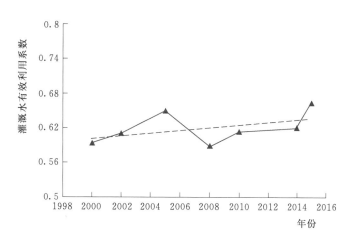

图 9.17　2000—2015 年灌溉水有效利用系数年际变化

9.4　本章小结

　　本章在前几章的基础上，利用 2000—2015 年解放闸灌域种植结构信息、农田蒸散发信息以及土壤墒情数据，分析节水改造实施以来种植结构时空演变、农业蒸散发变化，评价节水改造工程所起到的效果，估算灌区灌溉水有效利用系数以及诊断土壤墒情水分亏缺。得出的主要结论如下：

　　（1）种植结构虽有较大调整，但其空间分布格局的相对差异性并未发生明显变化，春小麦种植区域主要分布在灌域的东南部以及东部和北部的边缘区域，春玉米在灌域的北部、东南部和东北部地区分布较为密集，向日葵种植区在西部和东北偏中部地区分布较多，套种种植模式主要分布在东南部和西南部一些地区。种植结构这种空间分布一方面受地下水位和土壤盐渍化等水土环境的制约；另一方面与作物生理特征密切相关。研究结果同时也表明了该地区种植结构在区域分布上具有一定的合理性。

　　（2）不同作物生育期和非生育期多年平均耗水差异较大。生育期内，套种（4—10月）年均蒸散发总量最大，达到 637mm，春玉米（5—10 月）和向日葵（6—10 月）次之，分别为 598mm 和 502mm，春小麦（4—7 月）蒸散发量最低，为 412mm。非生育期内，春小麦（8—10 月）蒸散发量最大，年均达到 214mm，春玉米（4 月）和向日葵（4—5 月）分别为 42mm 和 128mm。但 4—10 月不同作物多年平均蒸散发量差异较小。

　　（3）在生长期内，实际蒸散发与参考作物蒸散发两者决定系数 R^2 达到了 0.88。在非生长期，裸土地蒸散发与蒸发皿蒸发一致，R^2 为 0.83。较多的灌溉水量和较浅地下水水位，使得土壤水分保持在较高水平，气象条件成为影响蒸散发量的主要控制因素。

　　（4）农田蒸散发高值区域出现在西部和东北靠中部，均高于其他地区。其空间分布并没有随着种植结构的大幅度调整而发生明显变化，而是与地下水埋深表现为相似的分布特征和空间差异。农业总蒸散发量保持在一定水平，对种植结构调整和地下水位的时空演变不敏感。

　　（5）自引黄灌溉总量缩减以及节水改造工程实施以来，农田蒸散发保持在一定水平，农田灌溉用水效率得到提高，表明节水改造所起到的积极影响。同时，地下水埋深从 1.76m 降至 2.33m，有利于减少无效蒸发并有效地减轻土壤二次盐化。农田作物系数 $K_{c,a}$ 与地下水埋深之间的具有较好的相关性，两者之间的决定系数 R^2 达到了 0.61。随着净灌溉水持续减少和地下水位下降，解放闸灌域农田平均相对蒸发比值 $K_{c,a}$ 表现出下降趋势，平均每年下降幅度为 0.3%。

参 考 文 献

杜军，杨培玲，李云开，等，2010. 河套灌区年内地下水埋深与矿化度的时空变化 [J]. 农业工程学报，26 (7)：26-31.

蒋磊，杨雨亭，尚松浩，2013. 基于遥感蒸散发的干旱区灌区灌溉效率评价 [J]. 农业工程学报，29 (20)：95-101.

尚松浩，蒋磊，杨雨亭，2015. 基于遥感的农业用水效率评价方法研究进展 [J]. 农业机械学报，46 (10)：81-92.

童文杰，2014. 河套灌区作物耐盐性评价及种植制度优化研究 [D]. 北京：中国农业大学.

赵云，白京燕，张金丽，等，2011. 解放闸灌域水资源供需趋势分析及综合利用配置 [J]. 内蒙古水利，(3)：58-60.

ALLEN R G，PEREIRA L S，RAES D，et al，1998. Crop Evapotranspiration：Guidelines for Computing Crop Water Requirements. United Nations Food and Agriculture Organization，Irrigation and Drainage Paper 56 [M]. Rome，Italy.

WANG L P，CHEN Y X，ZENG G F，1993. Irrigation Drainage and Salinization Control in Neimenggu Hetao Irrigation Area. Hydraulic Power Publishing Company，Beijing.

XU X，HUANG G H，QU Z Y，et al，2010. Assessing the groundwater dynamics and impacts of water saving in the Hetao Irrigation District，Yellow River basin [J]. Agricultural Water Management，98：301-313.

YANG Y T，SHANG S H，JIANG L，2012. Remote sensing temporal and spatial patterns of evapotranspiration and the responses to water management in a large irrigation district of North China [J]. Agricultural and Forest Meteorology，164：112-122.

YU R H，LIU T X，XU Y P，et al，2010. Analysis of salinization dynamics by remote sensing in Hetao Irrigation District of North china [J]. Agricultural Water Management，97：1952-1960.

ZHAO NN，LIU Y，CAI J B，et al，2013. Dual crop coefficient modeling applied to the winter wheat-summer maize crop sequence in North China Plain：basal crop coefficients and soil evaporation component [J]. Agricultural Water Management. 117：93-105.